Wulf Schiefenhövel, Christian Vogel, Gerhard Vollmer, Uwe Opolka (Hrsg.)

Gemachte und gedachte Welten

Der Mensch und seine Ideen

Beiträge aus dem Funkkolleg
»Der Mensch – Anthropologie heute«
Redaktion: Uwe Opolka

TRIAS THIEME HIPPOKRATES ENKE

Konzeption der Typographie:
B. und H.P. Willberg, Eppstein/Ts.

Umschlaggestaltung:
Cyclus • D + P Loenicker, Stuttgart

Die Deutsche Bibliothek –
CIP-Einheitsaufnahme

Der Mensch in seiner Welt :
Anthropologie heute /
Uwe Opolka (Hrsg.). –
Stuttgart: TRIAS Thieme
Hippokrates Enke.
ISBN 3-89373-283-7
NE: Opolka, Uwe [Hrsg.]

Bd. 3: Gemachte und gedachte Welten. – 1994

Gemachte und gedachte Welten :
der Mensch und seine Ideen /
Wulf Schiefenhövel … (Hrsg.). –
Stuttgart : TRIAS Thieme
Hippokrates Enke, 1994
(Der Mensch in seiner Welt ; Bd. 3)
ISBN 3-89373-282-9
NE: Schiefenhövel, Wulf [Hrsg.]

Rüdigerstraße 14
D-70469 Stuttgart
Printed in Germany
Satz: Büro Dr. Ulrich Mihr, Tübingen
Druck: Gutmann, Talheim

ISBN 3-89373-282-9

Vorwort

Ungeheuer ist viel und nichts
Ungeheurer als der Mensch. [...]
Mit List bezwingt er,
Was haust auf Höhen
Und schweift im Freien. [...]
Und die Sprache
Und luftgewirkte Gedanken
Lehrte er sich
Und den Trieb zum Staat
Und Obdach
Gegen ungastlichen Reif vom Himmel
und Regengeschosse,
Allberaten.
Ratlos tritt er
Vor nichts, was kommt,
Nur dem Tod entrinnt er nicht.

(Sophokles, Antigone, Verse 331–332, 347–349, 353–360)

Im Laufe der Geschichte hat es in Philosophie, Religion und Wissenschaft eine Vielzahl von Versuchen gegeben, das »Wesen« des Menschen zu ergründen und es durch ein einziges oder durch wenige typische Merkmale zu charakterisieren. Auf diese Weise entstanden Definitionen wie: *Homo faber*, der Mensch als Handwerker, *Homo religiosus*, der Mensch als religiöses Wesen, *Homo ludens*, der spielende Mensch, *Homo oeconomicus*, der wirtschaftende Mensch, *Homo politicus*, der politische Mensch, oder die in der Philosophiegeschichte äußerst wirkungsmächtige Wesensdefinition des Menschen als *animal rationale*, als vernünftiges Lebewesen oder Vernunftwesen. Diese Liste ließe sich ohne Schwierigkeiten um zwei Dutzend weitere Definitionsversuche verlängern.

Haben aber diese Charakterisierungen wirklich dazu geführt, daß wir nun wissen, was der Mensch *eigentlich* sei? Wohl kaum. Denn allein ihre große Zahl zeigt, daß keines der Merkmale ganz überzeugen, keines allein genügen kann. Entweder finden sich Vorstufen bei Tieren oder Ausnahmen bei Menschen (oder beides), oder wir finden die Charakterisierung gar nicht so treffend, eben nicht »wesentlich«. Offenbar gibt es kein *entscheidendes* Merkmal des Menschen.

Warum ist es so schwierig, das *Wesen des Menschen* ausfindig zu machen? Diese Schwierigkeit hat man allerdings nicht nur, wenn es um den Menschen geht; sie ist viel allgemeiner: Auch bei anderen Dingen ist die Frage nach ihrem Wesen schwer zu beantworten. Niemand kennt das Wesen des Lichts, das Wesen der Vererbung, das Wesen des Denkens. Zwar haben viele Philosophen von der Antike bis in unser Jahrhundert nach dem Wesen der Dinge gesucht; in allgemein zustimmungsfähiger Weise gefunden haben sie es nicht. Andere Denker haben deshalb den Wesensbegriff selbst einer Kritik unterzogen: »Was ist?«-Fragen nach dem »Wesen«, der »Natur« oder dem »innewohnenden Prinzip« eines Dinges seien inhaltsleer, weil sie nichts erklären.

Wenn diese Kritiker recht haben, dann ist es sinnlos, nach dem Wesen des Menschen zu suchen. Das schließt jedoch nicht aus, daß man sich nach Merkmalen umsieht, die dem Menschen allein zukommen, auch wenn sie nicht gerade sein Wesen ausmachen. Soweit sie sich mit *gemachten und gedachten Welten*, also mit dem Menschen und seinen Ideen, befassen, werden solche Merkmale in den Beiträgen dieses Bandes thematisiert. Zu diesen Merkmalen des Menschen gehören:

- die Fähigkeit zu vernünftigem Denken, insbesondere zum Planen in die Zukunft (angesprochen in den Beiträgen von Gerhard Vollmer und Ernst Pöppel);
- spezifische Erkenntnisleistungen von *Homo sapiens* (ebenfalls Gegenstand des Beitrags von Gerhard Vollmer);
- das Schaffen von Symbolen und Erwerb und Gebrauch einer argumentativen Sprache mit Logik und Grammatik (das Thema von Volker Beeh);
- die Sinnsuche des Menschen, verkörpert unter anderem in Kunst (Beitrag Christa Sütterlin), Religion (Beitrag Günter Kehrer) und in den Menschenbildern der Philosophie (Beitrag Franz Josef Wetz);
- Werte, moralische Normen, Gesetze (abgehandelt in dem Text von Ernst-Joachim Lampe);
- die Werkzeuge des Menschen (Beitrag Rolf Rottländer) sowie Handel, Geld, Kapital (thematisiert von Bernd Biervert und seinen Mitautoren).

Die Beiträge dieses Bandes entstammen dem Funkkolleg »Der Mensch. Anthropologie heute«, einem Medienverbundprojekt, das in den Jahren 1992/93 stattgefunden hat. Für die Buchausgabe wurden sie überarbeitet, aktualisiert und gekürzt. Weitere Beiträge aus dem Funkkolleg finden sich in den Sammelbänden »Vom Affen zum Halbgott. Der Weg des Menschen aus der Natur« sowie »Zwischen Natur und Kultur. Der Mensch in seinen Beziehungen«, die ebenfalls bei Trias erschienen sind.

An einem derart umfangreichen Projekt sind stets zahlreiche Personen beteiligt, deren Verdienste unmöglich individuell gewürdigt werden können. Persönlichen Dank abstatten möchten wir aber Frau Dr. Ursula Goetzl vom Südwestfunk in Baden-Baden, die uns stets mit Rat und Tat beistand und die mit ihrer Redaktion die oft wenig rundfunkgerechten Texte von Wissenschaftlern in sendefähige Manuskripte umzugestalten wußte; ferner Frau Ute Bandlow und Herrn Eckart Frahm von der Funkkolleg-Redaktion im Deutschen Institut für Fernstudienforschung (DIFF) an der Universität Tübingen, ohne die dieses Funkkolleg nicht das geworden wäre, was es ist, sowie Frau Ellen Vogel, die mit Geduld und Charme die undankbare Aufgabe erfüllte, oft widerstrebende Interessen zu koordinieren.

Wulf Schiefenhövel (Andechs), Christian Vogel (Göttingen),
Gerhard Vollmer (Garbsen), Uwe Opolka (Tübingen), im Mai 1994

Homo sapiens – Denken und Erkennen

Gerhard Vollmer

Mit dem Erkenntnisvermögen des Menschen, also mit seiner Natur, seiner Reichweite und seinen Grenzen, befaßt sich schon seit langem eine philosophische Disziplin, die Erkenntnistheorie. Einige der Fragen, welche die Erkenntnistheorie traditionell diskutiert hat, lassen sich heute auch erfahrungswissenschaftlich angehen und beantworten. Solche Fragen und Antworten sollen in diesem Beitrag zur Sprache kommen. Besondere Betonung liegt dabei auf der Frage, was das evolutive Gewordensein des Menschen, seines Gehirns und seiner kognitiven Fähigkeiten für die Erkenntnistheorie bedeutet. Diesem Problem widmet sich in den letzten Jahrzehnten besonders die *Evolutionäre Erkenntnistheorie*. Sie untersucht die *Evolution* der menschlichen Erkenntnisfähigkeit (das hat ihr ihren Namen gegeben) und betont deren erkenntnistheoretische und anthropologische Konsequenzen.

Erkennen, Lernen, Denken

Was ist Erkennen?

Die Begriffe »Wissen«, »Erkennen« und »Erkenntnis« lassen sich wie folgt definieren: »Wissen« ist wahre Überzeugung. »Erkennen« ist der Übergang vom Nichtwissen zum Wissen. Wir verwenden diesen Begriff gleichbedeutend mit »Kognition«. »Erkenntnis« meint dagegen zweierlei: den *Vorgang*, eben das Erkennen, und das *Ergebnis*, das Wissen.

Kognitive Prozesse kann man auf verschiedene Weisen unterteilen: nach den Gegenständen, auf die sie sich richten; nach den Methoden, deren sie sich bedienen; nach der Qualität der Ergebnisse; und natürlich auch noch anders. Im Hinblick auf die Gegenstände könnte man z. B. von mathematischem, religiösem, künstlerischem Erkennen sprechen. Im folgenden werden wir uns jedoch auf das *Erkennen der realen Welt* beschränken. Hier definieren wir versuchsweise: *Erkenntnis* ist eine adäquate (angemessene, korrekte) Rekonstruktion und Identifikation äußerer Objekte durch das Subjekt. Vorausgesetzt ist hier also ein erkennendes Subjekt, ein *kognitives System*, das die Rekonstruktion und Identifikation leistet. Dabei können wir (mindestens) drei Erkenntnisstufen unterscheiden: Wahrnehmungserkenntnis, Erfahrungserkenntnis und theoretische Erkenntnis, oder kürzer: Wahrnehmung, Erfahrung, Wissenschaft.

Empfindungen (»ich sehe etwas Rotes, spüre etwas Kaltes, hier tut es mir weh«) sind zwar notwendig für das Erkennen der Außenwelt, stellen jedoch noch keine Erkenntnis dar: Sie sind weder ausreichend strukturiert noch intersubjektiv prüfbar. Erkenntnis kommt vielmehr erst durch Bearbeitung, Strukturierung, Verbindung, Unterscheidung, Interpretation von Erlebnisinhalten zustande. Das leistet erst die Wahrnehmung. Daß alle Wahrnehmungen schon Interpretationsleistungen sind, zeigt sich besonders deutlich an Wahrnehmungs*täuschungen*: an optischen Täuschungen, mehrdeutigen Zeichnungen, unmöglichen Figuren, aber auch an akustischen oder anderen Sinnestäuschungen.

Erkennen erfordert jedenfalls einen *aktiven* Beitrag des erkennenden Systems zur Konstruktion eines internen Gegenstandsmodells. Diese Konstruktion bzw. Rekonstruktion von Objekten erfolgt in der Wahrnehmung unbewußt und unkritisch, in der (vorwissenschaftlichen) Erfahrung bewußt, aber ebenfalls noch unkritisch (»naiver Realismus«: die Welt ist so, wie sie mir erscheint), in der Wissenschaft dagegen bewußt und kritisch.

Wo diese Vorgänge ablaufen, ist uns recht gut bekannt: im Zentralnervensystem, vor allem im Gehirn. *Wie* die kognitiven Vorgänge in unserem Gehirn ablaufen, ist uns dagegen noch weitgehend unbekannt. Außer Zentralnervensystemen gibt es in der uns bekannten Welt bisher keine anderen Systeme, die zu solchen kognitiven Leistungen fähig sind. (Wir sagen »bisher«, weil wir nicht ausschließen wollen, daß auch Computer dereinst Erkenntnisleistungen erbringenkönnten, also zu kognitiven Systemen werden.) Allerdings brauchen nicht alle Gehirne kognitive Systeme zu sein. Natürlich gehören wir Menschen auf jeden Fall dazu; doch besteht kein ernsthafter Zweifel, daß wir auch vielen Tieren kognitive Leistungen zusprechen müssen – in verschiedenem Maße und auf jeden Fall weit übertroffen durch den Menschen, aber eben doch ohne besondere Bedenken.

Kognitionspsychologie

Doch können wir auch schon *ohne* genaue Kenntnis der neuronalen Abläufe unsere kognitiven *Leistungen* beschreiben, unterscheiden, vergleichen und beurteilen. Eben das hat sich die *kognitive Psychologie* oder *Ko-*

gnitionspsychologie zur Aufgabe gemacht. Sie untersucht psychische Erscheinungen wie Empfinden, Wahrnehmen, Behalten (Gedächtnis), Vorstellen, Erinnern, Denken, Lernen, Problemlösen.

Zwei Gesichtspunkte sind in der Psychologie – auch in der Kognitionspsychologie – bisher allerdings viel zu wenig berücksichtigt worden: der Vergleich mit den Tieren und die evolutive Vergangenheit des Menschen (vgl. etwa Bischof 1987). Zwar hieß die vergleichende Verhaltensforschung früher bezeichnenderweise Tierpsychologie; doch wurden deren Ergebnisse für die Humanpsychologie noch nicht ausreichend fruchtbar gemacht. Aber gerade aus dem *Artvergleich* läßt sich, wie jeder Biologe weiß, ungeheuer viel lernen. Eine evolutionäre Betrachtungsweise bietet noch weitere Vorteile: Sie regt dazu an, nach der *Funktion* kognitiver Leistungen und Fehlleistungen zu fragen. Sie könnte klären helfen, welche Leistung auf welcher anderen aufbaut, etwa Selbstbewußtsein auf der Fähigkeit, sich in andere hineinzudenken, also auf Einfühlungsvermögen oder *Empathie* (dazu Bischof-Köhler 1991). Sie könnte damit auch helfen, die Ursachen für bestimmte Ausfallserscheinungen, Fehlfunktionen, Pathologien ausfindig zu machen. So schreibt Gerhard Medicus (1985, S. 147):

> »Die Bedeutung des evolutionären Ansatzes liegt darin, daß eine Verständigung zwischen den verschiedenen Theorieansätzen erleichtert würde. Die Kenntnis von stammesgeschichtlichen Gesetzmäßigkeiten können wir [...] nutzen, um das Suchfeld bei der Theorienbildung in der Psychologie einzuengen [...]. Gewisse theoretische Vorstellungen psychologischer Schulen können damit als unwahrscheinlich oder gar unmöglich eingestuft werden. [...] Die Ausformung spezifisch menschlicher Leistungen ist jung. Man darf annehmen, daß neben ihrem hohen Differenzierungsgrad dies eine Ursache für ihre Störanfälligkeit ist [...]. Gerade hier kann die gute Kenntnis der Vorbedingungen psychischer Leistungen [...] das Ausufern fragwürdiger psychotherapeutischer Vorschläge eingrenzen.«

Die Kognitionspsychologie ist eine beschreibende Wissenschaft. Es wäre verlockend, Denken, Lernen und Erkennen aus diesem Blickwinkel zu betrachten. Wir werden jedoch im folgenden nur wenige kognitionspsychologische Aspekte beleuchten. Dabei geht es uns einerseits um eine Charakterisierung der Begriffe *Lernen* und *Denken*, andererseits um Lernen und Denken als typische Humanmerkmale, um den Menschen als lernendes und denkendes Wesen.

Lernen

Lernen ist eine Änderung des Wissens oder des Verhaltens. Eines der besonderen Merkmale des Menschen ist seine außergewöhnliche Lernfähigkeit. Wir lernen ununterbrochen und bis ins hohe Alter. Neugier und Spieltrieb kommen uns dabei zugute. Die Offenheit unserer Verhaltensprogramme macht individuelles Lernen möglich und nötig. Durch Lernen werden diese Verhaltensprogramme ergänzt, ausgefüllt oder, soweit sie flexibel sind, auch verändert. Unser Verhaltensrepertoire wird dadurch bedeutend erweitert.

Es gibt verschiedene Lernprozesse. Eine vermutlich noch unvollständige Liste umfaßt die folgenden Arten:

- *Gewöhnung* (Habituation): Ein Reaktionsablauf, z. B. Skifahren, wird durch Wiederholung eingeübt und allmählich automatisiert. Es gibt aber auch *Denk*gewohnheiten, etwa beim Problemlösen.
- *Lernen durch Nachahmung* (Imitationslernen): Tiere ahmen ihre Eltern oder andere Artgenossen nach; viele Vögel übernehmen den arteigenen Gesang von ihren Eltern; Affen lernen, was eßbar ist.
- *Klassische Konditionierung* (»bedingter Reflex«) nach Iwan W. Pawlow (1849–1936): Bei jeder Fütterung des Pawlowschen Hundes ertönt eine Glocke. Später fließt dem Hund der Speichel schon dann, wenn nur die Glocke ertönt. Zwischen Glockenton und Fütterung, die zunächst nichts miteinander zu tun hatten, wurde also eine Verbindung hergestellt.
- *Operante Konditionierung* nach Burrhus Frederic Skinner (1904 bis 1990): Verstärkung (engl. *reinforcement*) einer zufälligen Aktion oder Reaktion (»Operation«) durch Belohnung bzw. Abdressur durch Strafe. Skinner war der Auffassung, alles Lernen bei Tieren und Menschen folge diesem behavioristischen Prinzip; diese Auffassung war in den Vereinigten Staaten lange Zeit vorherrschend.
- *Lernen durch Versuch und Irrtum* (engl. *trial and error*) nach Edward Lee Thorndike: Unter zufälligen, spielerischen oder blinden Versuchen taucht gelegentlich eine gute Lösung auf. Dieser Erfolg regt dazu an, die Handlung zu wiederholen.
- *Lernen durch Einsicht* (kognitive Konditionierung): Das Probieren erfolgt mindestens teilweise in der Vorstellung, durch Überlegen. Das Finden der Lösung ist dann von einem bestimmten Passungsgefühl begleitet. Karl Bühler (1879–1963) nennt dieses Gefühl treffend ein *Aha-Erlebnis*. Die Lösung wird dabei als Lösung erkannt, bevor sie durch aktives Handeln verwirklicht ist.

Manche Philosophen und Psychologen haben versucht, das menschliche Lernen – und sogar das menschliche Denken – auf eine einzige Art von Vorgängen zurückzuführen, auf Assoziationen – wie Aristoteles (384–322 v. Chr.), Thomas Hobbes (1588–1679), John Locke (1632–1704) – auf unbedingte und bedingte Reflexe (Pawlow), auf Konditionierung durch Lohn und Strafe (Skinner), auf Versuch und Irrtum (Karl Popper). Solche einseitigen Ansätze haben sich nicht bewährt. Fast alle Lernvorgänge – und erst recht alle Denkvorgänge – enthalten *mehrere Lernelemente*. Deshalb kann man die Lernvorgänge auch ganz anders einteilen, als wir das getan haben.

Alle Lernformen finden sich schon bei Tieren, Lernen durch Einsicht allerdings erst bei höheren Tieren. Wenn ein Affe nach längerem Probieren oder Überlegen (wobei er sich sogar am Kopf kratzt!) Kisten aufeinandertürmt oder Stöcke ineinandersteckt, um eine an der Zimmerdecke hängende Banane zu erreichen, dann schreiben wir auch ihm *Einsicht* zu.

Beim Lernen durch Versuch und Irrtum muß man unterscheiden, ob die Versuche rein zufällig erfolgen oder ob sie bewußt, vielleicht sogar systematisch angestellt werden. Blindes Probieren ist eine universelle Strategie: Die gesamte Evolution der Organismen kommt durch zufällige Kopierfehler (Mutationen), zufällige Erbmischungen (Gen-Rekombination) und anschließende Selektion zustande. Es gibt jedoch dabei niemanden, der diese Strategie entwirft oder anwendet; daß »die Evolution« oder »die natürliche Auslese« etwas *täten*, Merkmale bewerteten oder Lösungen fänden, ist nur eine metaphorische (übertragene) Redeweise. Wenn man sie überhaupt zuläßt, dann muß man auch sagen, daß »die Evolution« nur aus ihren Erfolgen lernt, nicht aus ihren Fehlern. (Dieselben Fehler kommen immer wieder vor.) Dagegen können Menschen und höhere Tiere diese Strategie *bewußt* einsetzen und dabei auch auf Lösungen kommen, die ihnen vorher unbekannt waren. Offenbar sind die Bezeichnungen »Verfahren« und »Strategie« in beiden Bedeutungen verwendbar; eben deshalb braucht es nicht immer, wenn sie vorkommen, auch einen »Anwender« oder einen »Strategen« zu geben. Der Mensch kann sowohl blinde als auch gezielte Versuche anstellen. Wendet er diese Methode *gezielt* an, so hat er sich bereits einiges überlegt, er hat *gedacht*. Der Mensch kann auch Irrtümer *als Irrtümer* erkennen, sie beseitigen, ihre Quellen ausfindig machen und fortan vermeiden. Dadurch wird das Lernen durch Versuch und Irrtumsbeseitigung wesentlich wirkungsvoller.

Denken

Im Alltag ist alles noch ganz einfach: Wir denken »an etwas«, denken »über jemanden nach« und machen uns »Gedanken«. Aber wenn wir sagen sollen, was Denken eigentlich ist, dann haben wir größte Schwierigkeiten. Es ist ein schwacher Trost, daß auch Fachleute wie Philosophen, Psychologen, Hirnforscher die gleichen oder noch größere Schwierigkeiten haben. (Wohl deshalb bevorzugen die Psychologen heute den etwas weiteren Betriff »Kognition«.)

Meistens – und nicht ohne Grund – wird das Denken an das Bewußtsein gebunden, beispielsweise von René Descartes (1596–1650): »Unter Denken verstehe ich alles, was derart in uns geschieht, daß wir uns seiner unmittelbar aus uns selbst bewußt sind.« (1644, I.9) Tatsächlich laufen viele, wenn auch nicht alle Denkvorgänge bewußt ab: Wir *wissen* davon. Was aber Bewußtsein ist, das können wir – und das kann Descartes – leider auch nicht viel klarer sagen. Wir werden uns daher mit der folgenden Charakterisierung begnügen: »Denken« ist ein in der Regel bewußter geistiger Vorgang, der sich auf äußere (seltener auch auf innere) Gegenstände, insbesondere auf zukünftige eigene Handlungen richtet. Er dient dem nichtautomatisierten Problemlösen, insbesondere der Beantwortung der Fragen: Was ist der Fall? (theoretische Betrachtung), und: Was ist zu tun? (praktisches Abwägen). – In kürzester Form könnten wir auch sagen: *Denken ist inneres Problemlösen.*

Machen wir ein kleines Experiment: Wir schließen die Augen und stellen uns die vorher betrachtete Umwelt vor. Nun können wir »in Gedanken« mehrerlei tun: Wir können uns einen Gegenstand wegdenken oder hinzudenken. Wir können uns aber auch vorstellen, daß wir selbst etwas täten. Wir können uns ganz *verschiedene* Veränderungen oder Handlungen vorstellen, auch solche, die einander ausschließen, solche, die wir noch nie erlebt haben, sogar solche, die den Naturgesetzen widersprechen, also »in Wirklichkeit« unmöglich sind. Wir können diese verschiedenen Szenarios *bewerten* nach Nützlichkeitskriterien, nach moralischen Maßstäben, nach ästhetischen Gesichtspunkten. Und wir können uns schließlich *entscheiden*, was wir tun wollen, und dann entsprechend *handeln*.

Auch wenn dieses Experiment nur ein Gedanken-Experiment war, können wir vielleicht doch einiges daraus lernen: Denken auf elementarer Stufe ist *Hantieren im Vorstellungsraum* (Lorenz 1943, S. 343) oder *Simu-*

lationsfähigkeit (Monod 1971, S. 189f.). Dieses elementare Denken setzt ein inneres Abbild der Umwelt, insbesondere ein inneres Raummodell voraus. Es ist aber unabhängig vom Vorhandensein und vom Gebrauch einer Wortsprache (vgl. unten). Deshalb können auch Tiere darüber verfügen, freilich nur dann, wenn ihr räumliches Vorstellungsvermögen hinreichend gut entwickelt ist. Dabei geht das Denken dem tatsächlichen Handeln voraus; es ersetzt viele konkrete Versuche. Diese Fähigkeit erspart Zeit, Energie und Risiko. Sie ist also äußerst nützlich. Wir können so verstehen, warum diese Fähigkeit – einmal entstanden – in der Evolution beibehalten wurde.

Menschliches Denken bleibt beim Hantieren im Vorstellungsraum bzw. bei der Simulation möglicher Sachverhalte und Handlungen nicht stehen. Es kann sich auch auf sich selbst zurückwenden, sich selbst zum Gegenstand machen: Es wird dann rückbezüglich, *reflexiv*. Diesen Begriff verdankt die Philosophie im wesentlichen John Locke, der in unseren kognitiven Leistungen Empfindungen (engl. *sensations*) und Reflexionen (engl. *reflections*) unterscheidet. Der Sache nach ist die Reflexion dagegen so alt wie die Philosophie selbst; vielleicht könnte man auch umgekehrt sagen, die Philosophie sei entstanden, als das Denken sich – mit Hilfe der Sprache – auf sich selbst zurückwandte. Das wichtigste Ergebnis dieser Rückwendung ist die Möglichkeit der *Selbstkritik*. So können wir Empfindungen und Wahrnehmungen hinterfragen, eigene Überzeugungen bezweifeln, Vermutungen kritisch prüfen. Das ist geradezu die *Aufgabe* der Philosophie.

Denken ist also nicht etwas, was man hat oder nicht hat, keine einfache Ja-Nein-Eigenschaft, sondern eine Fähigkeit mit vielen Graden und Stufen, eine Fähigkeit, die immer noch verbessert werden kann. Dies gilt dann auch für die Entwicklung des Denkens – genauer: der Denkfähigkeit – beim Kinde wie bei uns selbst: Denktraining, Denkschulung, Denkhilfen sind durchaus möglich.

Erkennen, Lernen, Denken, Problemlösen und Intelligenz hängen offenbar eng zusammen. Wir könnten nun auch noch versuchen, uns mit dem Problemlösen, mit Intelligenz und mit anderen kognitiven Fähigkeiten zu befassen. Doch wollen wir uns im folgenden einer anderen Frage zuwenden, der Frage nach einer *Erklärung* für unsere kognitiven Fähigkeiten. Wie kommt es, daß wir diese Fähigkeiten haben?

Passungen

Wie viele Sinne hat der Mensch?

Unsere Sinnesorgane sind Fenster zur Außenwelt. Von dem, was »da draußen« vorgeht, bekommen wir nur etwas mit, wenn es entsprechende Signale gibt, die von unseren Sinnesorganen aufgenommen, umgesetzt und weitergegeben werden können. Die Sinnesorgane sind die »Fenster«, über die das Gehirn wenigstens indirekten Zugang zur Welt hat. Sie stellen einen Engpaß, eine Art Flaschenhals dar, durch den alle Außenweltinformation hindurch muß. Dieser Engpaß ist nicht beliebig erweiterbar.

Normalerweise schreiben wir uns fünf Sinne zu. Wir sagen, jemand habe »alle fünf Sinne beisammen«. Forscht man jedoch genauer nach, so stellt man leicht fest, daß wir über mehr als fünf Sinne verfügen: neben den fünf »klassischen Sinnen« z. B. auch über einen Wärmesinn, einen Kältesinn, einen Gleichgewichtssinn, Schmerz, Tiefensensibilität sowie über »Hunger«, »Durst« und »Atemnot«.

Natürlich kann man die *Unterscheidung* der einzelnen Sinne gerade so weit treiben oder ihre *Wichtigkeit* gerade so bemessen, daß genau fünf Sinne herauskommen. So könnte man, wie man das früher getan hat, Wärmesinn und Kältesinn (eventuell sogar mit dem Tastsinn) zu einem Sinn zusammenfassen, weil beide in der Haut lokalisiert sind und weil beide die Temperatur betreffen. Tatsache ist jedoch, daß für Wärme und Kälte *verschiedene* Hautstellen – in diesen Fällen freie Nervenenden – zuständig sind und daß wir etwa zehnmal mehr Kälterezeptoren besitzen als Wärmerezeptoren. Man könnte auch Schmerz, Gleichgewichtssinn oder Tiefensensibilität aus der Zählung herauslassen wollen, weil sie »nur« über den Zustand des eigenen Körpers informieren. Doch informiert uns mindestens der Gleichgewichtssinn auch über ein bestimmtes Merkmal der Außenwelt, nämlich darüber, wo – auf der Erde – oben und unten ist. Darüber hinaus gibt es in unserem Körper viele Rezeptoren, die bestimmte Zustandswerte an das Gehirn melden oder sogar selbst im Gehirn sitzen, deren Signale uns aber nicht oder nur in Ausnahmefällen bewußt werden: einen Sauerstoff-Fühler in der Halsschlagader, der (über das Gehirn) die Lungentätigkeit regelt, einen Blutzucker-Fühler, der bei mangelndem Glukose-Gehalt Hungergefühle auslöst, und viele andere.

Sinnesleistungen

Wir haben die Sinnesorgane als »Fenster« zur Außenwelt bezeichnet: Äußere Signale werden verarbeitet und führen auf komplizierten Wegen zu Empfindungen, Wahrnehmungen, Vorstellungen, Überlegungen usw. Diese Fenster sind in ihrer Funktion sehr spezialisiert und in ihrem Empfindlichkeitsbereich eng begrenzt. Aus dem breiten Spektrum elektromagnetischer Wellen, das von Gammastrahlung auf der kurzwelligen Seite bis zu Radiostrahlung auf der langwelligen Seite reicht, kann unser Auge nur einen verschwindend kleinen Ausschnitt verarbeiten, nur Wellenlängen zwischen 380 und 760 Nanometern (ein Nanometer = ein milliardstel Meter). Von den mechanischen Schwingungen in Gasen (z. B. Luft), Flüssigkeiten (z. B. Wasser) oder festen Körpern (z. B. Knochen) kann unser Ohr nur Frequenzen zwischen 18 Hertz und 20 000 Hertz (Schwingungen pro Sekunde) registrieren, die wir dann als Töne oder Geräusche hören. Auch die Intensität der Signale darf nicht zu niedrig sein (sonst sehen oder hören wir nichts) und nicht zu hoch sein (sonst ist die Wirkung schmerzhaft oder führt sogar zur Zerstörung des Organs). Ähnliche Beschränkungen gelten für alle anderen Sinnesorgane.

Studiert man die Arbeitsweise und die Funktion unserer Sinnesorgane, so findet man, daß sie auf die Bedingungen unserer Umwelt sehr gut zugeschnitten sind. Wie ein Werkzeug auf ein Werkstück paßt, so passen auch die Sinnesorgane auf jene Gegebenheiten der Umwelten, insbesondere auf jene Signale, die für unsere Orientierung in dieser Welt bedeutsam sind.

Dieser *Passungscharakter* fällt uns normalerweise gar nicht auf; vielleicht hat man zunächst sogar Mühe, solche Passungen zu benennen. Eigentlich braucht man aber nur ein Lehrbuch der Sinnesphysiologie aufzuschlagen, um solche Passungen in großer Zahl zu entdecken. Nur erscheinen sie dort nicht unter dem Leitgedanken der Passung, sondern der Funktion. Wie aber ein Werkzeug nur *funktioniert*, wenn und insoweit es auf das Werkstück *paßt*, so funktionieren auch das Auge, das Ohr, der Gleichgewichtssinn, überhaupt alle Sinne nur, weil sie auf die Bedingungen der Umwelt so hervorragend passen.

Es ist allerdings ganz bezeichnend, daß wir auf viele dieser Passungen, ja auf viele Leistungen unserer Sinnesorgane erst dann aufmerksam werden, wenn sie *versagen*, wenn wir also im Wasser schlecht hören, bei Schnupfen keinen Druckausgleich vornehmen können und Ohrensausen bekommen, wenn uns schwindlig wird usw. Solche Fehlleistungen haben aber nicht nur diese heuristische Funktion, in der sie uns auf Grenzen und dadurch auf Passungen aufmerksam machen. Fehlleistungen spielen vielmehr eine ausgesprochen erkenntniserweiternde Rolle, indem sie uns helfen, Struktur und Funktion kognitiver Mechanismen zu analysieren. So studieren wir das Farbensehen gerne an den verschiedenen Arten der Farben*blindheit*, lernen über die funktionelle Aufteilung des Gehirns am meisten an *Ausfalls*erscheinungen und über Sinnesleistungen am meisten aus Sinnes*täuschungen*. Verallgemeinernd könnte man sagen: Wie etwas funktioniert, findet man am besten heraus, wenn es *nicht* funktioniert.

Solche Ausfallserscheinungen, Fehlleistungen, Täuschungen sollten freilich nicht die Tatsache verdecken, daß unser Weltbildapparat im allgemeinen und unsere Sinnesorgane im besonderen in dem Bereich, auf den sie zugeschnitten sind, ganz zuverlässig arbeiten. Es bedarf sogar besonderer Aufmerksamkeit, sorgfältiger Überlegung und gezielter Experimente, wenn man diese Mechanismen überlisten will.

Sinnesleistungen bei Tieren

Auch Tiere müssen sich orientieren. Dazu brauchen auch sie Sinnesorgane, die Umweltsignale aufnehmen, umsetzen und weiterleiten. Aber die Bedürfnisse von Tieren sind oft andere als die von Menschen. Deshalb haben sie in der Regel auch andere Sinnesorgane. Es gibt viele verschiedene Arten von Augen, von Ohren, von chemischen Sinnen. Viele Tiere, etwa Greifvögel, sehen besser als der Mensch, Katzen hören besser, Hunde haben einen besseren Geruchssinn, Nachttiere sehen noch bei Helligkeiten oder besser »Dunkelheiten«, die weit unter unserer Empfindlichkeitsschwelle liegen. Viele Tiere spüren die Vibrationen der Erdoberfläche, die ein Erdbeben ankündigen. Bienen sehen auch ultraviolettes Licht (aber kein rotes), und sie erkennen sogar die Polarisationsrichtung polarisierten Lichtes. Hunde hören Ultraschall, Fledermäuse senden selbst Ultraschallsignale aus, um sich dann am Echo zu orientieren, und Delphine können sich mit Ultraschall sogar untereinander verständigen.

Es gibt aber auch ganz fremdartige Sinnesorgane. Sie verarbeiten Signale, die uns Menschen ohne Meßgeräte überhaupt nicht zugänglich sind. Manche Schlangen, Klapperschlangen etwa, haben zusätzlich zu ihren »normalen« Augen noch Infrarotaugen; damit können sie die Wärmestrahlung einer Maus oder anderer warmer Gegenstände »sehen«, wenn diese nur um einige Zehntelgrad wärmer sind als ihre Umgebung. Viele Fische erspüren mit ihrem Seitenorgan oder Seitenlinienorgan die Wasserdruckwellen ihrer Opfertiere. Der Nilhecht erzeugt um sich herum ein elektrisches Feld, dessen Störungen ihm Information über die Umwelt vermitteln. Rotkehlchen und andere Zugvögel orientieren sich am Magnetfeld der Erde, um ihre Flugziele zu finden. Magnetische Sinne wurden auch bei zahlreichen Insekten sowie bei der Schlammschnecke nachgewiesen. Und es gibt sogar magnetische Bakterien! Die Welt der Sinne ist voller Wunder; hier gibt es zweifellos noch viel zu entdecken.

Für unsere Überlegungen entscheidend ist nun zweierlei: *Erstens* wird uns klar, daß es auch andere Zugänge, andere »Fenster« zur Außenwelt gibt als die, über die wir von Natur aus verfügen. *Zweitens* wird deutlich, daß die Sinnesorgane anderer Lebewesen ebenfalls auf deren Bedürfnisse zugeschnitten sind, so daß sie in ähnlicher Weise auf die Umwelt *passen*, wie wir das schon für die menschlichen Sinnesleistungen betont haben.

Höhere kognitive Leistungen: Zeitwahrnehmung

Bisher haben wir uns nur mit Sinnesleistungen befaßt. Ähnliche Überlegungen gelten aber auch für die höheren kognitiven Funktionen, etwa für unsere *Raumwahrnehmung*. Hier müssen wir uns auf *Zeitwahrnehmung* und *kausales Denken* beschränken.

Zwar haben wir kein spezielles Organ für die Wahrnehmung der Zeit. Aber wir haben doch so etwas wie einen »Zeitsinn«. Er erlaubt es uns, Ereignisketten als zeitliche Abfolgen zu erleben, Zeitdauern abzuschätzen, frühere von späteren Ereignissen zu unterscheiden und natürlich auch Ereignisse als gleichzeitig einzuordnen. Daß wir kein spezielles Zeitorgan haben, liegt sicher daran, daß es auch keine speziellen Zeitsignale gibt. Zeit ist viel eher eine Dimension, *innerhalb* deren sich alle Prozesse abspielen und die deshalb an allen Prozessen erlebt werden kann. Wir haben jedoch eine *innere Uhr*, oder besser: viele innere Uhren, die es uns erlauben, Zeitdauern zu erleben, zu vergleichen und einzuschätzen. Daß es so etwas wie Zeit gibt, daran haben wir subjektiv keinen Zweifel.

Auch daß zwischen Vergangenheit und Zukunft erhebliche Unterschiede bestehen, ist uns *subjektiv* (intuitiv, im Erleben, psychologisch) ganz klar: Die Vergangenheit ist vergangen, geschehen, passiert, die Zukunft (noch) nicht. Insbesondere könnte unser aller Leben »im Prinzip« morgen durch eine noch unbekannte Ursache, z. B. durch eine Explosion der Erde oder durch Strahlen aus dem Weltraum, ausgelöscht werden; daß wir gestern gelebt haben, kann dagegen keine Macht der Welt mehr ändern. Erinnerung und Gedächtnis betreffen Vergangenes, Erwartungen dagegen Zukünftiges; Stolz und Reue beziehen sich auf die Vergangenheit, Hoffnungen und Ängste auf die Zukunft. So steht uns der Unterschied zwischen Vergangenheit und Zukunft, steht uns die Asymmetrie der Zeit deutlich vor Augen, und wir neigen dazu, diese zeitlichen Gegebenheiten – Zeit und Zeitrichtung – für ebenso objektiv zu halten wie die räumlichen, etwa die Dreidimensionalität.

Und doch: Könnte es nicht sein, daß wir Zeit nur subjektiv *erleben*? Ist sie vielleicht nur ein Ordnungsschema, dem in der Welt »da draußen« gar nichts entspricht? Ist Zeit nur eine Form des Anschauens und Erlebens, die wir in alle Erfahrung einbauen und deshalb auch in aller Erfahrung wiederfinden, die aber gleichwohl subjektiv ist? Ist sie etwa nur eine der Bedingungen, unter denen allein wir Welt erleben und deshalb auch nur erkennen können?

Wie aber wollen wir das herausfinden? Unsere Zeitwahrnehmung mit der »wirklichen« Welt vergleichen können wir natürlich nicht; denn diese Welt ist uns ja anders als über unsere Sinnesorgane und unsere Wahrnehmung gar nicht zugänglich. Von Passung können wir aber erst dann reden, wenn wir die beiden Teile, die da zueinander passen sollen, unabhängig voneinander kennen und miteinander vergleichen können. Wie wollen wir dann wissen, ob es in der Welt da draußen so etwas wie Zeit gibt, die wir – mehr oder weniger angemessen – erfassen können? Wenn wir nur unsere Wahrnehmungen haben, um unsere Wahrnehmungen zu überprüfen – sind wir dann nicht in einem Zirkel gefangen, aus dem es keinen Ausweg gibt?

Tatsächlich gibt es einen Ausweg: Wir können die Wissenschaften befragen. Diejenige Wissenschaft, die uns über Raum und Zeit am meisten sagen kann, ist zweifellos die Physik. Und nun lehrt eben auch die Physik, daß es Raum und Zeit gibt, daß der Raum drei Dimensionen hat und daß die Zeit die besprochene Asymmetrie aufweist.

Zwar kann auch die Physik das nicht streng beweisen. Aber sie ist mit Theorien, die Raum und Zeit als objektive Gegebenheiten einbeziehen, erfolgreich, *obwohl sie damit scheitern könnte*. Und sie hat bisher keinen besonderen Erfolg mit Theorien, die vier räumliche Dimensionen voraussetzen, die zwischen Vergangenheit und Zukunft nicht unterscheiden oder die auf Raum und Zeit als Beschreibungsdimensionen ganz verzichten, *obwohl sie damit durchaus Erfolg haben könnte*. Zwar ist auch das Wissen der Physik vorläufig und fehlbar; aber sie ist doch eine im wesentlichen unabhängige Quelle unseres Wissens über die Struktur der Welt. Und als solche bestätigt sie einige unserer Annahmen über Raum und Zeit, gibt sie also unserem räumlichen und zeitlichen Erleben recht. In diesem Sinne können wir eben doch sagen, daß die Strukturen unserer Wahrnehmung und unserer Erfahrung auf die räumlichen und zeitlichen Strukturen unserer Welt *passen*, teilweise sogar mit ihnen übereinstimmen. (Diese Passung und diese Übereinstimmung sind dann durchaus erklärungsbedürftig und, wie wir noch sehen werden, auch erklärbar.)

Die Erfahrungswissenschaften versuchen ja in ihren Theorien, die hinter den Erscheinungen liegende Struktur der Welt zu erfassen. Schon in Demokrits (um 460–380/370 v. Chr.) Atomtheorie wird die Vielfalt der Erscheinungen auf kleine und deshalb unsichtbare Atome zurückgeführt. Solchen Hypothesen und Theorien, die sich bei derartigen Erklärungsversuchen (am besten) bewähren, schreiben wir dann – wie immer vorläufig – Wahrheit zu. Dabei sind zwar auch die abstraktesten Theorien auf die Überprüfung in der Erfahrung angewiesen; sie können aber unserer Anschauung, auch unserer Raum-und Zeitanschauung, durchaus widersprechen (vgl. unten).

Höhere kognitive Leistungen: kausales Denken

Als zweites Beispiel für den Passungscharakter unserer kognitiven Strukturen soll uns die *Kausalität* dienen. Kausalitätsprobleme werden von den Philosophen schon seit langem diskutiert, spätestens seit Aristoteles. Hier kann und soll es nur um einen einzigen Aspekt gehen, nämlich um die Frage, ob unserem kausalen Denken in der Welt »da draußen« etwas entspricht.

Üblicherweise geben wir Ereignisfolgen eine *kausale Deutung*. Wir sagen nicht »Die Sonne schien, und der Stein wurde warm« oder »Die Fensterscheibe zersprang, nachdem der Fußball sie getroffen hatte«, sondern wir sagen »Die Sonne schien, und *deshalb* wurde der Stein warm« und »Die Scheibe zersprang, *weil* der Ball sie getroffen hatte«. Mit Wörtern wie »deshalb« oder »weil« geben wir Ereignisfolgen eine kausale Interpretation, versuchen wir, Ursache-Wirkungs-Zusammenhänge zu beschreiben. Offenbar gehen solche Kausalbeziehungen über die bloße zeitliche Abfolge hinaus.

Ist die kausale Deutung rein subjektiv? Ist es vielleicht nur *bequem*, regelmäßigen Ereignisfolgen eine kausale Deutung zu geben? Ist es nur eine *Gewohnheit*, eine Art psychologischer Zwang, ein Instinkt, wie David Hume (1711–1776) meint? Oder hat Immanuel Kant (1724–1804) recht, wenn er behauptet, Kausalität sei ein Verstandesbegriff, das Kausalprinzip ein Grundgesetz des Verstandes, das es uns erst ermöglicht, die Welt zu erleben, zu erfahren, zu erkennen? Können wir also darüber, ob die Welt *tatsächlich* kausal vernetzt ist, überhaupt nichts sagen? In diesem Falle hilft es wenig, die Physiker direkt zu fragen, was sie uns über die Kausalstruktur der Welt mitteilen können: Begriffe wie »Ursache« oder »Kausalität« kommen in der Physik (fast) überhaupt nicht vor, der Begriff »Wirkung« nur in einem anderen Sinne. Doch gibt uns die *Naturphilosophie* einen Hinweis (vgl. Vollmer 1986, S. 39ff.).

Entscheidend dafür, daß wir von einem kausalen Zusammenhang, von Ursache und Wirkung sprechen dürfen, ist ein *Energieübertrag* (in den meisten Fällen von der Ursache zur Wirkung, gelegentlich auch umgekehrt). Die Sonne überträgt Energie auf den Stein, und *deshalb* wird er warm. Und die Fensterscheibe zerspringt, *weil* der Fußball (zu viel) Energie an sie abgegeben hat. Bei rein zeitlichen Abfolgen (die Nacht folgt dem Tage, wird aber nicht vom Tage hervorgerufen, verursacht, bewirkt) gibt es einen solchen Energieübertrag dagegen nicht. Ob ein Energieübertrag vorliegt, ist eine empirische Frage, die sich nicht in allen, wohl aber in vielen Fällen entscheiden läßt.

Unsere kausale Deutung vieler Ereignisfolgen ist also keine rein subjektive Zutat zu unserem Bild von der Welt, keine bloße Konstruktion. Vielmehr entspricht sie einer *realen* Gegebenheit, eben dem Energieübertrag (über dessen Vorliegen wir uns natürlich irren können). In diesem Sinne *paßt* auch unser kausales Denken auf die Kausalstruktur der Welt, gibt es auch hier wieder eine gewisse *Übereinstimmung*.

Wieso können wir die Welt erkennen?

Was diese Frage voraussetzt

Wer so fragt, setzt schon einiges voraus:

1. Er (oder sie) setzt voraus, daß es so etwas wie die *Welt* tatsächlich gibt. Der bestimmte Artikel – *die* Welt – legt zudem nahe, daß es auch nur *eine* solche Welt gibt, daß also das Objekt unserer Erkenntnis, die Welt, einmalig und eindeutig bestimmt sei.
2. Unsere Frage setzt auch voraus, daß wir diese Welt *erkennen* können – vielleicht nicht vollständig, vielleicht nicht beliebig genau, vielleicht nicht irrtumsfrei, aber eben doch einigermaßen. Denn wenn es die Welt gar nicht gäbe oder wenn wir sie, obwohl es sie gibt, nicht erkennen könnten, dann hätte es auch keinen Sinn,

nach dem »Warum?« und »Wieso?« solchen Erkennens zu fragen: Was es nicht gibt, braucht man auch nicht zu erklären.

3. Vorausgesetzt wird in unserer Frage ferner eine gewisse Gemeinsamkeit in unserem Erkennen, ein Mindestmaß an *Intersubjektivität*. Wären unsere Ansichten über und unsere Einsichten in die Welt so persönlich, so individuell, so subjektiv und deshalb auch so verschieden wie etwa unsere Träume, so dürften wir kaum wagen, von Erkenntnis zu sprechen. Soweit allerdings eine solche Gemeinsamkeit vorliegt – wobei ihre Reichweite durchaus der Prüfung bedarf –, ist auch sie erklärungsbedürftig und in der Titelfrage dieses Kapitels mit angesprochen.
4. Schließlich setzt eine ernstgemeinte Frage in der Regel noch voraus, daß eine Antwort *weder trivial noch offenbar unmöglich* ist. Wieso wir die Welt erkennen können, das weiß nicht schon jedes Kind, nicht der Mann (die Frau) auf der Straße, nicht der Alltagsmensch; aber es ist auch nicht prinzipiell unbeantwortbar, kein ewiges Geheimnis, kein Welträtsel, jedenfalls nicht auf den ersten Blick als solches erkennbar.

Im allgemeinen wird man die Frage, wieso wir die Welt erkennen können, auch ohne philosophische Reflexion verstehen und für sinnvoll halten. Aber kann man sie auch beantworten? Im Laufe der Philosophiegeschichte hat es darauf verschiedene Antworten gegeben. Für den *Empirismus* ist die Welt dabei der aktivere Teil: Sie liefert uns Information, sie formt unseren Geist und damit auch unser Bild von der Welt. Für den *Rationalismus* ist die entscheidende Erkenntnisquelle der Verstand, die Ratio: Unser Wissen, auch unser Wissen über die Welt, verdanken wir dem reinen Denken! Wie so oft, liegt wohl auch hier die Antwort in einer Synthese der beiden Auffassungen.

Einige Antworten

Unsere Sinnesorgane sind Organe zur Erfassung der Umwelt; sie sind *Werkzeuge*. Damit ein Werkzeug etwas taugt, muß es auf das Werkstück passen. Oben haben wir gesehen, daß unsere Sinnesorgane und unser Weltbildapparat durchaus auf die reale Welt passen, mindestens so weit, daß sie zusammen Erkenntnis ermöglichen. Wie kommt es zu dieser Passung?

Bei jedem Werkzeug gibt es jemanden, der es herstellt, auswählt und benützt. Gilt das etwa auch für die menschliche Erkenntnisfähigkeit und für unser Erkenntnisorgan, das Gehirn? Können wir Funktion und

Passung unseres Erkenntnisapparates nur verstehen, wenn wir dafür einen Schöpfer verantwortlich machen? Wie sonst aber kommt es, daß die kognitiven Strukturen, mit denen wir Erkenntnis gewinnen, dafür überhaupt tauglich sind, daß sie auf die Welt so gut passen? Diese Frage hat Philosophen, vor allem aber Erkenntnistheoretiker, immer wieder beschäftigt. Wie können wir erklären, so fragt auch Kant, daß der Gebrauch der Kategorien »mit den Gesetzen der Natur, an welchen die Erfahrung fortläuft, genau stimmt«? (1787, B 167). Und er wundert sich über »diese Zusammenstimmung der Natur mit unserem Erkenntnisvermögen« (1790, A XXXIV).

Die Philosophen haben im Laufe der Zeit sehr verschiedene Antworten auf diese Frage gegeben. Nach Platon (427–347 v. Chr.) ist Erkennen eine Art Wiedererinnern; danach müßte die Seele schon vor der Geburt existiert und in irgendeiner Form alle Ideen bereits einmal geschaut haben. Diese Auffassung hatte später als Lehre von den *angeborenen Ideen* bzw. als *Nativismus* großen Einfluß. Sie wurde vor allem von *Rationalisten* vertreten, so von Descartes und Gottfried Wilhelm Leibniz (1646–1716). Aber schon Aristoteles kritisiert Platon und schreibt der *Erfahrung* eine größere Rolle zu. Auf ihn berufen sich deshalb vor allem die *Empiristen* wie Francis Bacon (1561–1626), John Locke und David Hume. Locke lehnt die Existenz angeborener Ideen völlig ab. Für Bacon und Hume darf es sie durchaus geben; doch tragen sie dann eher zu Vorurteilen und zum Irrtum bei als zur Erkenntnis.

Kant glaubt zwischen den beiden erkenntnistheoretischen Richtungen vermitteln zu können. Er fragt vor allem nach den Bedingungen, die erfüllt sein müssen, damit wir Erfahrungen machen und Erkenntnis, vor allem aber sichere Erkenntnis über die Welt, gewinnen können. Was wir wahrnehmen und wie wir es wahrnehmen, was wir erfahren und wie wir es erfahren, was wir erkennen und wie wir es erkennen, was wir wissen und wie wir es wissen, ist bestimmt durch die Struktur unseres Erkenntnisvermögens. Solche Strukturen sind die *Anschauungsformen* Raum und Zeit und die zwölf *Kategorien*, zu denen etwa der Substanzbegriff und der Kausalitätsbegriff gehören.

Indem wir die Welt wahrnehmen (erfahren, erkennen) prägen wir – genauer: prägt unser Erkenntnisvermögen – unseren Beobachtungen, Vorstellungen und Erfahrungen, unserer gesamten Erkenntnis Strukturen auf, die wir dann hinterher darin zu finden glauben. Kant (1783, § 36) macht das ganz deutlich: »So klingt es zwar anfangs befremdlich, ist aber nichtsdestoweniger gewiß, wenn ich [...] sage: *der Verstand schöpft seine Gesetze* [...] *nicht aus der Natur, sondern schreibt sie dieser vor.*«

Damit ist natürlich nicht gemeint, daß wir die Naturgesetze nach Lust und Laune bestimmen könnten. Gemeint ist vielmehr, daß alle Strukturen, die wir in der Erfahrung finden, von uns selbst dort eingebaut sind. Anders als mit Hilfe und im Rahmen dieser Strukturen können wir überhaupt nichts erfahren, nichts über die Welt erkennen; anders als räumlich, zeitlich und kausal geordnet kann unsere Erfahrung gar nicht sein; andere Erfahrungen gibt es einfach nicht. Es ist dann auch kein Wunder, daß wir in der Erfahrungswelt Raum, Zeit und Kausalität wiederfinden; schließlich haben wir sie ja selbst dort eingebaut!

Solche Elemente, die Erfahrung überhaupt erst möglich machen, liegen offenbar *vor* aller Erfahrung; sie sind, wie Kant sagt, *a priori*. Weil er die Existenz solcher apriorischer Elemente in unserer Erkenntnis behauptet, nennt man seine Position auch *Apriorismus*. Durch Analyse unseres Verstandes können wir herausfinden, mit welchen apriorischen Strukturen dieser unser Verstand arbeitet und welche Strukturen wir demnach in aller Erfahrung finden werden. So wissen wir immerhin einiges über die Erfahrungswelt, etwa daß sie räumlich, zeitlich und kausal geordnet ist (sein muß). In diesem Sinne gibt es dann doch erfahrungsunabhängige Erkenntnis über die Erfahrungswelt, und in diesem Sinne ist Kant eben doch Rationalist.

Man kann darüber diskutieren, ob Kant recht hat. Das soll hier nicht geschehen. Wir können aber fragen: Angenommen, er hat damit recht, daß wir bestimmte Strukturelemente in die Erfahrung einbauen und daß Erfahrung dadurch überhaupt erst möglich wird – wie kommt es dann, daß wir das, was wir zum Erkennen brauchen, tatsächlich auch *haben*? Kant weiß auf diese Frage keine Antwort:

> »Wie aber diese eigentümliche Eigenschaft unserer Sinnlichkeit selbst oder die unseres Verstandes [...] möglich sei, läßt sich nicht weiter auflösen und beantworten.« (Kant 1783, § 36) Und: »Von der Eigentümlichkeit unseres Verstandes aber, nur vermittelst der Kategorien und nur gerade durch diese Art und Zahl derselben Einheit der Apperzeption [also Erkenntnis] a priori zustande zu bringen, läßt sich ebensowenig ferner ein Grund angeben, als warum wir gerade diese und keine anderen Funktionen zu urteilen haben, oder warum Zeit und Raum die einzigen Formen unserer möglichen Anschauung sind.« (Kant 1787, B 145f.)

So liefert Kant zwar eine scharfsinnige *Analyse* menschlichen Erkennens (über deren Richtigkeit wir hier nicht urteilen wollen), aber *keine Erklärung* für dessen Beschaffenheit. Das aber ist es, wonach wir eigentlich suchten: Wie kommt es, daß unser Erkenntnisapparat so ist, wie er ist? Wie kommt es, daß er zum Erkennen der Welt taugt (soweit er das eben tut)? Diese Fragen, auf die Kant keine Antwort wußte, wollen wir nun beantworten.

Die Antwort der Evolutionären Erkenntnistheorie

Charles Darwin (1809–1882) hat eine solche Antwort möglich gemacht und – in seinen Tagebüchern! – sogar schon angedeutet. Daß die Evolutionstheorie auch für die menschliche Erkenntnisfähigkeit wesentlich sein könne, haben nach Darwin noch viele andere betont: Philosophen wie Herbert Spencer (1820–1903), Physiker wie Ludwig Boltzmann (1844–1906), Biologen wie Ernst Haeckel (1834–1919).

Wirklich ausgearbeitet hat diese Antwort aber erst der Verhaltensforscher Konrad Lorenz (1903–1989), und zwar bereits in den vierziger Jahren. Zwei seiner damaligen Aufsätze tragen auch ganz bezeichnende Titel: »Kants Lehre vom Apriorischen im Lichte gegenwärtiger Biologie« (1941) und »Die angeborenen Formen möglicher Erfahrung« (1943). Trotzdem blieb er damals – vor allem wohl infolge der Kriegsereignisse – ungelesen oder unverstanden, und erst in den siebziger Jahren wurde die von ihm vorgenommene Verknüpfung von Evolutionstheorie und Erkenntnistheorie (oder, etwas plakativ, von Darwin und Kant) unter dem Namen »Evolutionäre Erkenntnistheorie« ausgebaut und ernsthaft diskutiert. Im folgenden sollen die wichtigsten Thesen der Evolutionären Erkenntnistheorie vorgestellt werden.

Denken und Erkennen sind Leistungen des menschlichen Gehirns, allgemeiner: des Zentralnervensystems. Das Gehirn ist ein körperliches Organ. Wie alle Organe entsteht es bei jedem Individuum neu. Daß es aber entsteht und wie es entsteht, wie es gegliedert ist, wie es arbeitet, welche Leistungen es erbringt – das ist im Erbgut, im Genom verankert. (Außerdem spielen aber auch Umweltreize und Selbstorganisationsprozesse eine wesentliche Rolle.) Das Erbgut wird von den Eltern, von den Vorfahren, von früheren Generationen übernommen. Es ist seinerseits ein Ergebnis der biologischen Evolution, entstanden über Mutation, Selektion und andere Evolutionsfaktoren.

Unsere kognitiven Strukturen *passen* auf die Welt, weil sie sich in Anpassung an diese Welt herausgebildet haben. Und sie stimmen mit den realen Strukturen überein (soweit sie das eben tun), weil solche Übereinstimmung, weil solch korrektes Erfassen der Umwelt dem Überleben dienlich, in manchen Fällen dafür sogar unerläßlich war. Wir (Menschen) können also die Welt erkennen, weil unsere kognitiven Strukturen auf die Welt passen; und sie passen, weil sie in jahrmillionenlanger Entwicklung für diese Aufgabe entwickelt wurden.

Bei organismischen Systemen kann man bekanntlich in zweierlei Hinsicht nach dem Werden fragen: nach *Ontogenie* (individueller Entwicklung, auch Ontogenese) und nach *Phylogenie* (Stammesgeschichte, Evolution, auch Phylogenese). Das gilt natürlich auch für die Erkenntnisfähigkeit.

Einerseits können wir also untersuchen, wie sich die Erkenntnisfähigkeit eines Lebewesens, insbesondere eines menschlichen Individuums, im Laufe seines Lebens verändert. Dieser ontogenetische Aspekt wird unter anderem von der *Entwicklungspsychologie* untersucht. Am bekanntesten ist hier wohl der Biologe, Psychologe und Philosoph Jean Piaget (1896–1980), der diese Fragestellung zum Gegenstand seiner »Genetischen Erkenntnistheorie« gemacht hat. (Das Adjektiv »genetisch« in dieser Bezeichnung kommt übrigens nicht von »Genetik«, sondern von »Genese«.) Piaget zeigt, daß es nicht nur nützlich, sondern unerläßlich ist, psychologische Fakten zu berücksichtigen, wenn man nach der Natur der Erkenntnis fragt. (Ein verbreiteter Irrtum bestehe allerdings darin, daß sich jeder einbilde, ein ausgezeichneter Psychologe zu sein, während er sich doch niemals für einen fachkundigen Physiker oder Linguisten halten würde.)

Andererseits können wir fragen, wie die Erkenntnisfähigkeit des Menschen im Laufe der Stammesgeschichte, also in der biologischen Evolution, entstanden ist. Dieser phylogenetische Aspekt ist offenbar das Thema der *Evolutionären Erkenntnistheorie*.

Es dürfte deutlich sein, daß sich der Bereich der Erkenntnislehre durch diese Fragerichtung erheblich *erweitert*. Nicht nur die Unterschiedlichkeit der Menschen innerhalb einer Population und zwischen verschiedenen Rassen, nicht nur der ontogenetische Aspekt mit seinen pädagogischen und didaktischen Folgerungen, auch der Vergleich mit anderen *Arten* gehört nun zur erkenntnistheoretischen Thematik. Es ist deshalb kein Wunder, daß die historischen Wurzeln der Evolutionären Erkenntnistheorie in der vergleichenden Verhaltensforschung liegen, bei der ja der Artvergleich zum methodischen Rüstzeug gehört.

Nun wäre es natürlich sehr befriedigend, wenn wir die Evolution der Erkenntnisfähigkeit zunächst einmal empirisch untersuchen und *beschreiben* könnten. Hinsichtlich der *ontogenetisch* orientierten Entwicklungspsychologie ist eine derartige Untersuchung und Beschreibung ja durchaus möglich und Ziel der Forschung.

Für das Studium solcher Reifungsprozesse hat Piaget Bahnbrechendes geleistet. In zahllosen geduldigen und wohldurchdachten Experimenten haben er und seine Mitarbeiterinnen und Mitarbeiter geprüft, in welchem Alter Kinder welche kognitiven Leistungen erbringen, wann und wie sich Zeitablauf, räumliche Geometrie, Bewegung und Geschwindigkeit, Kraft und Beschleunigung, Kausalität und Gesetzmäßigkeit, Reversibilität und Invarianz, Zufall und Wahrscheinlichkeit dem kindlichen Denken erschließen. Piagets Arbeiten haben in jüngerer Zeit auch Kritik erfahren. Die Entwicklungspsychologie ist jedoch inzwischen zu einer handfesten erfahrungswissenschaftlichen Disziplin geworden.

Bei derartigen ontogenetischen Befunden stellt sich unvermeidlich die Frage, ob die Stammesgeschichte ähnlich verlaufen ist. Nach Haeckels biogenetischer Grundregel sollte ja die Ontogenie eine geraffte Wiederholung der Phylogenie sein. Freilich ist längst bekannt, daß diese Regel nicht den Charakter eines Naturgesetzes hat. Wir müssen also auf anderem Wege zu einer Beschreibung der Psychoevolution (oder der Psychophylogenese) gelangen. Eine solche – leider sehr lückenhafte und spekulative Beschreibung – könnte etwa folgendermaßen aussehen:

In der Entwicklung der Arten haben sich die verschiedenen *Sinne* erst ganz allmählich ausdifferenziert. Dabei dienten die Sinnesorgane zunächst nur als Signalempfänger für unbedingte Reflexe. Die später entwickelte Fähigkeit, Reize zu unterscheiden und in Klassen einzuordnen, ist dann bereits die biologische Wurzel von *Abstraktion* und *Generalisation*. In der Folge haben sich im Nervensystem immer kompliziertere signalverarbeitende Strukturen herausgebildet. Die verschiedenen Sinne wurden miteinander verschaltet, was schließlich zu einer *internen Repräsentation* der Außenwelt führte. Unsere frühen Vorfahren lernten dann, diese interne Rekonstruktion der Außenwelt willkürlich zu verändern und darin fingierte (simulierte) *Probehandlungen* vorzunehmen. Diese Fähigkeit ersparte Zeit, Energie und Risiko und war zugleich der erste Schritt zum Denken. Die *Sprache* ermöglichte dann nicht nur eine Erfassung der gemeinsamen Umwelt, sondern auch eine Beschreibung der je eigenen Vorstellungswelt. Dieses Vermögen führte schließlich zu allgemeinen Begriffen, zu logischem Schließen, zu mathematischen Fähigkeiten, zu Moses, Leonardo da Vinci, Einstein.

Leider ist für die Evolutionäre Erkenntnistheorie die Situation nicht so günstig. Der Grund ist leicht zu sehen: Welcher Art sollten die erwähnten empirischen Untersuchungen denn sein? Vergleichen wir einmal mit einer anderen Disziplin, mit der Sprachwissenschaft. Was wissen wir über die Evolution der Sprache oder – um die Analogie noch vollständiger zu machen – über die Evolution der menschlichen Sprach*fähigkeit*? Bis vor 100 Jahren durften die Sprachforscher noch *hoffen*, irgendwo auf den weißen Flecken der Landkarte werde einmal eine Population von Halbmenschen entdeckt, die in ihrer Entwicklung zwischen Affen und Menschen stünden und eine Quasi-Sprache hätten, an der sich die Evolution der menschlichen Sprachfähigkeit studieren ließe. Aber solche Halbmenschen wurden nicht gefunden. Auch jene Stämme, die man zunächst dafür hielt (Eingeborene in Afrika, Südamerika oder Australien), erwiesen sich als vollwertige Mitglieder der menschlichen Art. Trotzdem ist es natürlich nicht sinnlos, sich über die Evolution der menschlichen Sprachfähigkeit Gedanken zu machen.

Ganz ähnlich steht es mit der menschlichen Erkenntnisfähigkeit. Die Kluft zwischen den höchstentwickelten Tieren, den nichtmenschlichen Primaten (z. B. Schimpansen), und den Menschen ist in kognitiver Hinsicht ungeheuer groß. Dazwischen gibt es nichts. Insofern können wir nicht mehr hoffen, an gegenwärtigen Befunden die Evolution der Erkenntnisfähigkeit einfach abzulesen, so wie man verschiedene Sterntypen erfolgreich als Stadien der Sternentwicklung deutet. Was uns bleibt, sind spärliche paläoanthropologische Befunde wie Gehirngröße oder Schädelausgüsse und indirekte archäologische Belege wie Werkzeuge, Waffen, Bestattungsweisen. Das ist verschwindend wenig.

Die Situation ist jedoch nicht hoffnungslos. Zwar gibt es (noch) keine eigenständige Disziplin, welche die Evolution der Erkenntnisfähigkeit zum Forschungsgegenstand hätte, keine Paläo- oder Protopsychologie. Es existieren aber zahlreiche einschlägige Befunde, vor allem aus wenig bekannten Zwischengebieten wie Neurokybernetik, physiologische Psychologie, Tierverhaltensforschung, Soziobiologie, Neurolinguistik und Psychophysik. Diese Belege wurden freilich häufig unter ganz anderen Fragestellungen und Absichten gewonnen als denen der Evolutionären Erkenntnistheorie; deshalb wurden sie auch noch nicht zu einem zusammenhängenden oder gar lückenlosen Mosaik vereint. Die Evolutionäre Erkenntnistheorie als beschreibende und erklärende Disziplin ist deshalb nach wie vor ein Forschungs*programm*, ein erkenntnistheoretischer Rahmen, der zu einer vollständigen Theorie erst noch ausgebaut werden muß.

Immerhin hat sich herausgestellt, daß die Kluft zwischen Mensch und Tier nicht grundsätzlich unüberbrückbar ist. Einerseits können Tiere mehr, als man früher glauben wollte oder wissen konnte. Geduldige Freilandbeobachtungen und systematische Studien im Labor haben gezeigt, daß zu zahlreichen »typisch menschlichen« Merkmalen *Vorstufen* bei Tieren, insbesondere bei Schimpansen, vorhanden sind: Abstraktion und Generalisation, Planhandlungen, unbenanntes Zählen und symbolische Kommunikation, Sprachfähigkeit und Sprachbenutzung, Emotionen, Bewußtsein und Ichgefühl, Täuschung und Gewissen, Schmerz, Trauer und ein Gefühl für die Besonderheit des Todes. Es ist kein Zweifel, daß unsere Begriffe »Erkennen« und »Denken« – Rekonstruktion und Identifikation äußerer Objekte, Hantieren im Vorstellungsraum und Reflexion – auch auf bestimmte Leistungen höherer Tiere anwendbar sind.

Andererseits lehren zahlreiche Beobachtungen und gezielte humanethologische Studien, wie sehr auch wir Menschen noch in der Steinzeit wurzeln und durch unser biologisches Erbe begünstigt und zugleich belastet sind. Viele wollen das nicht wahrhaben. Auch hier kann die Evolutionäre Erkenntnistheorie zu einer Verbesserung, nämlich zu einer Objektivierung unseres Menschenbildes beitragen, indem sie die Kontinuität in Evolution und Kulturgeschichte betont, ohne das typisch Menschliche zu verkennen. Erklären heißt eben nicht Wegerklären. Im Gegenteil – je besser wir die Natur verstehen, desto faszinierender wird sie in ihrer Vielfalt und Komplexität. – Im folgenden wollen wir uns mit weiteren Konsequenzen dieser evolutionären Sichtweise befassen.

Einige Folgerungen

Aus der Evolutionstheorie wissen wir, daß die Anpassung eines Organismus an seine Umwelt *nie ideal* ist. Eine ideale Anpassung wäre einerseits sehr aufwendig; andererseits ist sie gar nicht erforderlich und auch kaum möglich, weil dem Selektionsdruck ein Mutationsdruck entgegenwirkt und weil auch die Umwelt sich laufend ändert. So ist auch unser Erkenntnisvermögen, ist insbesondere die Passung zwischen Erkenntnisapparat und Umwelt keineswegs vollkommen.

Das ist uns natürlich längst bekannt. Die Evolutionäre Erkenntnistheorie behauptet hier nicht etwas Neues, sondern sie *erklärt* Altbekanntes. Das ist jedoch kein Einwand. Seit Jahrtausenden wußten Leute, daß ein Apfel zu Boden fällt, wenn man ihn losläßt. Aber erst Isaac Newton (1643–1727) konnte es erklären. Die Erklärung für eine altbekannte Tatsache braucht ihrerseits keineswegs selbstverständlich zu sein.

Auf der anderen Seite kann diese Passung unseres Erkenntnisapparates auch nicht gar zu schlecht sein. Daß eine *gewisse* Passung besteht, haben wir bereits oben gesehen. Wie weit diese Passung genau reicht, ist eine Frage an die Forschung. Die Evolutionäre Erkenntnistheorie gibt hier immerhin eine prinzipielle Antwort: Die Passung muß wenigstens so weit reichen, daß die wesentlichen Bedürfnisse befriedigt werden. Sie muß für das *Überleben* ausreichen, und zwar für ein Überleben *unter Konkurrenz*.

Im allgemeinen sind *richtige* Hypothesen für das Überleben günstiger als falsche. Falsche Hypothesen werden, wenn ihre Falschheit für das Überleben bedeutsam ist, in der Evolution eliminiert; solche, die den Reproduktionserfolg erhöhen, werden dagegen beibehalten (bzw. langfristig durch noch geeignetere ersetzt).

Offenbar geht die Evolutionäre Erkenntnistheorie davon aus, daß es »angeborene Ideen«, also genetisch übertragene Information über die Welt gibt. Dieses *Vorwissen* steckt in den Sinnesorganen, im Zentralnervensystem, im Gehirn. In einer Welt, in der es gar keine elektromagnetische Strahlung im sichtbaren Bereich gibt, hätten sich auch keine Augen entwickelt. Wozu hätten sie dienen sollen? Und in einer nicht-kausalen Welt hätte sich auch kein kausales Denken entwickelt. Wir sehen, hören, fühlen, erkennen gerade dort, wo es etwas zu sehen, zu hören, zu fühlen, zu erkennen gibt.

Information über die Welt erhalten wir also nicht nur über unsere Sinnesorgane. Information über die Welt steckt auch in unserem Erbgut, in unseren Genen. Neben dem individuellen Lernen gibt es auch ein stammesgeschichtliches, ein *phylogenetisches Lernen*. Dieses »Lernen« erfolgte ohne Bewußtsein, ohne Plan, ohne Ziel, allein über Versuch und Irrtum. Dabei lernt »die Evolution« fast nur aus Erfolgen, kaum aus Irrtümern: Dieselben Fehler werden immer wieder gemacht; und daß es Fehler (ungeeignete Mutanten) waren, wird nirgends gespeichert.

Den Einfluß der Gene darf man sich allerdings nicht so vorstellen, daß sie einen Bauplan für ein fertiges Gehirn oder gar für ein fertiges Weltbild enthielten. Die Gene liefern vielmehr nur allgemeine Anweisungen zum Bau und zur funktionellen Gliederung des Gehirns. Der Aufbau selbst ist dann auf die Außenweltinformation unabdingbar angewiesen. Verstärkt und ausgebaut werden nur solche Bahnungen, die auch in Anspruch genommen werden. Wer als Kind nichts zu sehen bekommt, der wird das Sehen auch später nicht mehr lernen: Die Teile des Gehirns, die »zum Schauen bestellt« waren, werden nicht genützt; sie verkümmern oder werden für andere Zwekke eingesetzt. Unsere kognitiven Fähigkeiten entstehen also in einem engen

Zusammenspiel von genetischen und ontogenetischen Einflüssen; keiner der beiden ist verzichtbar.

Das Bild, das wir uns von der Welt machen, ist im wesentlichen von unserem Gehirn erzeugt. Die Außenweltsignale, die von den Sinnesorganen in die Einheitssprache des Gehirns übersetzt werden, spielen dabei nur die Rolle von Auslösern. Wenn dabei trotzdem ein angemessenes (das heißt *passendes* und in vielem *zutreffendes*) Weltbild entsteht, so sind dafür drei Arten von Kontrollen verantwortlich: die *phylogenetische* (oder stammesgeschichtliche) durch Erfolge in der natürlichen Auslese, die *ontogenetische* (oder individualgeschichtliche) durch Reifung des Erkenntnisapparates aufgrund eines genetischen Programms, äußererer Reize und zahlreicher Selbstorganisationsprozesse und schließlich die *laufende Kontrolle* durch die Sinnesorgane und die angemessene Verarbeitung von Augenblicksinformation.

Die Angemessenheit dieses Weltbildes reicht allerdings nicht beliebig weit; sie erstreckt sich zunächst nur auf den Bereich, der für die natürliche Auslese eine Rolle spielte. Diesem Problem widmen wir das abschließende Kapitel.

Der Mesokosmos

Der Mesokosmos als kognitive Nische des Menschen

Jedes Lebewesen ist einem bestimmten Teilbereich der Welt angepaßt, in dem es lebt und wirkt. Biologen nennen diese artspezifischen Umwelten »ökologische Nischen«. Analog bezeichnet die Evolutionäre Erkenntnistheorie als *»kognitive Nische«* eines Organismus jenen Ausschnitt der Welt, den dieser Organismus ohne künstliche Hilfsmittel *erkennend*, also rekonstruierend und identifizierend, bewältigt. Die kognitiven Nischen sind für verschiedene Arten ebenso verschieden wie ihre ökologischen Nischen. Die Welt des Hundes ist vor allem eine Riechwelt, die der Fledermaus eine Hörwelt, die des Menschen eine Sehwelt.

Die kognitive Nische des Menschen nennen wir *»Mesokosmos«*. Er entspricht einer Welt der mittleren Dimensionen und reicht von Millimetern zu Kilometern, vom subjektiven Zeitquant (eine sechzehntel Sekunde) bis zu Jahren, von Gramm zu Tonnen, von Stillstand bis etwa Sprintergeschwindigkeit, von gleichförmiger Bewegung bis zur Erd- oder Sprinterbeschleunigung, vom Gefrierpunkt bis zum Siedepunkt des Wassers usw. Er schließt Licht ein, Röntgen-oder Radiostrahlung dagegen aus. Auch elektrische und magnetische Felder gehören zwar durchaus zur kognitiven Nische einiger Tiere, nicht jedoch zu der des Menschen, nicht zum Mesokosmos. Im Hinblick auf Komplexität reicht der Mesokosmos von Komplexität Null (isolierte Systeme, gleichförmige Zusammensetzung) bis zu bescheidener Komplexität (lineare Zusammenhänge, also solche, die sich durch eine Gerade darstellen lassen).

Die Grenzen des Mesokosmos liegen nicht genau fest. Einmal brauchen sie bei verschiedenen Personen nicht übereinzustimmen. Der Mesokosmos des Farbenblinden z. B. enthält natürlich keine Farben. Sie können sich ferner mit zunehmendem Lebensalter verschieben. So geht die Empfindlichkeit für höhere Töne mit zunehmendem Alter immer mehr verloren. Und sie können schließlich durch Erziehung, durch Übung, durch Aufmerksamkeit und durch sprachliche Mittel beeinflußt, insbesondere erweitert werden. So lernen Tabaksortiererinnen bis zu 30 verschiedene Brauntöne zuverlässig einzuordnen; Eskimos unterscheiden und benennen mehr Schneesorten als wir; die Farbwahrnehmung und somit auch die Farbunterscheidung wird durch die zur Verfügung stehenden Farbwörter beeinflußt.

Es ist also nicht möglich, die Grenzen des Mesokosmos *genau* und allgemeinverbindlich anzugeben. Sinnvoll ist nur die Angabe der jeweiligen Größenordnung. Diese Unschärfe betrifft jedoch nur die Grenzziehung. In den meisten Fällen ist die Zuordnung einer Struktur zum Mesokosmos durchaus eindeutig. Ebenso gibt es Bereiche, die unzweifelhaft *außerhalb* des Mesokosmos liegen. Der Umfang des Mesokosmos läßt sich also keineswegs beliebig erweitern.

Der Begriff des Mesokosmos ist sehr nützlich. Man kann daran einsehen, warum die Wissenschaft ihren Anfang bei Alltagsobjekten genommen hat. So ist bekannt, daß die Einteilung der Physik bis ins 19. Jahrhundert ganz anthropozentrisch auf die Sinnesorgane des Menschen zugeschnitten war: Mechanik (Tastsinn), Optik (Auge), Akustik (Ohr), Wärmelehre (Temperatursinn). Heute erfolgt die Einteilung der Physik nach objektiveren Gesichtspunkten, vor allem nach dem Aufbau der Materie: Elementarteilchenphysik, Kern-, Atom-, Molekül- und Festkörperphysik. Sehr schön läßt sich auch verfolgen, wie die Wissenschaft – nicht nur die Physik – die Grenzen des Mesokosmos überschreitet und in Bereiche kleinster oder größter Abmessungen und Zeiten, höchster oder niedrigster Energien und Temperaturen, hoher Geschwindigkeiten und Beschleunigungen, aber auch größter Komplexität vordringt. Schließlich erlaubt er eine Klärung des Begriffs der *Anschaulichkeit*.

Mesokosmos und Anschaulichkeit

Nach der Evolutionären Erkenntnistheorie haben sich unsere Anschauungsformen in Anpassung an unsere unmittelbare Umwelt herausgebildet; *mesokosmische Strukturen sind anschaulich*. Nun wurde zunächst angenommen, daß auch jene Objekte, die sich der unmittelbaren Beobachtung entziehen, analoge Strukturen aufweisen müßten. In einigen Fällen hat sich diese Erwartung bestätigt, in vielen anderen nicht. Ganz allgemein kann man feststellen, daß die aufgefundenen Systeme immer fremdartiger werden, je weiter sie vom Mesokosmos entfernt sind. Tabelle 1 gibt eine Übersicht über solche Systeme, über die Bereiche, zu denen sie gehören, sowie über die wissenschaftlichen Disziplinen, die sich mit ihnen befassen. Unter evolutionärem Aspekt sind diese Entdeckungen nicht überraschend. Strukturen, die nicht dem Mesokosmos entstammen, werden eher unanschaulich sein. Die Evolutionäre Erkenntnistheorie kann zwar nicht die Theorien der modernen Physik, wohl aber deren Unanschaulichkeit *erklären*. Daß die moderne Physik unanschaulich sei, ist somit zwar als Feststellung zutreffend, als Vorwurf jedoch unberechtigt: Eine Wissenschaft, die objektive Erkenntnis anstrebt, wird nicht gleichzeitig die Forderung nach Anschaulichkeit erfüllen können. Dabei sind es nicht einfach die Abmessungen, die ein Objekt unanschaulich machen. Zwar können wir uns auch die *Größe* des Planetensystems nicht wirklich vorstellen, wohl aber seinen Aufbau, seine *Struktur*. Man kann sich nämlich durchaus ein verkleinertes Modellsystem machen, das die gleiche Struktur hat, ein »Planetarium«, wie sie ja auch vielfach gebaut wurden. Es wäre lohnend zu studieren, welche Merkmale es sind, die ein Objekt, eine Struktur oder eine Theorie unanschaulich machen. In der vierten Spalte von Tabelle 1 sind einige dieser Schwierigkeiten wenigstens genannt.

Der Ausstieg aus dem Mesokosmos

Der Mesokosmos stellt, wie wir gesehen haben, nur einen *Ausschnitt* der realen Welt dar. Die Welt umfaßt weit mehr Strukturen, als wir mesokosmisch bewältigen. Außerhalb des Mesokosmos liegen vor allem die besonders kleinen, die besonders großen und die besonders komplizierten Systeme.

Zwar beginnt alle Erkenntnis im Mesokosmos. Unser Erkenntnisapparat (Sinnesorgane, Zentralnervensystem, Gehirn) ist zunächst nur auf diesen Mesokosmos eingestellt. Trotz dieser mesokosmischen Prägung ist

Tab. 1 Unanschauliche Objekte und Strukturen.

Bereiche	Systeme	Theorien	Gründe für Unanschaulichkeit
sehr kleine Abstände (kurze Zeiten)	Quarks, Elementarteilchen, Atome, Moleküle	Quantenmechanik	absoluter Zufall
sehr große Entfernungen (lange Zeiten)	Sterne, Galaxien, Universum als Ganzes	Astrophysik, Kosmologie	Probleme des Unendlichen
sehr große Geschwindigkeiten	Elektronen in Atomen, Teilchen in Beschleunigern, kosmische Strahlung	Spezielle Relativitätstheorie	Lichtgeschwindigkeit als Grenzgeschwindigkeit
große Komplexität: replikative Systeme	Biomoleküle, Organismen	Biologie	Rückkopplung (zyklische Kausalität)
hierarchische Systeme	Nervensysteme, Gehirne, Computer	Neurowissenschaften, Informatik	hierarchische Organisation Durchstrukturierung

jedoch menschliche Erkenntnis nicht auf diesen Bereich beschränkt. Wir gewinnen Erkenntnis, die nicht mesokosmisch, nicht anschaulich, nicht Alltagswissen ist. Wir reden über Dinge, die man nicht sehen kann, für die wir überhaupt kein Sinnesorgan besitzen. Wir treiben Relativitäts- und Quantentheorie, Elementarteilchenphysik und Kosmologie, Molekularbiologie und Gehirnforschung. Wir reisen zum Mond und starten Sonden, die das Sonnensystem verlassen. Wir spalten Atomkerne, erzeugen künstliche Elemente und neue chemische Verbindungen.

Theoretische Erkenntnis greift über den Mesokosmos hinaus. Man kann Sachverhalte verstehen, auch wenn man sie sich nicht *vorstellen* kann. Die moderne Physik mag unanschaulich sein und muß es sogar, wenn sie den Mesokosmos verläßt; *unverständlich* ist sie deshalb nicht. Gerade weil Anschaulichkeit *nicht* immer erreichbar ist, weil sie kein Wahrheitskriterium ist und häufig auch nicht einmal als heuristischer Wegweiser dienen kann, müssen wir uns nach anderen Wegen der Vermittlung umsehen. Wir können die gewünschte Anschaulichkeit nicht immer bieten; aber wir können wenigstens versuchen, sie zu *ersetzen*.

Daraus erklärt sich die überragende Bedeutung der Mathematik für die heutige wissenschaftliche Forschung. Zwar liefert die Mathematik als Strukturwissenschaft keine Erkenntnis über die Welt; sie stellt aber in vielfältiger Weise Strukturen zur Verfügung, die wir auf ihre Anwendbarkeit bei der Naturbeschreibung prüfen können.

Die für den Erkenntnisfortschritt wichtige Rolle von mathematischen Theorien liegt also nicht nur darin, daß sie exakt oder sogar quantitativ formulieren, was wir uns vage und qualitativ »immer schon« vorstellen, sondern auch darin, daß sie Strukturen der Wirklichkeit zu erfassen gestatten, die uns anders überhaupt nicht zugänglich wären. Gerade weil unser Anschauungsvermögen nur mesokosmischen Strukturen gerecht wird, ist eine Naturwissenschaft, die sich nicht mit Beschreibungen zufriedengibt, sondern *Erklärungen* sucht, auf die Verwendung mathematischer (und damit oft unanschaulicher) Strukturen unabdingbar angewiesen.

Die Rolle der Sprache

Das entscheidende Hilfsmittel für den Ausstieg aus dem Mesokosmos ist die Sprache. Sie erlaubt es, auf nicht gegenwärtige Sachverhalte Bezug zu nehmen (»gestern«, »morgen«, »in Amerika«), also Raum und Zeit zu überbrücken. Sie erlaubt es darüber hinaus, Dinge zu beschreiben und zu benennen, die gar nicht existieren (»Nessie«, »Einhörner«), ja sogar solche, die gar nicht existieren können (»fliegende Teppiche«, »Zeitmaschinen«). Sie erlaubt es, wahre und falsche Sätze zu formulieren, Erwartungen und Vermutungen auszusprechen, Fragen und Zweifel zu äußern. Vor allem erlaubt sie es uns, Sachverhalte zu entwerfen, die wir uns nicht anschaulich vorstellen können, zu denen wir also keinen intuitiven Zugang haben: abstrakte Zusammenhänge, umkehrbare Zeitabläufe, vierdimensionale Welten, nicht-kausale Ereignisfolgen, mathematische Theorien: *Die menschliche Sprache ist die Leiter, auf der wir aus dem Mesokosmos aussteigen.* Kein Tier kann das, weil kein Tier eine solche Leiter besitzt. Tiere haben zwar staunenswert viele und raffinierte Kommunikationssysteme, aber nichts, was der menschlichen Wortsprache nahekäme.

Über das Verhältnis von Sprache und Denken ist viel diskutiert (gesprochen und gedacht) worden. Braucht man das eine für das andere? Sicher gibt es gedankenloses Sprechen, aber gibt es auch sprachloses Denken? Können Tiere denken? Man kann es sich mit diesem Problem einfach machen und das Denken definitorisch an die Sprache binden, z. B. Denken als *inneres Sprechen* definieren. Solche gewaltsamen Lösungen sind jedoch nicht befriedigend. Versteht man Denken auf elementarer Stufe als *Hantieren im Vorstellungsraum*, dann kann man auch ohne Sprache denken, und das können dann zumindest die höheren Tiere. Dann sind auch Buchtitel wie »Die Vernunft der Tiere« oder »Wie Tiere denken« verständlich und berechtigt, und es ist dann auch nicht nötig, Tieren Sprache zuzuschreiben.

So hängen Sprache und Denken zwar beim Menschen eng zusammen, sind aber auf elementarer Stufe nicht aufeinander angewiesen. Daß allerdings die menschliche Sprache mit Lauten, Silben, Wörtern und Sätzen für alle *höheren* Stufen des Denkens unabdingbar ist, das haben wir nun schon oft genug betont. In diesem Sinne könnte man die Sprache auch als »Denkzeug« bezeichnen: Wie ein *Werkzeug* uns hilft, etwas zu bewirken, so hilft uns ein *Denkzeug* eben beim Denken.

Wieso können wir den Mesokosmos verlassen?

Ganz folgerichtig taucht hier eine kritische Frage auf: Wieso konnte im Laufe der Evolution ein Denkvermögen entstehen, das unanschauliche Modelle entwirft, unvorstellbare Strukturen entwickelt, abstrakte Mathematik treibt, obwohl das über die unmittelbaren Bedürfnisse des Überlebens und der Umwelt doch deutlich hinausgeht? Wieso können wir unsere stammesgeschichtlich bewährte kognitive Nische, den Mesokosmos, verlassen?

Wenn unser Gehirn als *Überlebens*organ entstanden ist, wieso ist es dann als *Erkenntnis*organ brauchbar? Warum wurde hier mehr »geliefert«, als evolutionsbiologisch »bestellt« war? Widerspricht das nicht der Passungs- und Anpassungsthese der Evolutionären Erkenntnistheorie?

Dieser Einwand ist berechtigt, läßt sich jedoch beheben. Was der Mensch entwickelte, oder besser: was die Tiere auf den Vorstufen zum Menschen entwickelten, das waren verschiedene Teilfähigkeiten, die beim Menschen in glücklicher Weise zusammentrafen. Solche Fähigkeiten sind: Wahrnehmen, Erfahren, Lernen, Unterscheiden, Sicherinnern, Wiedererkennen, Abstrahieren, Begriffsbildung, Verallgemeinern, Schließen, Sprechen.

Zwar gibt es die genannten Fähigkeiten in Ansätzen auch schon bei Tieren, aber nicht in dieser Stärke und nicht in dieser Kombination. Daß wir den Mesokosmos verlassen können, daß wir über Wahrnehmung und unmittelbare Erfahrung hinauskommen, daß wir theoretische Erkenntnis gewinnen können, ist also eine *Systemeigenschaft*, eine Systemleistung: Mehrere Teilfähigkeiten führen gemeinsam zu einer neuen. Konrad Lorenz (1973, S. 48) nennt dieses Entstehen einer neuen Systemeigenschaft »Fulguration«; die Entstehung des Lebens und des Bewußtseins sind dann für ihn »Superfulgurationen«. Mit diesen Begriffen ist das Auftreten neuer Eigenschaften zwar benannt, vielleicht auch beschrieben, aber natürlich noch nicht erklärt.

In der Evolution des Menschen waren alle genannten Teilfähigkeiten wertvoll; auf ihnen lag durchaus ein Selektionsdruck. Daß jedoch diese Teilfähigkeiten in einer Spätphase der Evolution zu theoretischer Erkenntnis und zur Wissenschaft führen würden, das war – biologisch gesehen – eher ein Nebenprodukt; es hat sich so ergeben; es war, wie wir schon sagten, mehr, als rein biologisch bestellt war.

Vieles, worauf wir Menschen besonders stolz sind, ist also nicht rein biologisch erklärbar: Wissenschaft, Philosophie, Religion, Kunst, Moral. Zwar stecken die Wurzeln zu diesen Kulturleistungen in der Biologie: Staunen, Neugier, Wissenwollen, Hinterfragen, Ängste und Hoffnungen, ästhetisches Empfinden, soziale Bedürfnisse. Und natürlich unterliegen auch alle diese Kulturleistungen einer Entwicklung. Es sind aber nicht mehr allein die Gesetze der biologischen Evolution, die diese Entwicklung steuern. Zwar ist es üblich und sinnvoll, auch hier von Evolution zu sprechen – von einer Evolution der Wissenschaft, von einer Evolution der Kunst, von kultureller Evolution. Die Begriffe und Gesetze der biologischen Evolution reichen jedoch nicht aus, um die gesamte kulturelle Evolution zu beschreiben oder gar zu erklären. Aber natürlich steht die kulturelle Evolution auch nirgends im Widerspruch zur biologischen Evolution.

Die Evolutionäre Erkenntnistheorie befaßt sich also nicht so sehr mit der Evolution menschlicher *Erkenntnis*, etwa mit der Geschichte der Wissenschaft, sondern mit der Evolution menschlicher Erkenntnis*fähigkeit*. Diese Fähigkeit ist biologisch bedingt; welche Erkenntnisse der Mensch dank dieser Fähigkeit erwirbt, ist dagegen nicht mehr biologisch vorgegeben.

Literatur

Bischof, N.: (1987): Zur Stammesgeschichte der Kognition. In: Schweizerische Zeitschrift für Psychologie 46, S. 77–90.

Bischof-Köhler, D. (1990): Jenseits des Rubikon. Die Entstehung spezifisch menschlicher Erkenntnisformen und ihre Auswirkung auf das Sozialverhalten. In: Mannheimer Forum 90/91. Piper, München, S. 143–193.

Descartes, R. (1644): Die Prinzipien der Philosophie. Zitiert nach der Ausgabe bei Meiner, Hamburg 1922.

Kant, I. (1783): Prolegomena zu einer jeden künftigen Metaphysik. Zitiert nach der Ausgabe bei Meiner, Hamburg 1965.

Kant, I. (1787): Kritik der reinen Vernunft. 2. Auflage. Zitiert nach der Ausgabe bei Meiner, Hamburg 1956.

Kant, I. (1790): Kritik der Urteilskraft. Zitiert nach der Kant-Studienausgabe bei Insel, Wiesbaden 1957.

Lorenz, K. (1941): Kants Lehre vom Apriorischen im Lichte gegenwärtiger Biologie. In: Blätter für Deutsche Philosophie 15, S. 94–125. Mehrfach nachgedruckt.

Lorenz, K. (1943): Die angeborenen Formen möglicher Erfahrung. In: Zeitschrift für Tierpsychologie 5, S. 235–409.

Lorenz, K. (1973): Die Rückseite des Spiegels. Versuch einer Naturgeschichte menschlichen Erkennens. Piper, München.

Medicus, G. (1985): Evolutionäre Psychologie. In: Ott, J.A., et al. (Hrsg.): Evolution, Ordnung und Erkenntnis. Parey, Berlin, Hamburg, S. 126–150.

Monod, J. (1971): Zufall und Notwendigkeit. Piper, München.

Vollmer, G. (1986): Was können wir wissen? Band 2: Die Erkenntnis der Natur. 2. Auflage 1988. Hirzel, Stuttgart.

Der Mensch und die Sprache

Volker Beeh

Allein die Menschen scheinen im eigentlichen Sinne des Wortes zu *sprechen*, das heißt über eine *Sprache* zu verfügen. Es liegt deshalb relativ nahe, in der Sprache ein Charakteristikum des Menschen zu sehen und ein Merkmal zu seiner Unterscheidung von anderen Tieren. Diese Bestimmung wird aber bei genauerem Nachdenken schnell problematisch. Verfügen andere Tiere über etwas Entsprechendes? Worin liegen die Entsprechungen zwischen unseren Sprachen und andersartigen Kommunikationsformen im Tierreich? Wie wesentlich sind die vielfältigen Formen der Kommunikation für die Tiere? Und wenn sie für die Tiere so wesentlich sind wie für uns die menschlichen Sprachen, sollten wir sie ebenfalls mit dem Wort »Sprache« belegen?

Der amerikanische Sprachwissenschaftler und Anthropologe Philip Lieberman nimmt eine Analogie zu Hilfe: Betrachten wir die verschiedenen Formen der Fortbewegung im Wasser; Fische, Pinguine, Krebse, Quallen und Menschen bewegen sich auf radikal verschiedene Weisen im Wasser fort, und trotzdem nennen wir die verschiedenen Formen ihrer Fortbewegung im Wasser gleichermaßen »Schwimmen«. Warum sollen wir nicht die verschiedenen kommunikativen Formen ebenfalls gleichermaßen »Sprache« nennen – unabhängig davon, wie verschieden sie sind? Wenn wir das tun, stellt sich die Frage nach dem Charakteristikum und dem Unterscheidungsmerkmal Sprache neu. Was zeichnet denn die *menschliche* Sprache aus?

Obwohl unser Wissen über die menschlichen Sprachen gegenwärtig schnell wächst, kann die Sprachwissenschaft diese Fragen immer noch nicht klar und befriedigend beantworten. Die Vermutung drängt sich auf, daß hier eine *blinder Fleck* unseres Menschenbildes vorliegt. Wie wir gewöhnlich nicht bemerken, daß sich in unserem Gesichtsfeld ein kleiner Fleck befindet, in dem wir nichts wahrnehmen, so merken wir auch nicht, wie wenig wir von unserer Sprache verstehen. Wie wir nicht sehen, daß wir etwas nicht sehen, so können wir nicht beschreiben, daß wir vieles nicht beschreiben können und daß die beschreibende Kraft unserer Sprachen Grenzen und überhaupt eine Struktur hat. Was also ist die menschliche Sprache?

Die Vielfalt der Sprachen

Die Zahl der heute lebenden Sprachen beläuft sich auf etwa 4000 bis 5000. Die Schätzungen gehen weit auseinander, weil nicht alle Sprachen bekannt sind, weil Sprachen als Folge industrieller Veränderungen aussterben, und weil der Übergang von Dialekten zu Sprachen fließend ist.

Wie groß die Unterschiede zwischen Sprachen sein können, erfährt jeder, der eine Fremdsprache lernt. Ich nenne einige auffallende Unterschiede und ordne sie nach linguistischen Kriterien:

1. Es gibt in Fremdsprachen *schwierige Laute* (*Phoneme*). Im Englischen beispielsweise gibt es den »th« geschriebenen Reibelaut, der zwischen der Zungenspitze und den oberen Schneidezähnen gebildet wird. Weil er im Deutschen nicht vorkommt, fällt uns seine Erlernung schwer. Entsprechend haben Franzosen beispielsweise Schwierigkeiten mit der Artikulation des deutschen Hauchlautes »h«.
2. Sprachen unterscheiden sich *morphologisch*, das heißt in ihrer Flexion (Beugung). So kennt das Japanische keine Person und keinen Numerus (Einzahl – Mehrzahl). Das Indoeuropäische hatte über unser heutiges System hinaus einen *Dual*, das heißt eine Flexionsform, die die Zweiheit von Dingen oder Personen ausdrückt. – Sprachen, die die Wörter unflektiert nebeneinander stellen, nennt man *isolierend*. *Flektierende* Sprachen – wie die meisten europäischen – verändern Wörter mit Hilfe von Endungen und anderen Elementen, die meist mehrere grammatische Funktionen zugleich ausüben. In lateinisch »am-o« (»ich liebe«) drückt die Endung »o« die 1. Person, Singular, Präsens, Indikativ und Aktiv aus. *Agglutinierende* Sprachen verwenden für jede dieser Funktionen ein eigenes Element.
3. Sprachen unterscheiden sich in ihrer *Syntax*, also in ihrem Satzbau. Das Japanische stellt – unabhängig von der Satzart – das Hauptverb stets an das Satzende. Im Deutschen steht das Hauptverb im Deklarativsatz an der zweiten Stelle (»Sie *schreibt* den Brief.«), in der Ja-Nein-Frage am Anfang (»*Schreibt* sie den Brief?«) und im Nebensatz an Ende (»..., ob sie den Brief *schreibt*.«).
4. Die größte Mühe bei der Erlernung von Fremdsprachen machen Bedeutungsunterschiede (*semantische* Unterschiede). Dieselben Bedeutungen werden in verschiedenen Sprachen durch verschiedene Lautfolgen ausgedrückt. Dem deutschen Wort »Baum« ent-

spricht japanisch »ki«. Darüber hinaus haben Bedeutungen in verschiedenen Sprachen sozusagen verschiedene Felder. Das japanische Farbwort »aoi« reicht sowohl in das Blau als auch in das Grün hinein. Dem englischen Verb »to cut« entspricht im Deutschen sowohl »schneiden« als auch »abhauen« (vgl. »to cut my hair«, »meine Haare schneiden« – »to cut a tree«, »einen Baum abhacken«).

5. Und schließlich unterscheiden sich verschiedene Sprachen in ihren *Ritualen*. So wünscht ein Deutscher »Guten Appetit!«, wenn sein Gegenüber zu essen anfängt. Ein Japaner sagt »Itadakimasu!«, wenn er selbst zu essen beginnt.

In der theoretischen Wertung der Unterschiede schwankt die Wissenschaft. Einige Forscher vertreten die Ansicht von einer relativen Ähnlichkeit aller Sprachen (vgl. unten); andere hingegen betonen ihre große Verschiedenheit. Die These, nach der Sprachen sich radikal unterscheiden können, wurde von dem amerikanischen Anthropologen Edward Sapir (1884–1939) und seinem Schüler Benjamin Lee Whorf (1897–1941) vertreten (Whorf 1963). Geistesgeschichtlich standen sie in der Tradition von Johann Gottfried Herder (1744–1803) und Wilhelm von Humboldt (1767–1835), die ihnen Franz Boas (1858–1942) vermittelt hatte, der in Deutschland geboren wurde, jedoch seit 1886 in den Vereinigten Staaten wirkte. Die sogenannte These von Sapir und Whorf, auch *linguistisches Relativitätsprinzip* genannt, vereint die Annahme radikaler Unterschiede zwischen Sprachen mit der Annahme der Abhängigkeit des Denkens vom Sprechen und behauptet damit auch radikale Unterschiede zwischen den *Denkformen* verschiedener Sprachgemeinschaften.

Die These wurde selten in ihrer stärksten Form vertreten, jedoch gibt es Hinweise auf die Gültigkeit einer abgeschwächten Form. Beispielsweise neigt man dazu, Erinnerungen an ihren üblichen sprachlichen Ausdruck anzupassen, und man erinnert Dinge und Ereignisse leichter, wenn sie einen einfachen sprachlichen Ausdruck haben. Von vornherein erscheint die These von Sapir und Whorf bei abstrakten Begriffen, etwa bei moralischen, philosophischen oder religiösen, plausibler als bei konkreten Begriffen etwa für Blumen, Bäume oder Werkzeuge. Die Geschichte der Christianisierung Europas und der Ausbreitung des Buddhismus in China und Japan bietet viele Belege für die Schwierigkeit, ja Unmöglichkeit, Abstrakta wie die christlichen Begriffe des *Gewissens* und der *Buße* oder die buddhistischen Begriffe des *Karma* und des *Nirwana* aus einer Kultursprache in eine andere zu verpflanzen. Eine Schwierigkeit anderer Art entsteht beispielsweise bei der Wiedergabe des Gegensatzes zwischen »der dünne Kerl« und »ein dünner Kerl« in einer Sprache, die den Gegensatz zwischen bestimmtem und unbestimmtem Artikel nicht kennt oder überhaupt keine Artikel hat.

Die Sapir-Whorf-These wurde hauptsächlich in den fünfziger Jahren von Anthropologen, Psychologen und Sprachwissenschaftlern diskutiert. In einer modifizierten Form wird sie heute von dem bedeutenden amerikanischen Philosophen Willard Van Orman Quine vertreten (1987). Nach ihm sind Begriffe verschiedener Sprachen um so schwerer vergleichbar, je abstrakter sie sind. Das scheint auch der vernünftige Kern der These zu sein.

Die Einheit der Sprachen

Im Gegensatz zu den eben genannten Unterschieden führten zwei Entdeckungen zu der Erkenntnis, daß es einen allen Sprachen gemeinsamen Untergrund gibt. Im 19. Jahrhundert wurden Verwandtschaftsverhältnisse zwischen Sprachen entdeckt, und in der Gegenwart werden systematische Gemeinsamkeiten immer deutlicher. Zunächst wird die Verwandtschaft zwischen Sprachen besprochen; anschließend werden ihre systematischen Gemeinsamkeiten erörtert.

Verwandtschaften und Familien

Schon Gottfried Wilhelm Leibniz (1646–1716) hatte in seinen »Neuen Abhandlungen über den menschlichen Geist« (entstanden 1701/04, erschienen 1765) die Verwandtschaft der europäischen Sprachen postuliert. Aber erst Sir William Jones (1746–1794) erkannte 1786 die systematischen Entsprechungen zwischen dem Griechischen, dem Lateinischen und dem Sanskrit, der klassischen Sprache der Inder. Er faßte diese Sprachen mit den germanischen Sprachen, dem Keltischen und dem Altpersischen zu einer Familie zusammen und vermutete, daß sie Töchter derselben Mutter, der indoeuropäischen Ursprache seien (vgl. Abb. 1). Damit war die *historische und vergleichende Sprachwissenschaft* geboren. Sie realisiert und als Programm durchgeführt zu haben, war eine Leistung der Deutschen Franz Bopp (1791–1867) und Jacob Grimm (1785–1863) sowie des Dänen Rasmus Christian Rask (1787–1832).

Die Großfamilie der heute lebenden *indoeuropäischen Sprachen* ist weit verzweigt und reicht geographisch – wenn man von ihrer globalen Ausbreitung in den letzten Jahrhunderten absieht – von Spanien bis nach

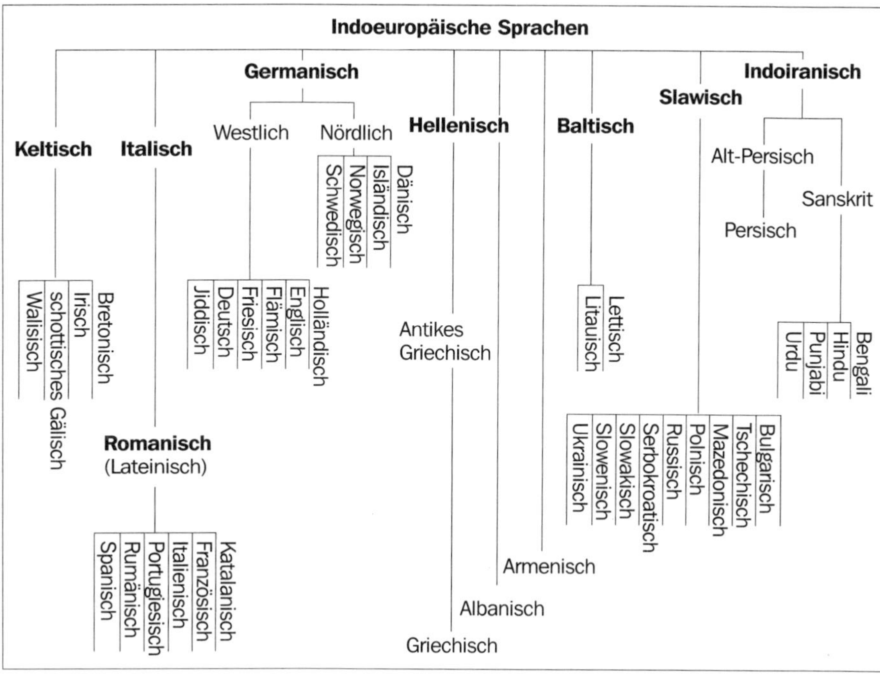

Abb. 1 Stammbaum der wichtigsten indoeuropäischen Sprachen.

Indien. Das Deutsche gehört zu dem Zweig der westgermanischen Sprachen, zu dem auch das Englische und das Friesische gehören. Schwedisch, Norwegisch, Isländisch und andere gehören zum nordgermanischen Zweig. Die germanischen Sprachen stammen vom Urgermanischen ab, einer Schwester des Lateinischen. Vom Lateinischen wiederum stammen alle romanischen Sprachen ab. Dazu gehören unter anderem Italienisch, Französisch, Spanisch, Katalanisch, Rumänisch usw. Eine weitere Schwester des Urgermanischen und Lateinischen war das Keltische, dessen Töchter sich heute nur noch im äußersten Westen Europas finden: in Schottland, in Irland und in der Bretagne. Griechisch, Albanisch und Armenisch sind eigene Zweige der indoeuropäischen Großfamilie. In Nordosteuropa bilden das Litauische und das Lettische eine weitere Gruppe. Ein bedeutender Zweig sind die slawischen Sprachen: Russisch, Tschechisch, Slowakisch, Slowenisch, Ukrainisch, Mazedonisch usw. In Asien bilden nicht nur die Töchter des Sanskrit in Indien einen eigenen großen Zweig des Indoeuropäischen, sondern auch die iranischen Sprachen, zu denen neben dem Persischen das Kurdische, das Ossetische und das Tadschikische gehören.

Manche Entsprechungen zwischen den indoeuropäischen Sprachen sind leicht festzustellen. Das deutsche Wort »Vater«, das englische »father« und das französische »père« entsprechen im Sanskrit »pitár«, im Griechischen »patér« und im Lateinischen »pater«. Es gibt Hunderte derartiger Entsprechungen. Natürlich können die äußerlichen Ähnlichkeiten täuschen. Lateinisch »habere« und das deutsche »haben« entsprechen sich sowohl in ihrer Bedeutung als auch in ihrem Ausdruck, sind aber nicht miteinander verwandt. Vielmehr ist lateinisch »habere« mit dem deutschen »geben« verwandt. Was etymologisch (also bezüglich der Herkunft, Geschichte und Grundbedeutung eines Wortes) zählt, sind nicht bloße Ähnlichkeiten in Ausdruck oder Bedeutung, sondern der Nachweis, daß sich verschiedene Wörter auf einen gemeinsamen Vorfahren zurückführen lassen. Vereinfachend ausgedrückt: Es muß nicht nur die lautliche oder semantische Beziehung von Wörter einsichtig sein, sondern auch ihre sprachgeschichtliche Entwicklung, um zwischen ihnen ein Verwandtschaftsverhältnis zu begründen. Beim Menschen genügt zum Nachweis der biologischen Vaterschaft ja ebenfalls nicht die äußerliche Ähnlichkeit zwischen Mann und Kind.

Die Indoeuropäer kannten keine Schrift und konnten deshalb natürlich auch keine schriftlichen Zeugnisse hinterlassen. Aber die sprachwissenschaftlichen Vergleiche erlauben bis zu einem gewissen Grade eine Rekonstruktion ihrer Sprache. Obwohl das Wort als das flüchtigste Medium gilt, wissen wir mehr über die Sprache der Indoeuropäer als über ihre Heimat und ihr Leben. Und selbst das, was wir darüber zu wissen glauben, haben wir ihrer Sprache entnommen. So sind die ältesten Wörter, die wir kennen, unsere Flußnamen wie »Rhein« und »Elbe«. Entsprechende Wörter kommen mit bemerkenswerter Konstanz im gesamten Gebiet der indoeuropäischen Sprachen vor. Das Alter der Flußnamen beruht auf der Tatsache, daß Flüsse wesentlich waren für die Orientierung und deshalb niemals ihre Namen gewechselt haben. Das ist bis heute so. Bei sozialen oder politischen Umwälzungen werden Städte umbenannt und in Ausnahmefällen auch Berge, niemals aber Flüsse!

Neben der indoeuropäischen Sprachenfamilie steht die *uralische Familie*, zu der das Ungarische, das Finnische, das Estnische, das Lappische und einige sibirische Spachen gehören. Die großen *semitischen Sprachen* –

Arabisch, Äthiopisch und Hebräisch – rechnet man heute zusammen mit anderen zu der *afroasiatischen Familie*. Zu der *sinotibetanischen Familie* gehören neben chinesischen Sprachen und dem Tibetischen auch das Birmanische. Dagegen widersetzen sich bis heute die Sprache der Basken und das Sumerische einem Anschluß an eine Familie. Der amerikanische Sprachwissenschaftler Joseph H. Greenberg (1992) hat in den vergangenen Jahrzehnten die Verhältnisse in den *afrikanischen und amerikanischen Sprachen* geklärt. Es postulierte die afroasiatische, die nilo-saharanische und die niger-kordofanische Familie sowie die Khoisan-Sprachen. Und für die beiden Amerika postulierte er die eskimo-aleutischen Sprachen, das Na-Dené und die amerindischen Sprachen. Es gibt sogar eine gewisse Wahrscheinlichkeit (oder wenigstens die Hoffnung), daß sich alle Familien zu einer einzigen Superfamilie zusammenfassen lassen.

Der Genetiker Luigi Luca Cavalli-Sforza (1992) hat auf der Grundlage genetischer Untersuchungen einen Stammbaum der menschlichen Völker entworfen und glaubt feststellen zu können, daß dieser Stammbaum weitgehend mit dem Stammbaum zusammenfällt, den Sprachwissenschaftler schon vorher aufgrund linguistischer Kriterien aufgestellt hatten. Gene, Völker und Sprachen hätten sich demnach zusammen entwickelt und verzweigt. (Cavalli-Sforza hat sich aus verschiedenen Gründen auf Völker beschränkt, die von den Verwerfungen der modernen Zivilisation unberührt sind.) Er stellt nicht nur Ähnlichkeiten und Unterschiede fest, sondern verwendet eine Art Maß für die Größe der genetischen Unterschiede. Die genetische Distanz zwischen Afrikanern und Nicht-Afrikanern ist etwa doppelt so groß wie die zwischen Australiern und Asiaten, und letztere ist noch einmal mehr als doppelt so groß wie die zwischen Europäern und Asiaten. Das entspricht etwa den von Paläanthropologen angenommenen Zeiten der Trennung: 100 000 Jahre für die Trennung von Afrikanern und Asiaten, etwa 50 000 Jahre für die zwischen Asiaten und Australiern, und zwischen 35 000 und 40 000 Jahren für die zwischen Asiaten und Europäern. Die Wanderung begann in Afrika und verlief über Asien nach Europa. Die Wanderung von Asien aus nach den beiden Amerikas ist schwieriger zu datieren. Australien wurde wahrscheinlich vor wenigstens 40 000 Jahren von Südasien aus besiedelt.

Europa wurde in mehreren Wellen besiedelt. Man vermutet, daß die Basken die Reste der ältesten Bevölkerungsschicht sind. Auch diese Vermutung würde sowohl zu genetischen als auch zu sprachlichen Tatsachen passen. Die Basken haben einen höheren Anteil des für die Zugehörigkeit zu einer bestimmten Blutgruppe zuständigen Rhesus-negativ-Gens als alle anderen Völker der Welt, und sie sprechen eine Sprache, die sich bislang nicht in eine plausible verwandtschaftliche Beziehung mit anderen Sprachen hat bringen lassen. Ein weiteres Beispiel für die Übereinstimmung genetischer und sprachlicher Gegebenheiten bietet die Familie der etwa 400 Bantusprachen Zentral- und Südafrikas. Greenberg hat in den fünfziger Jahren die Vermutung geäußert, daß sich sämtliche Bantusprachen aus einer einzigen Sprache oder einer kleinen Gruppe verwandter Dialekte in Nigeria und Kamerun entwickelt hätten. Die Bantus breiteten sich vor wenigstens 3000 Jahren nach Zentral- und Südafrika aus und verzweigten sich gleichzeitig genetisch und sprachlich.

Semantische Gemeinsamkeiten

Im Jahre 1969 veröffentlichten die Amerikaner Brent Berlin und Paul Kay eine epochemachende Untersuchung, in der die These von Sapir und Whorf (vgl. oben) in ihrer allgemeinen Form widerlegt werden sollte. Berlin und Kay hatten eine relativ große Auswahl von Sprachen auf Grundwörter für Farben (»basic color terms«) untersucht: arabische Sprachen, Bulgarisch, Katalanisch (Spanien), Kantonesisch und Mandarin (beides China), Englisch, Hebräisch, Ungarisch, Ibibio (Nigeria), Indonesisch und andere. Unter *Grundwörtern* verstehen sie Wörter wie rot und gelb, also Wörter, die nicht (wie z. B. weinrot und aubergine) von anderen abgeleitet und die auch nicht zu speziell sind (wie z. B. blond, das nur im Zusammenhang mit Haaren verwendet wird). Sie legten Sprechern verschiedener Sprachen eine Tafel mit 329 Farbtönen vor und baten sie unter anderem, die Grundwörter ihrer Sprache für Farben zu nennen. (Die Tafel geht auf das »Munsell Book of Colors« zurück, das das heute klassisch gewordene System der Farben enthält.) So konnten sie nachweisen, daß es bei Farbbegriffen universelle – und das heißt: allen menschlichen Sprachen – gemeinsame Strukturen gibt und daß diese Strukturen die Entwicklung der Sprachen bestimmen.

Aus Raumgründen kann hier nur ein wesentliches Ergebnis ihrer Forschungen dargestellt werden. Sie konnten feststellen, daß Farbbegriffe in allen Sprachen lediglich in begrenzter Zahl verwendet werden und daß diese Begriffe in einer ganz bestimmten Reihenfolge in der Entwicklung der Sprachen auftreten. Demnach gibt es genau elf Farbbegriffe, aus denen die verschiedenen Sprachen auswählen (dabei gelten auch »weiß«, »schwarz« und »grau« als Farbwörter). Diese Begriffe sind die folgenden: »weiß«, »schwarz«, »rot«, »grün«, »gelb«, »blau«, »braun«, »violett«, »rosa«, »orange«, »grau«. Die Reihenfolge, in der die Begriffe in Sprachen auftreten, ist weitgehend festgelegt. Die Entwicklung der Farbbegriffe folgt einem Schema, das Berlin und Kay wie folgt darstellen:

Tab. 2 Entwicklung der Farbbegriffe nach Berlin und Kay.

Stadium 1	weiß schwarz
Stadium 2	rot
Stadium 3	gelb (grün)
Stadium 4	grün (gelb)
Stadium 5	blau
Stadium 6	braun
Stadium 7	violett rosa orange grau

Die Darstellung in der Tabelle ist folgendermaßen zu verstehen: Alle Sprachen unterscheiden zwei Farbbegriffe, nämlich einen für Weiß und einen für Schwarz (Stadium 1). In Stadium 2 kommt ein drittes Farbwort hinzu, und zwar in allen Fällen eines für Rot. In Stadium 3 tritt als viertes Farbwort entweder eines für Grün oder eines für Gelb hinzu. In Stadium 4 tritt entsprechend entweder eines für Gelb oder eines für Grün hinzu. In Stadium 5 kommt Blau dazu und in Stadium 6 Braun. Wenn eine Sprache mehr als sieben Farbwörter hat, dann hat sie die meisten dieser Wörter für Violett, Rosa, Orange, Grau (Stadium 7). Die Theorie der sieben Stadien trifft recht genau z. B. auf die deutsche Sprache zu. Allein der Wortbildung ist anzusehen, daß die Farbwörter »violett«, »rosa« und »orange« die jüngsten sind. Noch im Barockzeitalter war »violett« ungebräuchlich, und die entsprechenden Farbtöne wurden von dem Farbwort »braun« abgedeckt. Das bedeutet, daß von den rechnerisch möglichen $2^{11} = 2048$ Kombinationen der elf Farbbegriffe tatsächlich nur 22 vorkommen, also etwa ein Prozent. Die extreme Beschränkung der vorkommenden Kombinationen belegt die These von Berlin und Kay, daß sich Sprachen eben nicht – wie Sapir und Whorf angenommen hatten – unabhängig voneinander entwickeln, sondern daß es vielmehr *universelle Prinzipien* gibt, die die Entwicklung leiten. Der gegenwärtige Stand der Wissenschaft erlaubt allerdings nicht, über die Gründe der Entsprechungen zwischen Sprachen zu spekulieren.

So gut dokumentiert und pausibel diese These auch ist, so ist doch nicht zu übersehen, daß die Farbwörter kaum repräsentativ für den gesamten Wortschatz sind. Die Farbwörter sind ein Paradebeispiel für ein *Wortfeld*: Der Germanist Jost Trier hatte 1931 die strukturalistische Theorie des Genfer Sprachwissenschaftlers Ferdinand de Saussure (1857–1913) weiterentwickelt und behauptet, der gesamte Wortschatz sei notwendig in Felder gegliedert. Diese Behauptung läßt sich nur dann halten, wenn man den Begriff des Feldes vollständig entleert. Wenn man dem Begriff dagegen eine bestimmte Bedeutung gibt – etwa im Sinne des Farbenfeldes –, dürfte sich herausstellen, daß es sich um eine spezielle Struktur neben anderen handelt. Ein andersartiger Feldtyp, der in allen Sprachen vorkommt, sind die sogenannten antonymischen Felder »groß – klein«, »gut – schlecht«, »schnell – langsam«, »teuer – billig«.

Chomskys Universalgrammatik

Mitte der fünfziger Jahre hat der amerikanische Sprachwissenschaftler Noam Chomsky begonnen, universale Eigenschaften auf dem Gebiet der Grammatik, genauer in der Syntax, nachzuweisen.

Die *Grammatik* beschreibt die Prinzipien des Aufbaus komplexer Ausdrücke aus Wörtern. Die *Syntax* ist derjenige Teil der Grammatik, der Sätze beschreibt. Die Syntax reicht bis in die Antike zurück, war aber bis in das 20. Jahrhundert hinein nicht weit über die Lehre von den *Wortarten* hinausgekommen. Unter den Wortarten versteht man im wesentlichen die folgenden Klassen: Substantive, Adjektive, Pronomina, Verben, Adverbien, Präpositionen, Konjunktionen. Die Prinzipien, nach denen sich Wörter bestimmter Wortarten zu komplexen Ausdrücken wie Sätzen verknüpfen, sind bis heute nur teilweise bekannt. Noch immer gibt es keine korrekte und vollständige Syntax irgendeiner Sprache.

Chomsky begann Ende der fünfziger Jahre, dieses Problem systematisch vom Standpunkt der mathematischen Theorie der Algorithmen zu analysieren und die syntaktische bzw. grammatische Theorie auf diesem Fundament neu zu begründen. Unter einem *Algorithmus* versteht man ein bis in alle Einzelheiten festgelegtes Verfahren zur Umformung von Symbolfolgen (Ausdrücken) in andere Symbolfolgen. Jeder kennt den Algorithmus, den man in der Grundschule zur Ausführung der Addition lernt. Man schreibt die Symbolfolgen 17 und 32 untereinander, zieht einen Strich und addiert (nach einem zuvor gelernten Verfahren) zunächst die letzten beiden Zahlen. Das heißt, man erzeugt aus den Ziffern 7 und 2 die Ziffer 9, schreibt sie unter die Ziffer 2, vollzieht dann dieselbe Operation auch mit den ersten

Stellen (den Ziffern 1 und 3) und erhält schließlich die Symbolfolge 49, die man (wie die Symbolfolgen 17 und 32) *als Zahl liest.*

Die Übertragung der Algorithmen aus der Mathematik in die Theorie der Grammatik sollte jede unwillkürliche Einbeziehung unserer sprachlichen Intuition ausschließen. Traditionelle Grammatiken sind zwar unvollständig, erfüllen aber gleichwohl ihren didaktischen Zweck, weil sie gerade das enthalten, was zwei Sprachen *unterscheidet*, und die Leser die *Gemeinsamkeiten* intuitiv und unbewußt selbst beisteuern. Chomskys Ansatz führte zu einem Niveau, das – verglichen mit dem damaligen Stand der Sprachwissenschaft – revolutionär war. Man kann die Auswirkungen so zusammenfassen: In unserer alltäglichen Perspektive sehen verschiedene Sprachen sehr verschieden aus. Aus der distanzierten Perspektive der mathematischen Kombinatorik haben sie sich als erstaunlich ähnlich erwiesen. Das ist nicht völlig überraschend, weil der Großteil der sprachlichen Unterschiede *semantischer* Natur ist, also die Bedeutungen betrifft. Chomsky dagegen beschränkt sich im wesentlichen auf Grammatik und befaßt sich nur marginal mit Semantik.

Er hat nicht nur ein völlig neues Instrumentarium der Untersuchung und Beschreibung von Sprachen gewählt, sondern den Fragen eine neue Richtung gegeben. Sein Ziel ist die **Universalgrammatik**, »das System der Prinzipien, Bedingungen und Regeln, die Elemente oder Eigenschaften aller menschlicher Sprachen sind, … das Wesen der menschlichen Sprache« (Chomsky 1976, S. 29). Die Universalgrammatik will eine Theorie des menschlichen Geistes sein. Damit ist der Aspekt beschrieben, unter dem seine Theorie der Syntax im Rahmen der Anthropologie von Interesse ist. (Als Deutscher steht man hier vor der Schwierigkeit, daß Chomsky selbst von »mind« spricht und dieses Wort keine unproblematische deutsche Entsprechung hat.) Im folgenden umgehe ich die technischen Einzelheiten seines Systems der syntaktischen Beschreibung und versuche seine Argumentation und seine Ziele möglichst einfach zu erklären.

Nach Chomsky sind syntaktische Regeln **strukturabhängig**. Betrachten wir die Regel, mit der wir aus einem Aussagesatz einen Fragesatz bilden. Aus dem deutschen Satz: »Der Kerl, der uns belogen hat, ist abgehauen« läßt sich der Fragesatz bilden: »Ist der Kerl, der uns belogen hat, abgehauen?«, aber nicht ein Satz von der Form: »Hat der Kerl, der uns belogen, ist abgehauen?« Wir versetzen nicht das *erste* (finite) Verb an den Satzanfang oder das *zweite* oder auch das *kürzeste* usw., sondern das Hauptverb, das heißt das Verb des Hauptsatzes – hier das Verb »ist«. Welches Wort das Hauptverb ist, entnehmen wir der Struktur des Satzes. Die Strukturabhängigkeit syntaktischer Regeln gilt keineswegs nur bei Fragesätzen, sondern auch bei vielen anderen Regeln des Deutschen, wie z. B. den Regeln zur Bildung von Relativsätzen oder Passivsätzen. Ähnliche Regeln gibt es in allen anderen Sprachen. Rein mathematisch-kombinatorisch müßten syntaktische Regeln nicht notwendig strukturabhängig sein. Theoretisch gäbe es andere und eventuell sogar einfachere Formen syntaktischer Strukturen. In natürlichen Sprachen kommen sie aber nicht vor. Mit der Strukturabhängigkeit hat Chomsky ein Prinzip der *Universalgrammatik* entdeckt.

Jeder Mensch versteht diese Strukturabhängigkeit, ohne sich dessen bewußt zu sein, schon beim Erlernen seiner Muttersprache in der Kindheit. Anders ist nicht zu verstehen, warum Kinder ohne Schwierigkeiten strukturabhängige Syntaxregeln lernen – ohne auf den Gedanken an kombinatorisch einfachere Regeln zu verfallen. Kinder sind beim Erlernen ihrer Muttersprache nicht in der Lage, mathematische Strukturen zu verstehen oder von sich aus zu entdecken, die in ihrer Komplexität mit grammatischen Regeln vergleichbar wären. Andererseits lernen sie komplexe Syntaxregeln spontan und ohne Belehrung. Daraus muß man schließen, daß sie *von Natur aus* über die abstrakte Form der zu erlernenden Regeln verfügen, etwa über das Prinzip der Strukturabhängkeit. Das meint Chomsky, wenn er von *angeborenen Ideen* spricht. Solche Ideen sind sozusagen genetisch angelegte Lernhilfen. Zu der Annahme, daß es sie gibt, zwingt der auffallende Kontrast zwischen der mathematischen Komplexität der Grammatik und der Leichtigkeit, mit der sie im Kindesalter erlernt wird.

Ein zweiter allgemeiner Zug menschlicher Sprachen ist das, was Chomsky ihre **Kreativität** nennt. (Damit ist nicht die schöpferische Kraft des Künstlers gemeint, sondern eine Eigenschaft, die allen Menschen gleichermaßen zukommt.) Wir lernen Wörter, aber nicht Sätze. Wir haben aus Sätzen, die wir gehört haben, die zugrundliegenden Regeln gewonnen und bilden mit ihnen Sätze, *die wir noch nie angetroffen haben und die wir wahrscheinlich nie mehr antreffen werden*. Man kann das an folgender Beobachtung belegen: Bittet man ein Kind, einen vorgesprochenen Satz zu wiederholen, so gibt ihn das Kind gewöhnlich nicht wörtlich, sondern in seinen eigenen – und damit anderen – Worten wieder. Es lernt Regeln, nach denen es Sätze in eigener Regie bildet. Faßt man den Vorgang des Sprechens als eine Auswahl aus dem ungeheuren Vorrat an Sätzen, der mit den syntaktischen Regeln formulierbar ist, erscheint die Sprache als ein in der gesamten belebten Welt einzigartig großer *Verhaltensspielraum*. Der Zugang zu diesem Raum ist syntaktische Kreativität im Sinne Chomskys. So läßt sich einer seiner Grundgedanken – wie ich ihn verstehe – plausibel machen: Traditionell neigen wir dazu, die Flexibilität unserer Sprache mit unserer

Freiheit zu erklären. Chomsky will umgekehrt unsere *Freiheit auf der Grundlage unserer syntaktischen Kreativität* erklären, für die er eine mathematisch-kombinatorisches Modell entwirft.

Seine Theorie unterscheidet sich von älteren und anderen zeitgenössischen Theorien darin, daß sie nicht einfach die fertige Sprache bzw. die verschiedenen vorhandenen Sprachen beschreibt, sondern daß sie die Sprache zusammen mit den Regeln ihrer Hervorbringung und ihres Erlernens erfaßt. Chomsky nennt das Vermögen zur Hervorbringung von Sätzen **Kompetenz** (engl. *competence, language knowledge*), und er vertritt die These, daß sowohl die Kompetenz als auch die Fähigkeit, Sprachen zu lernen, unabhängig sind von anderen psychischen Vermögen. Seine Argumente sind die folgenden:

Die Kompetenz ist ein Vermögen, das auf die Verarbeitung von Ausdrücken spezialisiert ist. Strukturabhängigkeit beispielsweise kommt in anderen Bereichen der Psyche nicht vor und hätte dort auch keinen Zweck. Außerdem beherrschen wir Strukturen, die sich von den syntaktischen Strukturen radikal unterscheiden. Aufgrund mathematischer Fähigkeiten ist es sogar möglich, eine rein *akademische* oder *theoretische* Kenntnis gewisser Teile einer Sprache zu erlangen, ohne doch diese Sprache im gewöhnlichen und eigentlichen Sinne zu *sprechen*. Die grammatische Kompetenz ist so eigentümlich und spezialisiert, daß man sie als *geistiges Organ* bezeichnen muß. Die Erforschung dieses geistigen Organs, die Linguistik, ist keine Geisteswissenschaft im gewöhnlichen Sinne, sondern gehört in den Bereich der Biologie. Und in der syntaktischen Kreativität dieses Organs unterscheiden sich die Menschen von allen anderen Lebewesen dieser Welt.

Vom **Spracherwerb** war schon die Rede. Menschen lernen in ihrer Kindheit unabhängig von ihrer Abstammung die Sprache ihrer Umgebung. Allgemein ist die Menschheit – nach allem, was wir wissen – in dem Sinne homogen, daß *jeder* Mensch (in seiner Kindheit) *jede* Sprache erlernen kann. Dieser Lernvorgang ist nach einer Reihe von Jahren, was die Grammatik betrifft, im wesentlichen abgeschlossen (und nur diesen Aspekt hat Chomsky im Sinn). Auf die genaue Zahl der Jahre kommt es in dieser Argumentation nicht an. Bis dahin begegnet dem Kind nur eine begrenzte Zahl von Sätzen seiner Muttersprache, und diese Sätze entsprechen mit Sicherheit nicht alle den grammatischen Regeln. Denn wir versprechen uns, führen Sätze anders zu Ende, als wir sie begonnen haben, und werden mitten im Satz unterbrochen. Eine *begrenzte Zahl nur teilweise korrekter Sätze* ist also die Vorlage, über die das Kind seine Kompetenz gewinnt, eine große Menge von Sätzen hervorzubringen, die es zum großen Teil noch nie gehört hat (*Kreativität*), und die nicht weniger korrekt sind als die Sätze der Vorlage. Korrekte Sätze haben eine spezifische grammatische Struktur (Strukturabhängigkeit usw.). Es ist nun aber unmöglich, daß ein Kind in so kurzer Zeit ohne große sichtbare Anstrengung und ohne in der Lage zu sein, grammatische Erklärungen zu verstehen, aus einer begrenzten und fehlerhaften Vorlage eine korrekte Grammatik entwickelt.

Es ist bekannt, daß die Spracherlernung kleiner Kinder einem relativ genauen Zeitplan folgt. Schon in den ersten sechs Monaten nach der Geburt verfügen Kinder über ein Spektrum von Lauten, Schreien usw. Diese Laute sind weitgehend instinktiv und deshalb nicht im eigentlichen Sinne sprachlicher Natur. Sie haben zwar kommunikative Funktionen: Sie alarmieren die Mutter und drücken Zufriedenheit und dergleichen aus. Aber sie gehören zu einem vollständig angeborenen und nicht-sprachlichen kommunikativen System. Etwa um den sechsten Lebensmonat beginnen Kinder zu plappern – und zwar weitgehend unabhängig von äußeren Anregungen. Das heißt, taube Kinder normaler Eltern plappern in derselben Weise wie normale Kinder taubstummer Eltern oder normale Kinder normaler Eltern. Möglicherweise tasten sich Kinder in der *Plapperphase* an das Lautsystem ihrer Umgebung heran.

Etwa nach einem Jahr verwenden Kinder einzelne Wörter, und zwar in der Funktion von Sätzen: »Mama«, »Papa«, »Wau-wau« usw. Zu diesen *Ein-Wort-Sätzen* gehört meist auch »Nein!« (das frühe und regelmäßige Auftreten der Negation Nein im Sinne von Ablehnung, Verbot usw. ist übrigens für die Wissenschaft ein Rätsel). – Die meisten Kinder gehen dann zu Beginn ihres zweiten Lebensjahres zu *Zwei-Wort-Sätzen* über: »Mehr Bonbon«, »Ball Tisch«. Der häufigste Typ der Zwei-Wort-Sätze ist Substantiv (oder Adjektiv) + Substantiv (oder Adjektiv). Flexionsendungen, Pronomina usw. fehlen weitgehend. Die Kinder konzentrieren sich auf die wichtigsten Wörter. Eine eigentliche Drei-Wort-Phase gibt es nicht. Kinder, die die Zwei-Wort-Phase durchschritten haben, gehen bald zu längeren Wortfolgen über.

Wie aber kommen wir zur Beherrschung einer Sprache? Bereits der griechische Philosoph Platon (427–347 v. Chr.) war sich dieses Rätsels bewußt und stellte die Vermutung auf, wir würden uns der Sprache aus einem früheren Leben erinnern. Chomsky dagegen meint, daß wir über eine abstrakte Form der Sprache schon verfügen, bevor der Spracherwerb einsetzt, und daß wir auf dem Wege der genetischen Vererbung in den Besitz dieser abstrakten Form kommen. Offenbar sind Platons und Chomskys Annahmen letztlich gar nicht so verschieden. Die durch das Genom (Erbgut) bereitgestellte Form der Sprache ist die *Universalgrammatik*, die Chomsky und seine Schule zu charakterisieren sich vorgenommen haben. Die Universalgrammatik ist die biologische Ausstattung des menschlichen Organismus, die ihm ermöglicht, Sprachen zu erlernen.

Menschliche Sprachen und Sprachen im Tierreich

Die menschliche Gattung ist homogen, und zwar in dem Sinne, daß die Voraussetzungen zur Spracherlernung bei allen Menschen im wesentlichen identisch sind. Wie schon gesagt, lernen Kinder nach allem, was wir wissen, unabhängig von ihrer Abstammung die Sprache ihrer Umgebung. (Das widerspricht nicht der Übereinstimmung, die Cavalli-Sforza zwischen den großen Sprachfamilien und genetischen Gruppierungen zu finden glaubt.) Bisher ist weder ein Tier beobachtet worden, das eine menschliche Sprache auch nur annähernd vollständig erlernt hätte, noch jemals ein Mensch, der die Sprache eines Tieres vollständig erlernt hätte. In diesem Sinne ist die Menschheit von den Tieren isoliert. Das heißt: *Die Menschheit ist sprachlich vielfach verzweigt, in ihrer Fähigkeit der Spracherlernung homogen und vom Tierreich isoliert.*

Übergänge zwischen menschlichen Sprachen und Symbolsystemen im Tierreich sind nicht erhalten. Im Hinblick auf die Entwicklung der Sprache sind wir deshalb auf Vermutungen angewiesen. Ich möchte im folgenden zwei »Systeme« besprechen, die Sprache der Großaffen sowie die Tanzsprache der Bienen. Daraus möchte ich dann am Ende einige Schlüsse ziehen.

Sprachversuche mit Menschenaffen

Seit etwa 1900 wurden mehrere Versuche unternommen, junge Affen in einer Menschenfamilie eine menschliche Sprache lernen zu lassen. Ligthner Witmer konnte 1909 seinem Schimpansen Peter die Artikulation des Wortes »papa« beibringen. Die Aussprache war schlecht und gewöhnlich ingressiv (Peter artikulierte also beim Einatmen und nicht, wie wir, beim Ausatmen). Dagegen konnte Peter gesprochene Sprache relativ gut aufnehmen, das heißt, er konnte relativ viele Wörter akustisch verstehen. Kohts konnte in einem zwischen 1912 und 1916 durchgeführten Experiment niemals beobachten, daß der Schimpanse Joni spontan die Sprache seiner menschlichen Stiefeltern nachgeahmt hätte; dagegen soll er eigene Lautsymbole entwickelt haben. Den relativ größten »Erfolg« hatten Catherine und Keith Hayes 1952 mit der Schimpansin Viki. Sie schaffte es, die vier englischen Wörter »mama«, »papa«, »cup« und »up« mühsam zu artikulieren. – Die Versuche, Schimpansen die menschliche Lautsprache beizubringen, müssen also als gescheitert gelten.

Zunächst suchte man den Grund dafür in einem Mangel an Intelligenz, obwohl man dabei in Konflikt geriet mit erstaunlichen Leistungen der Affen beim Lösen technischer Probleme. Der französische Arzt und Philosoph Julien Offray de Lamettrie (1709–1751) hatte bereits im Jahre 1748 in seinem Werk »L'Homme machine« (»Der Mensch als Maschine«) vorgeschlagen, Affen symbolische Gesten einer Taubstummensprache beizubringen. Diesen Vorschlag hat das Ehepaar Beatrice und Allen Gardner (1969) ab 1966 an der Universität Nevada in die Tat umgesetzt. Die Gardners vertraten die Hypothese, das Unvermögen der großen Affen zu sprechen liege nicht in deren Intelligenz, sondern in deren Artikulationsvermögen. Sie brachten der Schimpansin Washoe folglich Gesten der in Nordamerika üblichen Taubstummensprache *Ameslan* (**Ame**rican **S**ign **Lan**guage = Amerikanische Zeichensprache) bei (Abb. 2 und 3). In Ameslan werden mit Fingern, Händen und Armen nicht Laut-für-Laut-Übersetzungen aus dem Englischen zum Ausdruck gebracht, sondern ganze Begriffe oder Äußerungen.

Washoe erwarb ein Vokabular von mehr als 130 Zeichen-Gesten und verwendete sie spontan und weitgehend korrekt auch in neuartigen Situationen. In Anwesenheit von Washoe kommunizierten ihre Lehrer auch untereinander in Ameslan. Wie kleine Kinder – und zwar etwa in derselben Zeit – entwickelte Washoe eine Art Plappern (mit Ameslan-Gesten) und gab es wieder auf, nachdem sie in Ameslan eine gewisse Fertigkeit erreicht hatte. Washoe verwendete z. B. die Geste für »open« nicht nur für Türen, sondern übertrug es sinngemäß auf Briefkästen, Bücher usw. Sie beherrschte Gesten für »flower«, »dog«, »toothbrush«, »white«, »red«, »up«, »down«, »help«, »hug«, »go« (»Blume«, »Hund«, »Zahnbürste«, »weiß«, »rot«, »auf«, »nieder«, »helfen«, »umarmen«, »gehen«).

Ein gesichertes Ergebnis der Versuche besteht darin, daß Washoe und andere Schimpansen größere Inventare von Symbolen besser lernen und verwenden können, als man das zuvor für möglich gehalten hatte. Man hat jedoch bis heute keine Gewißheit darüber, ob und inwieweit die Affen in der Lage waren, Gesten zu syntaktisch komplexen Äußerungen zu verknüpfen, und wie ihre Symbolfolgen zu verstehen seien. Denn die semantisch-syntaktische Strukturierung der Folgen muß nicht von den Affen stammen, sondern kann ihnen von den Übersetzungen ins Englische auferlegt

Abb. 2 Die Schimpansin Washoe äußert: »more«, »mehr«.

Abb. 3 Die Schimpansin Lucy äußert: »fruit«, »Frucht«.

worden sein. Die Gesten der Affen sind in dieser Hinsicht unbestimmt. Wenn die Schimpansin Lucy angesichts einer Wassermelone, für die sie keine Ameslan-Geste gelernt hatte, »drink fruit« äußerte und angesichts von Nüssen »rock berry«, ist nicht klar, ob sie die neuen Begriffe »Trinkfrucht« und »Steinbeere« geprägt hatte, oder ob sie einfach zum Ausdruck bringen wollte, sie habe eine Frucht und etwas zum Trinken vor sich. Andererseits scheinen die Affen über eine Entsprechung für ein Akkusativobjekt und so über eine der wichtigsten semantisch-syntaktischen Verknüpfungen verfügt zu haben.

Anders ist die Verbindung der beiden Gesten für »gemme key« nicht zu verstehen (mit dem umgangssprachlichen »gemme« geben die englischsprachigen Forschungsberichte das Ameslan-Symbol für »give me« – »gib mir« – wieder; »gemme key« heißt »gib mir Schlüssel!«).

Die Affen verwenden Symbole nicht zu Beschreibungen im strengen Sinne, sondern – wie Kinder – stets zur Formulierung von Bitten, Fragen, Antworten usw. Das demonstriert die auch sonst bestätigte Vermutung, daß *der pragmatische Aspekt* in der Evolution von Symbolsystemen *stets früher auftritt als der semantische.* Mit dem *semantischen Aspekt* von Wörtern oder Symbolen meine ich ihren abstrakten *Bezug* auf Gegenstände, Personen, Ort und Zeit. Mit dem *pragmatischen Aspekt* meine ich ihre *Funktion* im Zusammenleben der Tiere bzw. Menschen. Die Semantik der Äußerung »Gib mir Schlüssel!« besteht in dem Bezug auf einen bestimmten Schlüssel, auf die angeredete Person und auf den Vorgang des Gebens. Mit dem semantischen Bezug auf dieselben Gegenstände läßt sich entweder die Feststellung machen: »Du gibst mir den Schlüssel.« oder die Frage stellen: »Gibst du mir den Schlüssel?« oder die Bitte bzw. die Aufforderung ausdrükken: »Gib mir den Schlüssel!«. Dieselben semantischen Bezüge haben also im Zusammenleben jeweils unterschiedliche Funktionen. Man erkennt das daran, daß sie unterschiedliche Reaktionen des Angesprochenen verlangen: ein bloßes Verständnis im Falle der Feststellung, eine Antwort wie »ja« oder »nein« im Falle der Frage und die Aushändigung des Schlüssels im Falle der Bitte oder der Aufforderung. Die verschiedenen Funktionen der semantischen Bezüge rechne ich zu ihren pragmatischen Aspekten.

Lautäußerungen und Gesten von Tieren sind in ihren pragmatischen Aspekten häufig sehr klar. Das heißt, sie haben den Charakter einer Bitte, einer Drohung oder drücken ein Nachgeben aus. Zugleich sind sie in ihren semantischen Bezügen manchmal sehr undeutlich. Die pragmatischen Aspekte sind primär und die semantischen scheinen sich erst im Rahmen der pragmatischen zu entwickeln. Das heißt: *Die Semantik schält sich aus dem pragmatischen Zusammenhang heraus.*

Die relativ hohe Kompetenz, die große Affen in den beschriebenen Versuchen in der amerikanischen Taubstummensprache und in anderen Symbolsystemen erreicht haben, läßt zwei Möglichkeiten zu: *Entweder* war eine relativ hohe Stufe der Entwicklung von symbolischem Verhalten erreicht, bevor sich die Primaten in verschiedene Zweige, unter anderem den Menschen, aufgespaltet haben. *Oder* die verschiedenen Zweige haben sich unabhängig voneinander, aber unter ähnlichen Bedingungen und deshalb in ähnlicher Weise entwickelt. Zwischen den semantischen Erfolgen der

Affen (in der Erlernung von Begriffen) und ihren relativ geringen syntaktischen Fähigkeiten besteht ein auffälliger Gegensatz. Man wird zu der Vermutung gedrängt, *daß die semantischen Fähigkeiten in der Evolution der Tierwelt bedeutend früher aufgetreten sind als die syntaktischen*. Dafür spricht nicht nur eine inzwischen fast unübersehbar gewordene Menge von Beschreibungen von Signalen bei Tieren, sondern auch die Tatsache, daß Kinder zur komplexen Kategorisierung von Gegenständen und Ereignissen sowie zu Schlüssen fähig sind, längst bevor sie sprechen. Die Entwicklung von Kategorien und von Symbolen für Kategorien scheint wesentlich archaischer zu sein als die menschliche Sprache.

Eine bedeutende Entwicklung der Menschheit ist die neue Verknüpfung des Begrifflich-Semantischen mit dem sprachlichen Ausdruck. Chomsky lokalisiert das von ihm postulierte artspezifische Vermögen des Menschen in der Grammatik. Die Menschheit hat damit angefangen, das Semantisch-Begriffliche nicht nur mit einer festen Anzahl von Symbolen zu belegen, sondern an eine kreative Grammatik zu binden und ihm einen unerschöpflichen Vorrat verschiedener und differenzierter Möglichkeiten des Ausdrucks zu verleihen. Der Fortschritt bestand nicht eigentlich im Gehalt der Gedanken, sondern in ihrer *grammatischen Manipulation*. Dazu sind die großen Affen offenbar nicht in der Lage.

Die Tanzsprache der Bienen als Beispiel für ein Analog-System

Um die Rolle der Grammatik und der Syntax zu bestimmen, möchte ich nun einen Vergleich der Sprache mit einem *nicht-syntaktischen System* vornehmen. Das vielleicht interessanteste Symbolsystem im Tierreich ist die *Tanzsprache* der Honigbiene. Entziffert hat sie im wesentlichen Karl von Frisch (1886–1982), der für diese Arbeiten 1973 den Nobelpreis für Medizin und Physiologie erhielt. Die Honigbiene beherrscht neben anderen Formen der Kommunikation *zwei Tänze* (von Frisch 1977). Ich konzentriere mich auf den komplexeren Tanz. Je nach Situation können für ein Bienenvolk Kenntnisse über Honig-, Nektar- und Wasserquellen oder auch über geeignete Ziele für eine Königin wichtig sein. Wenn eine Arbeitsbiene ein bedeutendes Ziel gefunden hat, kann sie dessen Lage ihren Genossinnen in einer Art Tanz beschreiben. Der Tanz besteht erstens in einem wiederholten Durchlaufen einer Figur, die grob betrachtet die Form einer Acht hat (vgl. Abb. 4), und zweitens in dem Vorzeigen von Geschmacks- und Geruchsproben. Der interessante Teil des Tanzes besteht in der geraden Strecke in der Mitte der Tanzfigur.

Die Biene führt seitliche Schwingungen aus (13 bis 15 pro Sekunde), die am Kopf am schwächsten und am Körperende am stärksten sind. Sie erzeugt einen Brummton und schlägt mit den Flügeln. Die Intensität des Tanzes symbolisiert die Wichtigkeit des Ziels. Die zeitliche Dauer des Tanzes auf der Geraden symbolisiert die Dauer des Fluges zum Ziel. Die Dauer ergibt relativ zu den Wetterverhältnissen ein Maß für die Entfernung. Unter normalen Wetterverhältnissen entspricht eine Sekunde einer Entfernung von etwa 500 Metern, und zwei Sekunden entsprechen etwa zwei Kilometern. Weiterhin gibt die Richtung des geraden Stückes die Richtung zum Ziel an. Dabei gibt es zwei Möglichkeiten. Die Biene kann *vor dem Stock* auf der *Waagerechten* tanzen. Dann fällt die Richtung des Tanzes auf der Geraden mit der Richtung zum Ziel zusammen. In beiden Fällen dient das Sonnenlicht der Orientierung. Einen horizontalen Tanzplatz gibt es aber nur vor dem Stock. Im *Stockinnern* gibt es nur *vertikale* Flächen, und die Sonne ist überhaupt nicht zu sehen (vgl. Abb. 4). Für den Tanz im Innern haben die Bienen eine Art *»Übersetzung«* entwikkelt: Sie tanzen nämlich in der Vertikalen und ersetzen den Winkel zur Sonne durch den Winkel gegenüber der Richtung nach oben. Die Biene durchläuft die Figur mehrere Male. Andere Bienen folgen ihr und betasten sie mit ihren Fühlern. Die Bienen folgen der Tänzerin während etwa sechs Durchläufen, bevor sie verstanden haben und den Stock verlassen, um das Ziel aufzusuchen.

Die Tanzsprache ist ein räumlich-zeitlich-akustisch-geruchlich-geschmackliches Symbolsystem, das in fünf Dimensionen variiert:

1. Der geruchlich-geschmackliche Aspekt besteht in dem Vorzeigen von Geschmacks- und Geruchsproben. Die Beziehung zwischen dem Symbol und dem Symbolisierten ist die Beziehung eines Gegenstandes auf das, wofür er (die jeweilige Probe) ein *Beispiel* ist.
2. Die zweite Dimension ist die Erregung, zu der fast alle Elemente des Tanzes beitragen können. Auf der Geraden zeigt sie sich in der Lautstärke des Summens. Die Erregung beim Tanz ist ein *Beispiel* für die Erregung, die das Ziel aufgrund seiner Wichtigkeit bei der tanzenden Biene hervorgerufen hat und entsprechend bei den anderen Bienen hervorrufen müßte. Hier liegt eine etwas kompliziertere Beispielbeziehung als bei dem ersten Punkt vor.
3. Die Dauer des Tanzes auf der Geraden symbolisiert die Dauer des Fluges zum Ziel und damit dessen Entfernung. Tanzdauer und

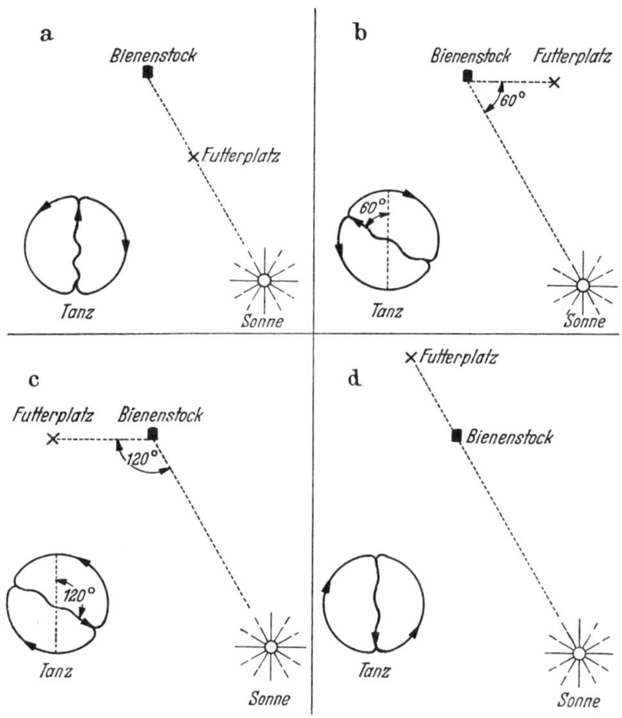

Abb. 4 Richtungsweisung nach dem Sonnenstand beim Tanz auf der vertikalen Wabenfläche. Links ist jeweils dargestellt, wie bei der gegebenen Lage des Futterplatzes der Schwänzeltanz auf der vertikalen Wabe orientiert ist.

Flugdauer sind durch eine analoge Abbildung verknüpft, die in einer *Verkleinerung* besteht.

4. Die Richtung der Geraden kann auf zwei verschiedene Arten mit der Richtung des Ziels verknüpft sein. Tanzt die Biene *horizontal* (vor dem Stock), so sind beide *identisch*. Tanzt sie *vertikal* (im Innern des Stocks), so wird der Winkel zum Sonnenstand in den Winkel gegenüber der Richtung nach oben (zur Schwerkraft) *übersetzt*. Offenbar ist der gesamte Tanz eine räumlich-zeitliche Verkleinerung des Hin- und Rückflugs zum Ziel.
5. Die Tanzfigur wird oftmals durchlaufen. Wiederholungen dienen lediglich der Wahrnehmbarkeit und der Intensität des Ausdrucks.

Die Tanzsprache der Honigbiene ist keine syntaktische Sprache. Die Kompetenz der Honigbienen reicht zum Ausdruck beliebig vieler verschiedener Appelle an ihre Artgenossinnen, zu einem Ziel zu fliegen. Rein quantitativ gesehen können wir Menschen *mehr* Sätze ebenfalls nicht erzeugen. Alle fünf Dimensionen der Tanzsprache variieren kontinuierlich, und zwar in Abhängigkeit von dem Ziel, auf das sie verweisen.

Insofern ist sie ein unserer Zeigeruhr verwandtes System. Beide sind *analoge Systeme*. Solche Systeme verlangen vom Sprecher (bzw. von der Bienen-Tänzerin oder von der Mechanik der Uhr) und vom Hörer (bzw. von der Bienen-Nachtänzerin oder vom Betrachter der Uhr) die Fähigkeit, Nuancen hinreichend genau zu treffen bzw. wahrzunehmen. Analoge Systeme ermöglichen zwar beliebige Differenzierungen, jedoch werden diese Differenzierungen immer feiner und kleiner. Unter normalen Umständen stößt das an Grenzen der Genauigkeit und der Wahrnehmung. Wenn man aber derart große Anforderungen an den Ausdruck bzw. an die Wahrnehmung *nicht* stellen will, muß man auf Nuancen verzichten und eine deutliche Beschränkung der Genauigkeit in Kauf nehmen. Das trifft gleichermaßen auf die Tanzsprache der Biene wie auf die Zeigeruhr zu: Zeigeruhren sind schnell und einfach zu lesen, aber relativ ungenau.

Der Verzicht auf Nuancen, das heißt auf innere Differenzierung in analogen Symbolsystemen, wird beim Übergang zu *digitalen Systemen* durch eine *äußere* Differenzierung ausgeglichen. Man kann sich das leicht am Beispiel der Darstellung der Zahlen zwischen 0 und 1 klarmachen. (Die Digitaluhr ist wegen ihrer begrenzten Stellenzahl kein gutes Beispiel.) Die unendlich vielen Werte zwischen 0 und 1 lassen sich analog als Marken auf einer Strecke darstellen:

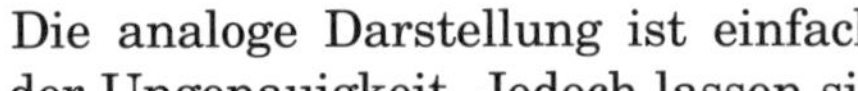

Die analoge Darstellung ist einfach und schnell, hat aber den Nachteil der Ungenauigkeit. Jedoch lassen sich die Zahlen auch nach dem bekannten arabischen System darstellen, das heißt als Folgen der Ziffern 0, 1, 2, 3, 4, 5, 6, 7, 8 und 9. Diese Darstellungsform führt zu einem digitalen System. Die zehn Ziffern als solche sind gegenüber den unendlich vielen analogen Möglichkeiten *zunächst* eine Vergröberung. Ihr Vorteil jedoch besteht darin, daß Nuancen, die dabei verlorengehen, durch die Verlängerung der Zahldarstellung wiedergewonnen werden können:

0,5 – 0,53 – 0,539 – 0,5391 – …

Der Verlust an innerer Differenzierung wird durch eine äußere Differenzierung ausgeglichen. Dabei werden unsere Ausdrucksfähigkeit und unsere Wahrnehmung niemals überfordert, höchstens unser Aufwand an Papier und Zeit. Die Beschreibung beliebig feiner Unterschiede zwischen Zahlen von 0 bis 1 mit Hilfe konstant bleibender Unterschiede zwischen den zehn Ziffern könnte man als eine Explikation oder *Ent-Faltung* im eigentlichen Sinne des Wortes bezeichnen. Der Übergang von analogen zu digitalen Systemen verlangt eine komplexere Beziehung zwischen den Ausdrücken und ihren Bedeutungen, das heißt eine komplexere Semantik. (Der Dezimalbruch 0,539 symbolisiert die Zahl $0 + 5 \times 10^{-1} + 3 \times 10^{-2} + 9 \times 10^{-3}$.)

Die Tanzsprache der Bienen ist weitgehend analog. Zwischen der Zeigerstellung auf der Analoguhr für die Uhrzeit 16.30 und der Zeigerstellung für 17.40 liegt genau eine mittlere Stellung der Zeiger. Das ist die Zeigerstellung für die Zeit 17.05, das heißt für den Wert zwischen 16.30 und 17.40. Allgemein liegt zwischen jeden zwei Zeigerstellungen der Analoguhr für die Zeiten a und b eine Mittelstellung, die den Mittelwert – $(a+b)/2$ – der Zeiten a und b anzeigt. Ganz entsprechend liegt zwischen dem Bienentanz, der 500 Meter nach Norden weist, und dem Tanz der 300 Meter nach Westen weist, ein Tanz, der 400 Meter nach Nordwesten weist. Allgemein gibt es für jede zwei Formen des Bienentanzes eine mittlere Form, der den Mittelwert ausdrückt: Jede zwischen zwei Tanzformen liegende Figur ist selbst wieder ein Tanz.

Das ist bei der *menschlichen Sprache* entscheidend anders. Betrachten wir der Deutlichkeit halber zunächst unsere Schrift. Jeder hat eine andere Handschrift und schreibt den Buchstaben »a« anders. Darüber hinaus schreibe ich selbst den Buchstaben »a« fast jedesmal etwas anders. Manchmal kann ein Leser mein »a« kaum von meinem »o« unterscheiden. Tatsächlich kommen in meinen Briefen alle Figuren zwischen einem »a« und einem »o« vor. Aber kein Leser kommt auf die Idee, einen Buchstaben, der graphisch halb ein »a« und halb ein »o« ist, *zwischen* dem Laut »a« und dem Laut »o« zu artikulieren. Graphische Zwitter drücken keine lautlichen Zwischenwerte aus. Entsprechend verhält es sich mit den Bedeutungen der Sprachlauten selbst (im Unterschied zu Buchstaben). Natürlich können wir alle Werte zwischen dem Laut »a« und dem Laut »o« hervorbringen. Aber Deutschsprechende *nehmen* diese Laute stets *entweder* als ein »a« *oder* als ein »o«.

Entsprechend verhält es sich mit ganzen Wörtern. Die wesentlichen Eigenschaften eines Tigers sind bekannt, die eines Löwen ebenfalls. Aber wenn man ein Fabelwesen, dessen Mutter eine Tigerin und dessen

Vater ein Löwe ist, *Liger* oder *Töge* nennt, dann macht man einen Scherz. Zwischenwerte zwischen Wörtern gibt es in ernsthaft gemeinter Rede nicht. *Buchstaben, Sprachlaute und Wörter und ihre Bedeutungen sind* nicht analoger, sondern *digitaler Natur*.

Man kann das auch am Beispiel der Wiederholungen sehen. Wiederholungen der Tanzfigur bekräftigen die Bedeutung des beschriebenen Ziels und bieten den Schwesterbienen mehr Gelegenheit des Verständnisses. Sie drücken aber immer dasselbe aus. Wiederholungen der Ziffer 4 in z. B. 0,444 beziehen sich jeweils auf etwas anderes: 4×10^{-1}, 4×10^{-2}, 4×10^{-3}. In der Tanzsprache werden Wiederholungen nur *analog* als Verstärkung und Verdeutlichung genutzt, in der dekadischen Darstellung der Zahlen (das heißt der Darstellung mit Hilfe der zehn Ziffern 0, 1 ... 9) dagegen *digital*. Die menschlichen Sprachen verfügen über beide Verwendungsweisen von Wiederholungen. Wiederholte Appelle wie »Ruhe! Ruhe! Ruhe! ...« sind den Wiederholungen der Tanzfigur der Bienen ähnlich, sind analog. Wiederholungen bestimmter Wörter in syntaktischen Konstruktionen hingegen entsprechen den Verhältnissen in der dekadischen Darstellung der Zahlen, sie sind digital: In dem Ausdruck »der Kerl, der der Polizei entwischt« erhalten die drei Vorkommen von »der« aufgrund der verschiedenen Positionen verschiedene Interpretationen, das erste »der« als maskuliner Artikel im Nominativ, das zweite als Relativpronomen und das dritte als femininer Artikel im Genitiv. Das heißt, der Stellenwert der drei Vorkommen von »der« ist jedesmal ein anderer.

Analoge Symbolsysteme oder Sprachen sind anschaulich und leicht zu verstehen, aber ungenau. Digitale Systeme oder Sprachen sind unanschaulich, aber genauer. Die meisten Symbolsysteme im Tierreich machen von der Digitalisierung keinen oder nur wenig Gebrauch. Sie verwenden ein begrenztes Inventar von Verhaltenssequenzen und halten diese voneinander so verschieden, wie es die Sicherheit der Übertragung erfordert. Wenn nämlich zwei Symbole sich zu sehr ähneln, besteht natürlich die Gefahr einer Verwechslung. Daneben machen sie von analogen Modifikationen und Abtönungen Gebrauch, die wenig Genauigkeit erfordern und schnell und bequem sind. Das ist auch bei der menschlichen Sprache so, was wir in unserem Stolz auf den digitalen Teil unserer Sprache oft übersehen: Die Klangfarbe der Stimme, ihre Höhe, Lautstärke, Sprechgeschwindigkeit und daneben unsere Gesten und unser gesamtes Verhalten versuchen auf die Beziehung zu Partnern einzuwirken oder wenigstens unsere Haltung zu signalisieren – und das in einem wenig verstandenen Kontinuum zwischen unwillentlichem bis zum willentlichen Ausdruck. Die digitalen Aspekte unserer Sprache wie auch die der Symbolsysteme der Tiere sind eingebettet in einen unübersehbaren Raum von analogen Aspekten. Dabei gibt es eine grobe Gesetzmäßigkeit: *Je intimer die Kommunikation, desto analoger, je distanzierter, desto digitaler.* Man vergleiche nur die Beziehungen zwischen Mutter und Kind mit dem Amtsdeutsch der Behörden.

Die Digitalisierung ist die semantische Seite oder wenigstens die Voraussetzung für die semantische Seite dessen, was Chomsky und seine Schule Kreativität nennen. Das Beispiel der analogen und digitalen Darstellung derselben Zahl – einmal in Form des Dezimalbruchs 0,5391 und einmal in Form einer Marke auf einer Strecke zwischen 0 und 1

0_______________|______________1

– macht anschaulich, daß die beiden Darstellungen unterschiedliche *Kodierungen* desselben Gehaltes sind. *Das revolutionäre Element der menschlichen Sprache gegenüber ihren Vorformen und gegenüber tierlichen Sprachen besteht nicht in neuen Gehalten, sondern in einer neuen Kodierung.*

Diese Revolution scheint nicht abgeschlossen zu sein. Die Einführung der dekadischen Darstellung der Zahlen, die ich zur Demonstration der Digitalisierung verwendet habe, ist eigentlich ein spätes Beispiel. Viel älter ist die Erfindung der verschiedenen Formen der *Schrift*. Die Visualisierung der Sprache hat neue Möglichkeiten der Formulierung eröffnet – der Planung und des Entwurfes von Texten. Sie hat die schöne und die wissenschaftliche Literatur erst ermöglicht. Den Anstoß gaben nicht neue Gehalte, sondern gab die neue Form der Kodierung. Weitere Beispiele sind die Einführung der Notenschrift, die das musikalische Denken wesentlich erweitert und Kompositionen im eigentlichen Sinne erst möglich gemacht hat, sowie die Entwicklung der formalen Systeme der Mathematik und Logik. Natürlich ist die Evolution der Kodierung, die für die menschliche Sprache charakteristisch ist, ein extrem komplexer Vorgang. In diesem Rahmen waren daher nicht mehr als diese wenigen Hinweise möglich.

Diese Überlegungen legen ein *Schema für die Evolution von Symbolsystemen und im besonderen der Sprache* nahe:

- Die *pragmatischen* Elemente sind die *ältesten* und reichen weit in das Tierreich zurück;
- die *semantischen* Elemente sind entwicklungsgeschichtlich gesehen die *mittleren*;
- die komplexe *Syntax* der menschlichen Sprachen war für die leistungsfähige Kodierung verantwortlich und ist entwicklungsgeschichtlich *das jüngste Element*.

Literatur

Berlin, B., Kay, P. (1969): Basic Color Terms. Their Universality and Evolution. Berkeley, Los Angeles, Oxford.

Cavalli-Sforza, L.L. (1992): Stammbäume von Völkern und Sprachen. In: Spektrum der Wissenschaft, 1 (Januar), S. 90–98.

Chomsky, N. (1976): Reflexionen über Sprache. Übersetzung G. Meggle und M. Ulkan. Frankfurt/M.

Gardner, B.T., Gardner, R.A. (1969): Teaching Sign Language to a Chimpanzee. In: Science 165, S. 644–672.

Greenberg, J.H., Ruhlen, M. (1992): Linguistic Origins of Native Americans. In: Scientific American 267, 5 (November), S. 60- 65.

Munsell Color Company (1976): Munsell Book of Colors. Baltimore.

Quine, W.V.O. (1987): Indeterminacy of Translation Again. In: The Journal of Philosophy 84, 1 (Januar), S. 5–10.

von Frisch, K. (1977): Aus dem Leben der Bienen. Neunte, neubearbeitete und ergänzte Auflage. Berlin, Heidelberg, New York.

Whorf, B.J. (1963): Sprache, Denken, Wirklichkeit. Beiträge zur Metalinguistik und Sprachphilosophie. Herausgegeben und übersetzt von P. Krausser. Reinbek bei Hamburg.

Orientierung in Zeit und Raum

Ernst Pöppel

Raum und Zeit sind für uns etwas Selbstverständliches. Wie aber werden uns Zeit und Raum in unserer Anschauung verfügbar? Woher wissen wir, was Zeit und Raum sind? Wie ist es möglich, daß wir einen Begriff von Zeit und Raum haben? Wie nehmen wir die Zeit, wie den Raum wahr? Wie ist es möglich, daß wir uns, ohne darüber nachdenken zu müssen, in Raum und Zeit orientieren können? Denn normalerweise ist uns automatisch klar, wo wir gerade sind, wo sich etwas befindet, in welcher Reihenfolge etwas erlebt wurde oder wie spät es ist.

Dies sind Fragen grundsätzlicher Art, denen man sich im Hinblick auf menschliche Erfahrungen stellen muß. Sie mögen im ersten Hinschauen als sehr einfache Fragen erscheinen, Fragen, wie sie zuweilen Kinder stellen. Doch zeigt es sich, daß es gar nicht einfach ist, Fragen wie: »Warum kann ich dort hinschauen, wo etwas Interessantes passiert?« oder »Welche Reihenfolge haben zwei Ereignisse?« zu beantworten.

Zeit und Raum sind die Grundformen menschlicher Wirklichkeitserfahrung. Wenn Raum und Zeit von vornherein gegeben sind, wie erlangen wir ein Wissen von diesen Grundformen? Wie schwierig solche Grundfragen sind, mag ein berühmter Ausspruch des Kirchenvaters und Philosophen Aurelius Augustinus (354–430) belegen, der im 11. Buch seiner autobiographischen »Bekenntnisse« schreibt: »Was also ist Zeit? Wenn mich niemand danach fragt, weiß ich es; will ich einem Fragenden es erklären, weiß ich es nicht.« Für eine Antwort auf die Frage: »Was ist Raum?« gilt ähnliches. Trotz dieser Schwierigkeiten, auf die uns viele große Denker hingewiesen haben, soll hier zwar nicht der Versuch gewagt werden zu fragen, was »die« Zeit oder »der« Raum ist, aber doch zu untersuchen, wie wir ein *Wissen* von Zeit und Raum erwerben, wie uns Zeit und Raum in unserem Bewußtsein verfügbar werden.

Struktur der menschlichen Zeiterfahrung

Beginnen wir mit der Zeit. Ziel ist es, zunächst einmal jene unmittelbaren Erlebnisse zu beschreiben, die unsere Zeiterfahrung kennzeichnen. Das Ergebnis dieser Beschreibung sei hier schon vorweggenommen:

Menschliches Zeiterleben läßt sich durch eine Zusammenstellung von fünf verschiedenen, elementaren Zeitphänomenen beschreiben. Es handelt sich um die Erlebnisse von *Gleichzeitigkeit* und *Ungleichzeitigkeit*, *Aufeinanderfolge* (zeitliche Ordnung), *Gegenwart* sowie *Dauer* (Pöppel 1985). Was auf der Erlebnisebene mit diesen Zeit-Phänomenen gemeint ist, und wie sie hierarchisch aufeinander bezogen sind, läßt sich durch einfache experimentelle Beobachtungen verdeutlichen.

Gleichzeitigkeit und Ungleichzeitigkeit Wenn man über einen Kopfhörer in beide Ohren kurzdauernde Reize darbietet, die etwa eine Millisekunde (Tausendstelsekunde) dauern, und wenn die beiden Reize objektiv gleichzeitig gegeben werden, dann hört die Versuchsperson einen einzigen Ton, und zwar in der Mitte des Kopfes. Wird eine zeitliche Verzögerung, z. B. von zwei Millisekunden, zwischen die beiden Reize eingelegt, so hört die Versuchsperson ebenfalls nur einen Ton, das heißt, die beiden Reize werden in der Wahrnehmung miteinander verschmolzen, obwohl sie objektiv betrachtet ungleichzeitig sind.

Objektive Ungleichzeitigkeit reicht also nicht aus, damit die Schwelle zur subjektiven Ungleichzeitigkeit der beiden Töne gegeben ist. Erst wenn die zeitliche Differenz zwischen den beiden akustischen Reizen etwa drei Millisekunden beträgt, bei manchen Versuchspersonen auch vier oder fünf, ist die Schwelle zur Ungleichzeitigkeit erreicht, und die Versuchsperson hört nun getrennt in jedem Ohr einen Tonreiz.

Führt man einen analogen Versuch über die zeitliche Verschmelzung von aufeinanderfolgenden Reizen im Sehsystem durch, dann stellt man fest, daß die Verschmelzungsgrenze im visuellen System bei etwa 20 bis 30 Millisekunden liegt. Wenn man also Hören und Sehen miteinander vergleicht, so fällt auf, daß der Übergang von Gleichzeitigkeit zu Ungleichzeitigkeit in den beiden Sinnesbereichen mit unterschiedlicher zeitlicher Differenz erfolgt. Dabei ist das Hören durch die bei weitem günstigere zeitliche Auflösung gekennzeichnet, während sich das Sehsystem eher träge verhält. – Aus diesen Beobachtungen können wir festhalten, daß *physikalische* (objektive) Gleichzeitigkeit von Reizen deren *subjektiver* Gleichzeitigkeit offensichtlich nicht immer entspricht.

Ein weiteres Ergebnis der beschriebenen Experimente soll ebenfalls noch einmal hervorgehoben werden: Gleichzeitigkeit im Erleben ist nichts Absolutes. Je nach Sinnesmodalität, je nachdem also, ob wir hören oder sehen, ist das *Gleichzeitigkeitsfenster* verschieden, wobei wir beim Hören das engere Fenster haben. In unserem Zeiterleben ist Gleichzeitigkeit folglich abhängig von der jeweiligen Sinnesmodalität, von den Unterschieden zwischen den einzelnen Reizen, außerdem von Aufmerksamkeit, Wachheit und Gesundheitszustand.

Zeitliche Ordnung Bei unseren Experimenten über die Grenze zwischen Gleichzeitigkeit und Ungleichzeitigkeit werden die Versuchspersonen gefragt, ob sie jeweils einen oder zwei Reize wahrnehmen. Wenn man nun eine geringfügige Veränderung im Experiment einführt, stellt man fest, daß allein eine Änderung der Fragestellung das Ergebnis verändern kann. Im nächsten Experiment wird nun nicht mehr gefragt, ob *ein* oder *zwei* Reize wahrgenommen werden, sondern welches der *erste* und welches der *zweite* Reiz war. Die Frage zielt also auf die wahrgenommene Abfolge der Reize, auf ihre zeitliche Ordnung. Durch die neue Frage wird die Aufmerksamkeit auf einen anderen Aspekt der Reizanordnung gelenkt. Dabei zeigt sich, daß die veränderte Fragestellung zu einem anderen Ergebnis führt: Während die Schwelle zur Ungleichzeitigkeit beim Hören bei wenigen Millisekunden liegt, beobachtet man für das Erkennen der zeitlichen *Ordnung* bei identischen Reizbedingungen, daß dieser Wert etwa 30 bis 40 Millisekunden beträgt. Dies ist die sogenannte *Ordnungsschwelle*. Offensichtlich wird durch die neue Fragestellung ein anderer Mechanismus des Gehirns angesprochen und abgefragt. – Damit eine solche Aufgabe, die zeitliche Ordnung von zwei Reizen anzugeben, überhaupt gelöst werden kann, muß man zunächst ein Ereignis als solches identifiziert haben. Erst wenn etwas als eigenständiges Ereignis erkannt wird, kann es zeitlich auch auf andere Ereignisse bezogen werden, also Element in einer Folge von Ereignissen sein.

Auffällig ist nun, daß die Ordnungsschwellen in den verschiedenen Sinnesbereichen – also beim Hören und Sehen, aber auch beim Tasten – alle gleich sind, während der Übergang von der Gleichzeitigkeit zur Ungleichzeitigkeit in den einzelnen Sinnesbereichen verschieden ist. Diese Beobachtung legt die Annahme nahe, daß für die Erkennung einer zeitlichen Ordnung ein einheitlicher Mechanismus des Gehirns in Anspruch genommen wird, der den drei Sinnessystemen in gleicher Weise zur Verfügung steht, während für das Erkennen von Ungleichzeitigkeit andere Mechanismen, vermutlich solche der Sinnesorgane selbst, verantwortlich sind.

Die Tatsache, daß zwei Reize als zeitlich getrennt wahrgenommen werden können, heißt also noch nicht, daß sie eine zeitliche Richtung definieren. Unterhalb von etwa 30 Millisekunden bestimmt ihre getrennte Wahrnehmung noch keine zeitliche Reihenfolge. Die subjektive Ungleichzeitigkeit von gehörten, gesehenen oder auch gefühlten Reizen ist eine notwendige, aber keine hinreichende Bedingung dafür, daß die zeitliche Folge von Reizen angegeben werden kann. Unser Wissen, das etwas zeitlich verschieden ist, reicht nicht aus, um sagen zu können, in welcher Richtung es verläuft. Diese Beobachtung widerspricht unserer alltäglichen Erwartung; wir gehen normalerweise davon aus, daß etwas, was als ungleichzeitig erlebt wird, auch als aufeinanderfolgend bestimmt ist.

Der Begriff der Gleichzeitigkeit ist damit recht kompliziert geworden (vgl. Abb. 5): Unterhalb einer bestimmten Schwelle, die für die einzelnen Sinnessysteme verschieden ist, kann man von »vollkommener« subjektiver Gleichzeitigkeit sprechen. Oberhalb dieser Schwelle, aber unterhalb der zeitlichen Ordnungsschwelle von etwa 30 Millisekunden liegt ein Intervall, dessen Ausdehnung für jedes Sinnessystem verschieden ist und in dem es so etwas wie unvollkommene Gleichzeitigkeit gibt. Wir merken zwar, daß zwei Reize nicht gleichzeitig sind, können aber nicht sagen, welcher der erste und welcher der zweite Reiz war. Dies ist erst jenseits der zeitlichen Grenze von etwa 30 Millisekunden möglich: Dann werden ungeordnete Reize zu Ereignissen mit Eigenständigkeit. Sie erhalten eine eigene Identität und sind dadurch elementare Bausteine für unsere Bewußtseinstätigkeit.

Daß unser Gehirn etwa 30 Millisekunden benötigt, um elementare Ereignisse als Bausteine des Erlebens zu definieren, und daß erst auf dieser Grundlage eine zeitliche Ordnung von Ereignissen angegeben werden kann – also erst Identifikation und dann zeitliche Diskrimination –, läßt sich durch eine Vielzahl von Experimenten belegen: Wenn man sich beispielsweise möglichst schnell zwischen zwei Alternativen entscheiden muß, dann erfolgt der zugrundeliegende Entscheidungsprozeß ebenfalls in Schritten von etwa 30 Millisekunden; das Gehirn arbeitet also nicht kontinuierlich, sondern offenbar mit einem zeitlichen Takt, wobei der Abstand aufeinanderfolgender Taktsignale bei etwa 30 Millisekunden liegt.

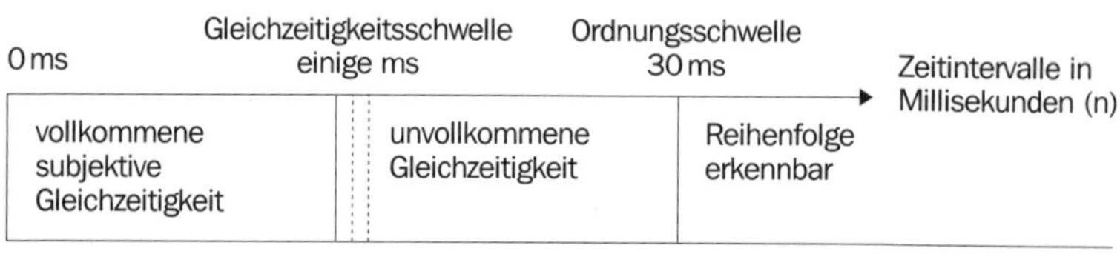

Abb. 5 Die Grenze zwischen Gleichzeitigkeit und Ungleichzeitigkeit ist nicht scharf. Im Bereich unvollkommener Gleichzeitigkeit werden Ereignisse als verschieden wahrgenommen, ihre Reihenfolge wird jedoch nicht zuverlässig erkannt.

Theoretisch geht man davon aus, daß durch jeden Reizauftritt im Gehirn ein periodischer oder oszillatorischer Schwingungsprozeß in Gang gesetzt wird. Ein optischer oder akustischer Reiz führt zu oszillatorischen Entladungen in den stimulierten Nervenzellen. Mit einem solchen oszillatorischen Nervenprozeß besitzen wir gleichsam eine Art Uhr im Gehirn, die die Takte liefert, um Ereignisse identifizieren und zeitliche Ordnung herstellen zu können. Der hier angesprochene oszillatorische Prozeß läßt sich sogar sichtbar machen. Bietet man einer Versuchsperson eine Serie von akustischen Reizen an und zeichnet die dadurch ausgelöste elektrische Aktivität des Gehirns in einem Elektroenzephalogramm (EEG) auf, so beobachtet man Wellen mit einer Periode von etwa 30 Millisekunden.

Es gibt nun einen direkten Test, der darauf hinweist, daß diese Oszillationen ein Ausdruck jenes Taktgebers und ereignisschaffenden Mechanismus sind, der oben angesprochen wurde. In Studien über die Wirkung allgemein wirkender Anästhetika wurde beobachtet, daß diese Oszillationen dann verschwinden, wenn sich ein Patient im Zustand der Vollnarkose befindet (Madler, Pöppel 1987). Typischerweise fragt ein Patient nach einer Anästhesie: »Wann beginnt denn die Operation?«, womit er zum Ausdruck bringt, daß er für die Dauer der Operation keinerlei Information verarbeitet hatte. Man kann davon ausgehen, daß durch die Aufhebung der Oszillationen mit Hilfe von Narkosemitteln jene Mechanismen des Gehirns ausgeschaltet werden, die notwendig sind, um Elementarereignisse zu identifizieren. Wenn der Taktgeber fehlt, der durch die oszillatorischen Entladungen von Nervenzellen bereitgestellt wird, können keine Ereignisse mehr identifiziert und keine zeitlichen Ordnungen mehr angegeben werden, so daß auch die Orientierung in der Zeit verlorengegangen ist. Die Identifikation von elementaren Ereignissen ist also Grundlage der zeitlichen Orientierung.
Der Zustand der Vollnarkose unterscheidet sich prinzipiell von dem des Schlafes. Die meisten Menschen können relativ genau angeben, wie spät es ist, wenn sie erwachen. Zumindest aber haben sie nicht den Eindruck von Zeitlosigkeit, wenn sie aufwachen, wie dies für die Narkose typisch ist. Dies weist darauf hin, daß während des Schlafes durchaus Information verarbeitet wird, wenn dies auch vielleicht in ungeordneter Weise geschieht, wie wir es vom Träumen kennen.

Der beschriebene Taktmechanismus des Gehirns ist wahrscheinlich auch dafür verantwortlich, daß wir Dinge in einem regelmäßigen Tempo ablaufen lassen können, also imstande sind, mit gleichbleibendem Tempo zu sprechen, zu gehen oder auch zu musizieren. Das Finden des richtiges Tempos eines Stückes ist ja auch für den Musiker eine der schwierigsten Aufgaben (Pöppel 1989).

Doch zurück zur Klassifikation des subjektiven Zeiterlebens. Über die Phänomene der Gleichzeitigkeit und Ungleichzeitigkeit sowie der zeitlichen Ordnung ist hier nun eine Ebene erreicht, auf der sich die Frage stellt, ob diese beiden Phänomene schon hinreichend sind für das, was wir allgemein unter Zeiterleben verstehen.

Subjektive Gegenwart Eine kurze Überlegung zeigt, daß für das menschliche Zeiterleben ein weiterer Mechanismus angenommen werden muß. Jedem ist aus seinem eigenen Erleben deutlich, daß wir Ereignisse nicht für sich isoliert wahrnehmen, sondern daß einzelne Ereignisse aufeinander bezogen werden und aufeinanderfolgende Ereignisse jeweils eine *Wahrnehmungsgestalt* bilden. Dies ist dadurch möglich, daß das Gehirn einen zeitlichen Integrationsmechanismus bereitstellt, der dafür sorgt, daß solche Wahrnehmungsgestalten gebildet werden können. Dieser Integrationsmechanismus läßt sich anhand verschiedener Beispiele veranschaulichen. Er ist auch die Grundlage für jenes Phänomen, das als subjektive Gegenwart oder auch als »Jetzt« bezeichnet wird.

> Ein einfacher Versuch mag das Phänomen der hier angesprochenen Integration verdeutlichen. Nimmt man ein Metronom und läßt es beispielsweise jede Sekunde schlagen, so ist es jedem leicht möglich, eine subjektive Akzentuierung durchzuführen: Wir können z. B. jedem zweiten Metronomschlag einen subjektiven Akzent geben, so daß wir das Gefühl haben, er sei etwas lauter als der subjektiv nicht-akzentuierte Schlag. Es ist uns aber auch möglich, *drei* aufeinanderfolgende Schläge zu einer Gestalt zusammenzuschließen, indem wir jedem dritten Schlag ein stärkeres subjektives Gewicht geben, obwohl dies für manche vielleicht schon schwierig ist. Versuchen wir nun aber, *vier* oder gar *fünf* aufeinanderfolgende Schläge subjektiv zu einer Gestalt zusammenzufassen, so fällt dies den meisten äußerst schwer oder ist sogar unmöglich.

Dieser einfache Versuch zeigt, daß die Integration aufeinanderfolgender Ereignisse zu Wahrnehmungsgestalten eine zeitliche Grenze hat, die bei wenigen Sekunden liegt. Zahlreiche Versuche, insbesondere auch aus dem Bereich des Sehens, machen deutlich, daß etwa drei Sekunden die Grenze zu sein scheinen, über die hinaus wir Information nicht mehr zu

Wahrnehmungsgestalten zusammenfassen können. Gedeutet wird dieses Phänomen so, daß zentrale Mechanismen des Gehirns eine Wahrnehmungsgestalt nur etwa drei Sekunden festhalten können und daß die Integration nach dieser Zeit gleichsam »erschöpft« ist. Bietet eine Reizkonfiguration die Möglichkeit, in zwei Weisen gesehen oder gehört zu werden, dann kommt automatisch nach etwa drei Sekunden die jeweils andere »Hörweise« (oder auch »Sehweise«) zur Geltung.

Analoge Experimente gibt es aus dem Bereich der sogenannten Psychophysik, wenn Reize hinsichtlich ihrer Intensität miteinander verglichen werden sollen; man interessiert sich beispielsweise dafür, ob zwei Töne gleich laut oder zwei Lichter gleich hell sind. In allen diesen Experimenten beobachtet man folgendes: Nur wenn die beiden Reize innerhalb eines zeitlichen Fensters von etwa drei Sekunden gegeben werden, ist ein sachgerechter Vergleich möglich. Ist der Zeitabstand zwischen beiden Reizen größer, so kommt es zum Verblassen des ersten Reizes und damit zu einer Überschätzung des zweiten Reizes.

Eine wichtige Frage ist, ob der auf etwa drei Sekunden begrenzte zeitliche Integrationsmechanismus nur für die Wahrnehmung gilt, oder ob er auch für andere Bereiche unseres Erlebens und Verhaltens zutrifft. Untersuchungen über die Dauer von absichtlichen Bewegungen haben ergeben, daß auch hier eine deutliche zeitliche Strukturierung vorliegt. Eine solche Bewegung ist etwa dann gegeben, wenn man einem anderen zur Begrüßung die Hand reicht. Auch bei Bewegungen gibt es dieses besondere Zeitintervall, das bis zu drei Sekunden dauert und innerhalb dessen Bewegungsabläufe vorprogrammiert werden. Interessanterweise hat ein Vergleich von sich entsprechenden Bewegungsweisen bei verschiedenen Kulturen ergeben, daß die Dauer dieser Bewegungen überall auf der Welt gleich ist. Auch das spricht dafür, daß es sich hierbei um einen grundlegenden Mechanismus des Gehirns bei der Planung und Ausführungen von Bewegungen handelt (Schleidt et al. 1987).

Die Tatsache, daß sich in vielen verschiedenen Bereichen unseres Erlebens immer wieder ein gleiches Zeitintervall von etwa drei Sekunden feststellen läßt, spricht dafür, daß das menschliche Gehirn mit einen elementaren Mechanismus ausgestattet ist, der überall gestaltend eingreift.

Das Phänomen der überall zu beobachtenden Integration bis etwa drei Sekunden läßt sich auch zur Definition von *»Bewußtsein«* heranziehen (Pöppel, Schill 1992): Was uns in unserem Erleben jeweils verfügbar wird, worauf sich unsere Aufmerksamkeit richtet, bleibt dies nur für etwa drei Sekunden. Die Verfügbarkeit eines Bewußtseinsinhalts für nur wenige Sekunden ist durch die zeitliche Begrenztheit eines zentralen Integrationsmechanismus bedingt.

Als ein weiterer Beleg für die Begrenzung der zeitlichen Integration lassen sich Untersuchungsergebnisse aus dem Bereich der Sprache heranziehen – mit einer interessanten Beziehung zur Dichtkunst. In Untersuchungen über Gedichte verschiedener Sprachen wurde herausgefunden, daß gesprochene Verszeilen immer nur bis zu maximal drei Sekunden dauern. Ganz unabhängig von der gesprochenen Sprache scheint hier ein universelles Zeitphänomen vorzuliegen, an das sich – ohne sich dessen bewußt zu sein – Dichter aller Sprachen gehalten haben (Turner, Pöppel 1983). Auf der Grundlage grammatikalischer Möglichkeiten ist nicht erkennbar, warum es zu einer solchen Drei-Sekunden-Segmentierung kommt. Es wäre nämlich leicht, Gedichtzeilen von längerer Dauer zu schreiben, und wenn dies tatsächlich geschieht – wie beim Hexameter oder Alexandriner –, dann legt der Sprecher in der Zeile eine Pause ein, eine sogenannte Zäsur. Anscheinend ist die Drei-Sekunden-Segmentierung ein derart bedeutsamer Faktor in der Organisation von Gehirnprozessen, daß sich auch die Dichter automatisch an diese zeitliche Strukturierung halten. Ein weiterer Bereich, in dem die zeitliche Segmentierung deutlich wird, ist die Musik. Es zeigt sich, daß auch viele musikalische Motive eine zeitliche Grenze von etwa drei Sekunden haben. Als ein Beispiel unter vielen sei hier nur das bekannte Kopfmotiv aus dem ersten Satz der fünften Sinfonie von Ludwig van Beethoven genannt. Auch hier scheint, zumindest in der Tradition der abendländischen Musik, ein universelles Phänomen wirksam zu werden, über das sich Komponisten und ausführende Musiker nicht hinwegsetzen können. Hört man sich Musik an, in der die zeitliche Strukturierung aufgegeben ist, dann ist auch die ästhetische Wirkung solcher Musik verändert. Offenbar werden durch den Integrationsmechanismus des menschlichen Gehirns Randbedingungen definiert, die auch für den ästhetischen Bereich bedeutsam sind. Wird dieser biologisch gegebene zeitliche Rahmen durchbrochen oder nicht berücksichtigt, ändert sich auch die ästhetische Wertschätzung eines Musikstücks (Pöppel 1989).

Dauer Mit diesen Überlegungen ist in der hierarchischen Klassifikation der subjektiven Zeit die nächste Stufe erreicht. Erläutert wurden bisher die elementaren Zeiterlebnisse Gleichzeitigkeit und Ungleichzeitigkeit, Aufeinanderfolge und subjektive Gegenwart. Spricht man von *subjek-*

tiver Zeit, hat man aber auch noch ein anderes Phänomen im Blick, nämlich das der Dauer. Welche Mechanismen werden wirksam, damit wir bestimmte Zeitintervalle als unterschiedlich lang empfinden? Anscheinend ist es so, daß der »geistige Inhalt« (wieviel wir erleben) die Dauer vorbeigegangener Zeit bestimmt. Wird geistig viel verarbeitet, dann wird im Rückblick die Zeit als lang beurteilt. Ist hingegen in einem gegebenen Zeitintervall wenig verarbeitet worden, geht also wenig Information oder Erlebnisgehalt durch das Bewußtsein, dann erscheint die vorbeigegangene Zeit im Rückblick eher kurz.

Hier wird ein Integrationsmechanismus ganz anderer Art angesprochen, nämlich ein *Gedächtnis*, in dem Information additiv gespeichert wird, wobei dann später die gespeicherte Information im Hinblick auf die Zeitdauer abgefragt werden kann. Gedächtnis ist eine notwendige Voraussetzung dafür, daß wir subjektive Dauer – und unterschiedliche Dauern – zu erleben vermögen.

Wie kommt es nun, daß wir trotz der zeitlichen Segmentierung ein kontinuierliches Erleben haben? Sinnesinformationen werden zu Drei-Sekunden-Segmenten vereinigt, so daß gleichsam isolierte »Gegenwartsfenster« entstehen. Wie kommt es trotz einer solchen »Zerstückelung« zur Kontinuität im Erleben?

Hier wird ein weiterer Mechanismus unseres Gehirns wirksam. Schon was jeweils in unser Bewußtsein kommt, ist nicht unabhängig von den vorhergegangenen Bewußtseinsinhalten. Aufeinanderfolgende Bewußtseinssegmente enthalten voneinander abhängige Bewußtseinsinhalte. Über eine solche inhaltliche Vernetzung aufeinanderfolgender Bewußtseinsinhalte ergibt sich sekundär der subjektive Eindruck einer zeitlichen Kontinuität. Daß hier in der Tat eine aktive Leistung des Gehirns vorliegt, ergibt sich beispielsweise aus der Situation von Patienten mit schizophrenen Denkstörungen. Ein schizophrener Patient ist im Extremfall nicht mehr in der Lage, aufeinanderfolgende Bewußtseinsinhalte so aufeinander zu beziehen, daß die Bedeutung der einzelnen Bewußtseinsinhalte eine sinnvolle Gedankenkette ergibt. Diese Denkstörung kann ihre Ursache darin haben, daß Gedächtnisfunktionen, die aufeinanderfolgende Bewußtseinsinhalte zeitlich verketten, nicht mehr sachgerecht arbeiten. Für einen solchen Patienten ist die Kontinuität des Erlebens und der subjektive Eindruck eines zeitlichen Stromes verlorengegangen.

Biologische Rhythmen

Einen ganz anderen Einblick in den Ablauf der Zeit und der Orientierung des Verhaltens und Erlebens in der Zeit gewinnen wir aus periodischen Veränderungen, die uns von der Umwelt aufdiktiert werden. Der regelmäßige Tag-Nacht-Wechsel ist ein Grundphänomen, das alles organismische Verhalten in nachhaltigster Weise beeinflußt. Insgesamt unterscheidet man vier verschiedene geophysikalische Rhythmen, an die sich Organismen im Laufe der Evolution angepaßt haben, indem sie diese Veränderungen durch physiologische Prozesse sozusagen vorwegnehmen. Es handelt sich hierbei um die *tages- und jahresperiodischen Veränderungen*, die auf der Sonnenbewegung beruhen, um die *Gezeitenrhythmik* und um die *Mondperiodik*. Verschiedene Organismen zeigen charakteristische Veränderungen in ihrem Verhalten bzw. in ihrer Lebensorganisation, jeweils angepaßt an einen oder mehrere dieser geophysikalischen Zyklen. Für den Menschen gilt dies wohl nur in bezug auf die Tages- und Jahresperiodik.

Zahlreiche Experimente zeigen, daß praktisch alle meßbaren physiologischen und psychologischen Funktionen einem tagesperiodischen Wechsel unterliegen. Am bekanntesten ist wohl der Verlauf der Körpertemperatur, die beim jungen Erwachsenen ein Minimum von etwa zwischen drei und fünf Uhr in der Nacht und ihr Maximum am späten Nachmittag gegen 18 Uhr erreicht. Die Schwankungsbreite der Körpertemperatur liegt bei etwa einem Grad Celsius. Weitere Beispiele für tagesperiodische Veränderungen bei physiologischen Funktionen sind die Ausscheidung von Kalium, Natrium oder Kalzium durch die Niere oder auch der Blutdruck.

In der psychologischen Forschung konnte gezeigt werden, daß beispielsweise auch die Reaktionsschnelligkeit eine Funktion der Tageszeit ist, mit besten Werten am späten Vormittag und deutlich schlechteren Werten am frühen Morgen oder am späten Nachmittag. Eine weitere praktisch interessierende Funktion ist die Merkfähigkeit. Während man Kurzzeitinformation zumeist morgens am besten in das Gedächtnis einspeichern kann, ist die Wirkung des Lernens, also die Einspeicherung in das Langzeitgedächtnis, dann am günstigsten, wenn nachmittags gelernt wird.

Die naheliegende Vermutung, daß die tagesperiodischen Veränderungen eine Folge des Schlafens und des Wachens seien, ist unzutreffend. Läßt man Versuchspersonen kontinuierlich wachen, wird man dennoch den typischen tagesperiodischen Verlauf der gemessenen Funktionen beobachten, allerdings (etwa bei der Körpertemperatur) häufig mit einer geringeren

Amplitude. Auch der Anstieg der Körpertemperatur in der Nacht, bevor man aufsteht und aktiv wird, weist darauf hin, daß die tagesperiodische Regulation der Körpertemperatur nicht eine passive Folge der motorischen Aktivität ist, sondern von einem endogenen Mechanismus abhängt, der vermutlich vom Gehirn aus gesteuert wird.

Die Bedeutung von Hirnstrukturen für tagesperiodische Regulationen ist durch Studien deutlich gemacht worden, in denen ein Kerngebiet des Hypothalamus (der *Nucleus suprachiasmaticus*) genauer untersucht wurde. Störungen in diesem hypothalamischen Kern bewirken beim Versuchstier aperiodische Verhaltensabläufe und weisen darauf hin, daß diese Struktur für den Ausdruck der beobachteten rhythmischen Verhaltensorganisation maßgebend sein könnte.

Die Bedeutung von Strukturen des Gehirns, die wie der Hypothalamus zum limbischen System gehören und die an der tagesperiodischen Organisation unseres Verhaltens beteiligt sind, wird indirekt durch Beobachtungen bei schwer Depressiven gestützt. Es ist ein bekanntes psychiatrisches Phänomen, daß solche Patienten einen veränderten Ablauf ihrer tagesperiodischen Zeitstruktur erleben. Typischerweise wachen sie etwa um drei Uhr nachts auf, wobei sie sich ihrer Gedankenschwere nicht erwehren können und von niederdrückenden Vorstellungen verfolgt werden. Es ist ihnen praktisch nicht mehr möglich einzuschlafen oder allenfalls Stunden später. Schlagartig erfolgt dann um die Mittags- oder Nachmittagszeit ein Umschlag in Stimmung und Antrieb, so daß solche Patienten plötzlich anderen und auch sich selbst in einer neuen Identität erscheinen. Es gibt Patienten, bei denen sich die tagesperiodische Modulation des Verhaltens so auswirkt, daß sie z. B. jeden zweiten Tag in eine depressive Phase fallen.

Gelegentlich wird versucht, durch Einflußnahme auf die tagesperiodischen Mechanismen eine depressive Phase zu durchbrechen. Hierzu gehören der Schlafentzug und neuerdings die Lichttherapie, bei der man versucht, durch intensive Bestrahlung mit hellem Licht, die sich möglicherweise auf neurochemische Prozesse im limbischen System auswirkt, eine therapeutische Wirkung zu erzielen. Ansatzpunkt dieser Überlegung ist die Tatsache, daß viele Patienten saisonbedingte Depressionen erleben, die sich auf den jahreszeitlich bedingten Mangel an Licht zurückführen lassen (SAD = *Seasonal Affective Disorder*). Diese Beobachtungen zeigen, wie unsere zeitliche Orientierung auch von Prozessen unseres Gehirns abhängt, die den regelmäßigen Schlaf-Wach-Wechsel steuern.

Man kann sich nun fragen, ob die beobachteten tagesperiodischen Veränderungen vom Tag-Nacht-Wechsel und dem auf ihn bezogenen Schlaf-Wach-Wechsel abhängen, oder ob der Körper die tagesperiodischen Veränderungen durch ein endogenes Programm steuert. Um diese Frage zu prüfen, hat man Versuchspersonen mehrere Wochen bis Monate in Isolationskammern leben lassen und beobachtet, in welcher Weise sich ihre tagesperiodischen Funktionen verändern (z. B. Pöppel 1968). Bei diesen Versuchen muß sichergestellt sein, daß keinerlei Kenntnisse über die objektive Tageszeit verfügbar sind. Eine solche Kammer muß also gegen Licht, Schall und Information isoliert sein; Radio oder Fernsehen sind daher nicht erlaubt. Aus den zahlreichen Experimenten, die weltweit durchgeführt wurden, hat sich ergeben, daß die tagesperiodischen Veränderungen endogenen Ursprungs sind, eine These, für die drei voneinander unabhängige Sachverhalte sprechen:

1. Man beobachtet, daß bei Ausschluß aller äußeren Zeitgeber die physiologischen und psychologischen Funktionen weiterhin einen tagesperiodischen Wechsel zeigen. Damit ist sichergestellt, daß nicht das Vorhandensein eines äußeren, geophysikalisch bestimmten Tag-Nacht-Wechsels für die Veränderungen verantwortlich ist.
2. Man hat festgestellt, daß die Periode der tagesperiodischen Funktionen beim Menschen nicht mehr genau 24 Stunden beträgt, sondern im Durchschnitt etwas davon abweicht: Der Mittelwert der Perioden liegt etwa bei 25 Stunden. Wäre die Periode noch exakt 24 Stunden, so müßte man annehmen, daß ein nicht erkannter Zeitgeber weiterhin für die tagesperiodischen Veränderungen verantwortlich ist. Die Tatsache, daß der Mensch »nachgeht«, seine Tagesperiode also länger als 24 Stunden ist, kann somit als ein wesentlicher Hinweis für eine endogene Uhr angesehen werden.
3. Wichtig ist aber auch, daß nicht alle Versuchspersonen genau den gleichen Wert von etwa 25 Stunden haben, sondern daß es Unterschiede zwischen den Individuen gibt. Jeder hat also seine bevorzugte Periode, die sich nur im Mittel über alle Versuchspersonen auf etwa 25 Stunden beläuft. Hätten alle Versuchspersonen in einer solchen Isolationssituation den gleichen Wert, könnte man vermuten, daß ein nicht erkannter (nicht endogener) Zeitgeber für die Steuerung der Funktionen verantwortlich wäre. Aufgrund der drei genannten Befunde muß man aber davon ausgehen, daß tagesperiodische Veränderungen endogen gesteuert werden. Da diese innere Uhr nur ungefähr (lat. *circa*) einen Tag (lat. *dies*) anzeigt, spricht man von einem *zirkadianen Rhythmus*.

Die Tatsache, daß der Mensch unter Isolationsbedingungen einen Tag von etwa 25 Stunden hat, drückt sich auch darin aus, daß unser Verhalten an den geophysikalisch definierten Tag so angepaßt ist, daß wir üblicherweise *nach* Sonnenaufgang aufstehen und auch erst *nach* Sonnenuntergang zu Bett gehen. Schwingungstheoretisch läßt sich so argumentieren, daß der Tag-Nacht-Wechsel ein Zeitgeber ist, der ein biologisches Phänomen synchronisiert. Der Zeitgeber hat eine kürzere Periode als das biologische System, was zu einer Phasenbeziehung zwischen den beiden Systemen führt, bei dem das mitgenommene System dem mitnehmenden nachhinkt. Hätte der Mensch im Durchschnitt eine innere Uhr von etwa 23 Stunden, so würden wir dem Tageslauf, der uns von Licht und Dunkel aufgezwungen wird, nicht nachhinken, sondern wir würden möglicherweise mit Vergnügen jeden Morgen um drei Uhr aufstehen und am Nachmittag schon um fünf Uhr ins Bett gehen. Die typische zeitliche Orientierung aller Sozialsysteme des Menschen wird also von den Eigenheiten seiner zirkadianen Uhr bestimmt.

Man muß davon ausgehen, daß endogene Oszillatoren auch für jene Funktionen existieren, die den anderen drei geophysikalischen Rhythmen entsprechen. Aus experimentellen Gründen ist es beim Menschen nicht möglich, die endogene Natur der Jahresperiodik direkt nachzuweisen, denn man kann natürlich nicht einen Menschen viele Jahre lang von der Umwelt isolieren. Die jahresperiodische Organisation menschlichen Verhaltens zeigt sich jedoch indirekt in zahlreichen Bereichen, die in unsere Lebenswirklichkeit eingreifen: Hier mag die Anfälligkeit für Erkrankungen eine Rolle spielen; nachgewiesen ist die Jahresperiodik unter anderem für die Geburtenhäufigkeit (somit für die Empfängnisbereitschaft) und auch für Freitode. Dabei fällt auf, daß die Amplitude der jahresperiodischen Veränderungen bei Freitoden und Geburten mit der Zunahme der Zivilisation abnimmt. Das zivilisations- und technikbedingte Durchbrechen der von der Natur vorgegebenen Veränderungen während des Tages und während des Jahres führt also zur Abschwächung der jahresperiodischen Organisation unseres Verhaltens. Für die Stabilität der organismischen Systeme hat dies möglicherweise negative Konsequenzen; insofern ist die Erfindung der Glühbirne vielleicht nicht nur nützlich.

Während wir einen Zeitbegriff auf der Grundlage elementarer Zeiterlebnisse erschließen können, indem wir solche grundlegenden Erlebnisse wie Gleichzeitigkeit, Aufeinanderfolge, das Gefühl der Gegenwärtigkeit und das Erleben der Dauer nach ihrem gemeinsamen Nenner befragen, wird uns durch die periodischen Veränderungen der Umwelt das Vorübergehen der Zeit gleichsam aufgezwungen. Alle 24 Stunden wiederholt sich in unserem Organismus etwas, was sich in Erleben und Verhalten zeigt. Aber was sich da wiederholt, ist nicht genau dasselbe; durch geistige Verarbeitungsprozesse sehen wir in diesen Kreisläufen viele Ähnlichkeiten, doch auch ihre Veränderung über die Zeit hinweg. Unser Gedächtnis erlaubt uns somit Vergleiche: Nur über das Gedächtnis wird uns der Wechsel in der Zeit erfahrbar, und nur dadurch kommen wir letzten Endes auch zu Begriffen von Zeit und Dauer.

Grundlagen der Orientierung im Raum

Nach der Erörterung, wie wir uns einen Begriff von der Zeit machen können, wollen wir uns nun in ähnlicher Weise an den Begriff des Raumes herantasten. Es sind nur Dinge, denen wir in der Welt begegnen, nicht der Raum an sich; es sind somit die Dinge, von denen wir in unserem Denken ausgehen können, wenn wir uns verdeutlichen wollen, was für uns »Raum« bedeutet (in ähnlicher Weise gingen wir ja von »Ereignissen« aus, als wir Zugang zur Zeit suchten).

Das *Was* (also das wahrgenommene Ding) im *Wo* (also an einem bestimmten Ort im Gesichtsfeld) sind die elementaren Sachverhalte, die Orientierung im Raum kennzeichnen. Neben dieser tatsächlichen Orientierung gibt es aber auch jene in der Vorstellung: Wir können die Augen schließen und uns ein Bild des Raumes machen, in dem wir uns gerade befinden, oder wir können uns den günstigsten Weg vorstellen, den wir nehmen müssen, wenn wir in unserer Stadt von einem Platz zu einem anderen wollen. Diese in der Vorstellung gebenen Pläne hat man mentale Karten (engl. *mental maps*) genannt. Eine Prüfung der Raumvorstellung hat sogar Eingang in Intelligenztests gefunden, und interessanterweise schneiden im Durchschnitt Männer etwas besser ab als Frauen, wenn Aufgaben der Raumvorstellung zu lösen sind.

Zunächst stellt sich die Frage, wie das Gesichtsfeld im menschlichen Gehirn repräsentiert ist. Bereits seit dem 17. Jahrhundert ist bekannt, daß die Abbildung des Gesichtsfeldes im Auge den optischen Gesetzen gehorcht, daß also auf der Netzhaut des Auges eine Vertauschung der Seiten sowie von oben und unten vorliegt. Daß auf der Netzhaut des Auges die Welt auf dem Kopf steht, hat also optische Gründe.

In der Netzhaut des Auges, also in den Sinneszellen, werden mit Hilfe von speziellen Umwandlungsprozessen die physikalischen Lichtsignale in die »Gehirnsprache« übersetzt. Etwa eine Million Nervenfasern aus jedem Auge informieren die zentralen Bereiche des Gehirns über örtliche Veränderungen von Helligkeit im Gesichtsfeld. Diese vom Auge in das Gehirn weitergereichte Information ist selbst schon außerordentlich komplex. Man kann sich vorstellen, daß bereits in der Netzhaut ein neuronaler »Computer« am Werk ist, bei dem aus über 100 Millionen Aufnahme-Elementen, den Sinneszellen, die physikalischen Veränderungen der Umwelt so aufbereitet werden, daß hauptsächlich Helligkeits-Kontraste im Gesichtsfeld gemeldet werden. Auch gibt es schon in der Netzhaut eigenständige Programme für das Farbensehen.

Um zu verstehen, wie wir uns im Raum orientieren, ist auch wichtig zu wissen, welche Bereiche im Gesichtsfeld besonders empfindlich und welche weniger empfindlich sind (Pöppel, Harvey 1973). Bei Tagessehen – nicht bei Nachtsehen – hat die Blicklinie die größte Empfindlichkeit und Sehschärfe. Geht man von der Blicklinie zur Peripherie des Gesichtsfeldes, stellt man fest, daß Empfindlichkeit und Sehschärfe immer schlechter werden. Funktionell läßt sich das Gesichtsfeld eines Auges in mindestens drei Bereiche unterteilen. Die Blicklinie selbst (die meist auch mit dem Zentrum der Aufmerksamkeit zusammenfällt, wenn wir etwas anschauen) ist von einem Kegel abnehmender Empfindlichkeit mit einem Radius von etwa zehn Sehwinkelgrad umgeben (ein Sehwinkelgrad entspricht in etwa der Größe eines Markstücks, wenn man es auf Armeslänge anschaut). Dieser die Blicklinie umgebende Kegel ist seinerseits von einem Plateau gleichbleibender Empfindlichkeit umgeben, der auf der Nasenseite etwa zehn bis 20 Sehwinkelgrad, auf der der Nase abgewandten Seite etwa zehn bis 35 Sehwinkelgrad beträgt. Das Gesichtsfeld jedes Auges ist also bezüglich seiner Empfindlichkeit asymmetrisch gebaut. Wenn etwas seitlich erscheint, so reagiert das jeweils auf der entsprechenden Seite liegende Auge empfindlicher auf geringfügige Änderungen.

Für unsere Orientierung im Raum ist es nun sehr wichtig zu wissen, wie sich die Verteilung der Empfindlichkeit im Gesichtsfeld auf die empfundene Helligkeit auswirkt. Zunächst mag diese Frage erstaunen: Sollte es nicht eine unmittelbare Beziehung zwischen der visuellen Empfindlichkeit und der anschaulichen Helligkeit geben? Wenn ich für etwas empfindlicher bin, dann sollte es doch wohl auch heller erscheinen? Erstaunlicherweise gilt diese erwartete Beziehung zwischen Empfindlichkeit für Sehreize und empfundener Helligkeit aber nicht.

Vergleicht man die anschauliche Helligkeit von Lichtpunkten an verschiedenen Positionen des Gesichtsfeldes miteinander, so stellt man fest, daß die subjektive Helligkeit der physikalischen Intensität der Sehreize und nicht der Empfindlichkeit an den verschiedenen Stellen des Gesichtsfeldes entspricht. Wenn somit ein Reiz in der Nähe der Blicklinie mit einem Reiz in der fernen Peripherie des Gesichtsfeldes verglichen wird, so muß der mehr periphere Reiz zwar stärker sein, um überhaupt gesehen werden zu können, doch wird er einmal gesehen, dann erscheint er sehr viel heller als der Reiz in der Nähe der Blicklinie. Nimmt man nun diesen Sehreiz und bringt ihn langsam näher zur Blicklinie, dann kann man zwar seine Details immer besser erkennen, heller aber wird er nicht.

Die Beobachtungen legen nahe, daß es einen *Kompensationsmechanismus* geben muß, der dafür sorgt, daß unabhängig von der Position im Gesichtsfeld ein Reiz stets die gleiche anschauliche Helligkeit besitzt. Auch wenn die Empfindlichkeit und die Sehschärfe von der Blicklinie nach außen immer schlechter werden, sorgt dieser Mechanismus dafür, daß stets alles gleich hell erscheint, gleichgültig wo es erscheint.

Vermutlich ist dieser für die Orientierung im Raum außerordentlich wichtige Kompensationsmechanismus schon in die Netzhaut selbst eingebaut. Die dadurch bewirkte Konstanz der Helligkeit im Sehraum garantiert zunächst, daß ein Reiz unabhängig von seiner Position im Sehraum mit der gleichen Wahrscheinlichkeit eine Zuwendebewegung erhält, denn er erscheint ja stets als gleich hell. Gäbe es diesen Kompensationsmechanismus nicht, dann würden die mehr peripheren Reize im Sehraum benachteiligt werden. Die Konstanz der Helligkeit im Sehraum ist somit eine Vorausbedingung für sachgerechte Orientierungen im Raum.

Warum aber ist der Mechanismus schon in der Netzhaut selbst zu finden? Dies hat im wesentlichen anatomische Gründe. Nervenfasern aus dem Auge schicken ihre Informationen nicht nur in jene Strukturen, in denen die gesehenen Gegenstände analysiert werden, sondern auch in andere Strukturen, von wo aus Blickzuwendebewegungen gesteuert werden. Diese Nervenfasern werden nun unmittelbar nach dem Auge abgezweigt. Damit ich also schnell irgendwo hinschauen kann, wird nicht erst analysiert, was es eigentlich anzuschauen gibt. Vielmehr erfolgt automatisch, vor jeder Detailanalyse, eine Blickzuwendung, gleichsam ein visueller Greifreflex. Da nie vorauszusagen ist, wo ein neues Objekt erscheinen wird, das interessant sein könnte, muß sich dieser Reflex von der Empfindlichkeitsverteilung in der Netzhaut freimachen. Daher der Kompensationsmechanismus, durch den uns alles überall als gleich hell erscheint.

Es gibt also offenbar prinzipiell verschiedene Programme des Gehirns dafür, etwas zu erkennen bzw. etwas im Sehraum zu lokalisieren. Ein wahrgenommener Gegenstand – also das Was – wird durch eine andere neuronale Struktur vermittelt als der Ort, an dem dieser Gegenstand im Gesichtsfeld erscheint – also das Wo.

Überraschend an der Orientierungsleistung von Patienten, die – etwa nach einem Schlaganfall – in Teilen ihres Gesichtsfeldes nichts mehr sehen können, ist die Tatsache, daß ihre Orientierung im Raum ohne ein »Bewußtsein« erfolgt. Zur großen Verblüffung der Patienten selbst können sie sich richtig auf einen visuellen Reiz hin orientieren, den sie nicht »sehen« können (Pöppel et al. 1973). Man spricht deshalb auch von »Blindsehen« (engl. *blindsight*). Die Orientierungsleistung beweist, daß die Patienten den Reiz irgendwie aufnehmen können; dieses Restsehen erfolgt aber ohne Bewußtsein, die Patienten wissen also nicht, was sie tun, und sie wissen nicht, daß sie das, was sie tun, richtig tun. Ohne derartige Ausfälle nach Krankheiten oder Unfällen wäre viel schwerer zu erforschen, daß es sich in unserer Wahrnehmung, in unserer viuellen Raumorientierung, bei dem Was und dem Wo des Sehens, um prinzipiell verschiedene Leistungen handelt.

Aus den genannten Beobachtungen leitet sich nun die Folgerung ab, daß zur Rekonstruktion des Raumes der Raum als etwas bewußt Repräsentiertes nicht notwendig ist. Sachgerechte Orientierungsleistungen zu Blickzielen in dem Medium, das wir üblicherweise als »Raum« bezeichnen, sind ohne bewußte Repräsentation des Blickzieles möglich. Dies läßt den Schluß zu, daß das Was des Erlebten in einem neuronalen Koordinatensystem abgebildet wird, das uns auf einer *vorbewußten* Ebene gegeben ist. Nur das Was hat Zugang zu unserem Bewußtsein; das Wo definiert lediglich den formalen Rahmen, innerhalb dessen sich das Was darstellen kann.

Der *Begriff* des Raumes muß nach diesen Überlegungen eine *sekundär* erschlossene Konstruktion sein. *Primär* sind die Dinge, die uns in unserer Wahrnehmung als das Was gegeben sind, so wie es bei der Zeit die Ereignisse waren. Das Wo des Was – bei der Zeitanalyse war es das Wann – ist im Gehirn in einer Weise verankert, die sich der unmittelbaren Anschauung, dem bewußten Erleben, entzieht. Erst wenn wir über die Möglichkeit nachzudenken beginnen, wie es möglich ist, wahrgenommene Dinge von anderen gleichzeitig vorhandenen zu unterscheiden, erschließt sich in unserem Denken der Raum als notwendige Bedingung.

Augenbewegungen als Indikatoren der Raumorientierung

Beim Thema der Orientierung im Raum sind indirekt bereits die Blickzuwendebewegungen angesprochen worden. Um das Blindsehen zu überprüfen, bittet man beispielsweise einen Patienten, zu einem Blickziel hinzuschauen, das im blinden Bereich seines Gesichtsfeldes gezeigt wird. Hier stellt sich die Frage, welche Arten von Augenbewegungen es eigentlich gibt, die für die Orientierung im Raum entscheidend sind.

Wenn man willentlich schnell irgendwo hinschaut, dann führt man eine sogenannte **sakkadische Augenbewegung** aus; Blickzuwendebewegungen beim Blindsehen etwa sind solche Augenbewegungen. Eine Sakkade ist also ein Typ von Augenbewegung, der der willentlichen Kontrolle unterliegt. Wenn irgendwo im Sehraum ein interessanter Gegenstand auftaucht, kann dieser durch eine bewußt kontrollierte schnelle Augenbewegung – eine Sakkade also – mit der Blicklinie erfaßt werden. Neben dem Ansteuern neuer Blickziele irgendwo im Sehraum spielen diese Sakkaden vor allem beim Lesen eine entscheidende Rolle. Wenn unsere Augen über eine Zeile gleiten, dann folgen kleine sakkadische Augenbewegungen aufeinander, wobei der Mindestabstand aufeinanderfolgender Bewegungen etwa 0,2 Sekunden beträgt (Pöppel 1985; Abb. 6).

Obwohl sakkadische Augenbewegungen bis zu etwa 45 Sehwinkelgrad ausgeführt werden können, gehen große Blicksprünge meist mit Kopfbewegungen einher. Damit Kopf- und Augenbewegung wohlkoordiniert ablaufen können, ist gleichzeitig ein *zweiter Typ* von Augenbewegung erforderlich, sogenannte **Kompensationsbewegungen**, die vom Gleichgewichtssystem (dem vestibulären System) gesteuert werden. Diese für die

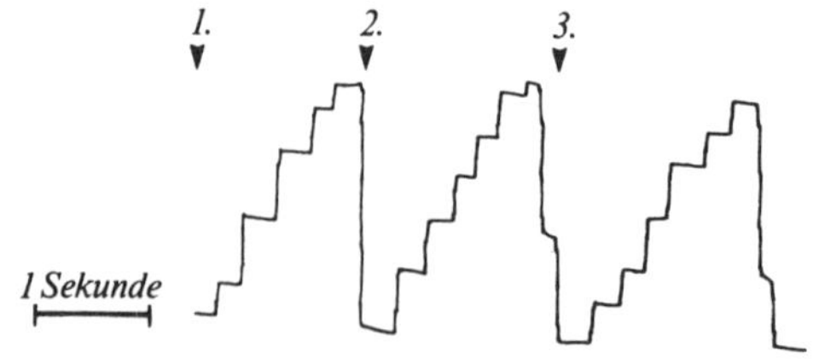

Abb. 6 Sakkadische Augenbewegungen beim Lesen. Die Treppenstufen kennzeichnen kleine sakkadische Augenbewegungen in Leserichtung; die Bewegungen von oben nach unten kennzeichnen den Blicksprung zurück zum Beginn der nächsten Zeile.

Orientierung im Raum selbstverständliche Bewegungskombination müssen wir täglich ungezählte Male automatisch ausführen, um über das Geschehen um uns herum informiert zu bleiben. Sie läuft folgendermaßen ab: Zuerst wird eine sakkadische Augenbewegung ausgelöst; wenig später beginnt sich der Kopf zu bewegen. Während die Augen ein seitliches Blickziel bereits erreicht haben, bewegt sich der Kopf immer noch. Damit die Augen das Blickziel während der Kopfbewegung fixieren können, sorgen die vestibulär kontrollierten Augenbewegungen für eine Kompensationsbewegung in Gegenrichtung.

Man kann sich selbst diese vom vestibulären System ausgelösten Kompensationsbewegungen veranschaulichen, wenn man – ohne den Blick von einem Ziel zu wenden – den Kopf schnell hin und her bewegt. Das Blickziel bleibt dann stabil und gut sichtbar, obwohl sich aufgrund der Kopfbewegungen die Augen ja bewegen müssen. Diese dynamisch kontrollierten Augenbewegungen unterliegen nicht der willentlichen Kontrolle, sondern kennzeichnen neuronale Mechanismen, die die logistische Basis für die Stabilität der Raumorientierung abgeben. Wenn wir eine Straße entlanggehen, dann senden die Bogengänge des Gleichgewichtssystems ununterbrochen Signale an jene Strukturen des Gehirns, die die Augenbewegungen kontrollieren, und wenn man beim Gehen etwa einen fernen Berg betrachtet, dann kann man ihn nur im Blick behalten, weil die Bogengänge des vestibulären Systems ihren Dienst tun.

Was passiert nun aber, wenn der Boden unter den Füßen schwankt oder gar kein Boden mehr da ist? Diese Situation ist beim Seegang, im Flugzeug oder im Raumschiff gegeben. Dann werden die Bogengänge nicht mehr in der üblichen Weise gereizt, und es kommt bei vielen Menschen zu dem bekannten Phänomen der See-oder Luftkrankheit; fast alle Astronauten klagen über dauernde Übelkeit während des Raumflugs. Offenbar ist es für unsere Raumorientierung erforderlich, daß gleichzeitig visuelle und vestibuläre Informationen kompensatorisch zusammenwirken. Diese geben uns ein sicheres Gefühl darüber, wo oben und wo unten ist, das heißt, wie wir uns gerade bezüglich der Erdschwere bewegen. Fehlt die vestibuläre Reizung (wie im Raumschiff), oder stimmt sie mit den Erfahrungswerten des täglichen Lebens nicht überein (wenn man eine Schiffsreise beginnt), kommt es zu Fehlmeldungen zwischen den Sinnessystemen (sensorischen Dissoziationen), wobei überdies noch das vegetative Nervensystem gereizt wird. Dadurch kommt es zu dem bekannten Übelkeitsgefühl.

Für die Oben-unten-Orientierung ist ein weiterer Typ vestibulär kontrollierter Augenbewegungen wichtig: die **Augengegenrollung** bei seitlichen Kopfneigungen. Bei diesen Bewegungen wird ein Teilsystem des Gleichgewichtssinnes (der *Utriculus*) gereizt. Diese Reizung bewirkt, daß die Augen – so als wollten sie die Seitenneigung des Kopfes kompensieren – einige Grad in Gegenrichtung der Kopfneigung verdreht werden. Diese Augenbewegungen informieren neben anderen Mechanismen über das genaue Oben und Unten auch bei Kopfneigungen. Dieses Phänomen der subjektiven Senkrechten, also jederzeit darüber informiert zu sein, daß etwa eine Hauswand oder ein Baum senkrecht steht, auch wenn wir uns zur Seite neigen, ist bereits seit dem letzten Jahrhundert intensiv untersucht worden. Die kompensatorischen Augenbewegungen sind allerdings nur ein Mechanismus, und nicht einmal der wichtigste, um diese grundlegende Orientierung im Raum zu ermöglichen. Der genaue Ablauf im Gehirn ist noch nicht bekannt; auffällig ist jedoch, daß bei Patienten, denen der vordere Teil des Gehirns (der Frontallappen) z. B. wegen eines Tumors abgetragen werden mußte, große Schwierigkeiten haben, bei Kopfneigung anzugeben, was genau senkrecht ist. Vielleicht gibt es einen Mechanismus in den frontalen Hirnstrukturen, der für diese Form der Raumorientierung (ein automatisches Wissen über die Gravitationsrichtung bereitzustellen) verantwortlich ist.

Nicht nur wir selbst bewegen uns im Raum – was spezifische Orientierungmechanismen erfordert –, sondern die uns interessierenden Blickziele können sich ihrerseits bewegen. Damit ein sich bewegendes Blickziel im Zentrum der Blicklinie abgebildet bleibt (und somit auch im Zentrum der Aufmerksamkeit stehen kann), werden **Augenfolgebewegungen** ausgelöst, die vom Gehirn aus ganz anders als sakkadische Augenbewegungen oder vestibulär kontrollierte Bewegungen gesteuert werden. Augenfolgebewegungen erfordern die Verfügbarkeit eines Blickzieles, sie können demnach ohne Blickziel bewußt nicht durchgeführt werden. Augenfolgebewegungen können sehr viel schneller *starten* als die sakkadischen Augenbewegungen; ihre Maximalgeschwindigkeit ist aber erheblich geringer als die der sakkadischen Bewegungen.

Ein fünfter Typ von Augenbewegungen sind die sogenannten **Vergenzbewegungen**. Sie sind beim beidäugigen Sehen naher Blickziele wichtig: Kommt ein Gegenstand auf den Betrachter zu, treten *Kon*vergenzbewegungen auf; ein sich entfernendes Blickziel führt hingegen zu *Di*vergenzbewegungen. Der operative Bereich der Vergenzbewegungen ist auf nur wenige Meter beschränkt und spielt seine größte Rolle für Blickziele, die im Greifraum liegen, also in einer Entfernung von bis zu etwa einem Meter.

Die Vergenzbewegungen sind für die Orientierung im *Nahraum* außerordentlich wichtig, da sie zur Größenkonstanz gesehener Gegenstände beitragen. Information über die Stellung der Augen wird über spezielle Leitungsbahnen in das Gehirn gesendet, wo diese Information dazu verwendet wird, die Größe eines sich bewegenden Gegenstandes anschaulich konstant zu halten. Bewegt man beispielsweise ein Objekt langsam von etwa 60 auf 30 Zentimeter heran, wird man beobachten, daß die wahrgenommene Größe dieses Objektes relativ unverändert bleibt. Bedingung hierbei ist, daß die Bewegung mit einer Vergenzbewegung beantwortet wird, da die maximale Geschwindigkeit von Vergenzbewegungen relativ gering ist. Wird dieses Objekt schnell hin und her bewegt, dann stellt der Betrachter fest, daß das Objekt beim Näherkommen deutlich größer wird. Die schnelle Bewegung verhindert nämlich eine Vergenzbewegung. In diesem Fall sieht man das Objekt so, wie es tatsächlich auf der Netzhaut abgebildet ist, da die Information aus der Vergenzbewegung dem Gehirn nicht bereitgestellt werden kann, wordurch der Größenkonstanzmechanismus ausgeschaltet wird.

Die Bedeutung dieses Größenkonstanzmechanismus wird bei manchen Patienten deutlich, bei denen eine Gehirnverletzung zu einer Zerstörung jener Bereiche geführt hat, die die anschauliche Größe kontrollieren. Solche Patienten klagen über gespenstische Veränderungen beim Sehen: Gegenstände werden plötzlich erschreckend groß oder klein. Die Stabilität eines gesehenen Objektes, also seine Identität innerhalb des für unser Verhalten so wichtigen Greifraumes, ist dann gestört. Die Vergenzbewegungen haben demnach auch die Aufgabe, die anschauliche Identität von nahen Gegenständen aufrechtzuerhalten. Sie garantieren über die Zeit hinweg Stabilität in der Wahrnehmung.

Hier kommen Orientierung in der Zeit und Orientierung im Raum zusammen: Damit ein Objekt für das bewußte Erleben für längere Zeit als Ereignis repräsentiert sein kann, hat das Gehirn Mechanismen entwickelt, die die Identität des einmal Wahrgenommenen erhalten. Diese Mechanismen bezeichnet man allgemein als **Konstanzmechanismen**.

Alle die genannten Typen von Augenbewegungen, die Sakkaden, die beiden Typen vestibulär kontrollierter Bewegungen, die Augenfolgebewegungen und die Vergenzbewegungen, werden von unterschiedlichen Mechanismen des Gehirns kontrolliert. Dies ist im übrigen einer der Gründe, warum in der neurologischen Diagnostik Augenbewegungen so wichtig sind: Aus selektiven Ausfällen kann man häufig erschließen, wo im Gehirn, insbesondere in den tieferen Strukturen, Schädigungen vorliegen.

Zusammenfassend läßt sich zur menschlichen Raumerfahrung sagen, daß wir zu einem Begriff von Raum im wesentlichen über visuell wahrgenommene Objekte gelangen. Natürlich spielt das Betasten von Gegenständen – das »Begreifen« – ebenfalls eine wichtige Rolle für die Entwickung unserer Raumvorstellung; die primäre Erfahrung der Ausdehnung von Objekten wird auch durch den taktilen Sinn vermittelt. Im Hinblick auf Orientierung im Raum ist jedoch der Sehsinn als Fernsinn entscheidend. Hierbei zeigt sich, daß die neuronalen Mechanismen, die uns über das Wo eines Gegenstandes informieren, vorbewußt funktionieren und weitgehend unabhängig sind von jenen Mechanismen, die für die Objektidentifikation verantwortlich sind. Die schwierige Aufgabe des Nervensystems ist es, laufend dafür zu sorgen, daß das Was-System mit dem Wo-System koordiniert wird. Auf der Ebene des Erlebens bedeutet dies, daß wir stets wissen, wo sich ein wahrgenommener Gegenstand bezüglich unserer eigenen Position befindet.

Der Abgleich zwischen dem Was- und dem Wo-System wird noch dadurch kompliziert, daß wir für die Raumorientierung nicht nur das Sehen, sondern auch das Hören als Fernsinn verwenden. Damit wir uns auf ein Geräusch hin orientieren können, benutzt das Nervensystem die unterschiedliche Ankunftszeit der akustischen Reize in den beiden Ohren. Wenn etwas genau vor uns ertönt, dann gibt es keine Zeitdifferenz; bei zunehmender Verlagerung der Position des Reizes zu einer Seite wird die Zeitdifferenz in den beiden Ohren immer größer. Wichtig ist bei dieser Feststellung, daß der Ort des akustisch definierten Reizes bezogen auf den Kopf bestimmt wird, da ja die unterschiedliche Ankunftszeit des einen Reizes in den beiden Ohren ausgenutzt wird. Der Ort eines hörbaren Reizes wird also kopfbezogen bestimmt.

Dagegen wird der Ort eines sehbaren Reizes netzhautbezogen bestimmt, wie im einzelnen ausgeführt wurde. Die Augen bewegen sich aber im Kopf, so daß es zu dem Problem kommt, wie ein Reiz, der zu hören und zu sehen ist, bezüglich seiner Position zum Organismus verarbeitet wird; innerhalb des Sehsystems ist der Reiz bezogen auf die Blicklinie bestimmt, und zwar unabhängig davon, welche Position die Augen gerade im Kopf haben. Innerhalb des Hörsystems ist der Reiz bezüglich der Richtung unseres Kopfes bestimmt. Akustischer und optischer Raum werden also dauernd gegeneinander verschoben, da sich ja unsere Augen im Kopf bewegen. Trotz dieser Verschiebungen der beiden sensorischen Räume gegeneinander gibt es aber nur den einen Raum, und wir haben üblicherweise keine Schwierigkeiten, uns aufgrund akustischer und optischer Information in unserem Lebensraum zu bewegen. Völlig offen in der neurobiologischen und neuropsychologischen Forschung ist, welche Mechanismen das Nervensystem entwickelt hat, um den optisch und akustisch definierten Sinnesraum aufeinander abzugleichen, so daß es in unserem Erleben nur den einen Raum gibt.

Literatur

Madler, C., Pöppel, E. (1987): Auditory Evoked Potentials Indicate the Loss of Neuronal Oscillations During General Anaesthesia. In: Naturwissenschaften 74, S. 42–43.

Pöppel, E. (1968): Desynchronisation circadianer Rhythmen innerhalb einer isolierten Gruppe. In: Pflügers Archiv 299, S. 364–370.

Pöppel, E. (1985): Grenzen des Bewußtseins. Über Wirklichkeit und Welterfahrung. Stuttgart.

Pöppel, E. (1989): The Measurement of Music and the Cerebral Clock: A New Theory. In: Leonardo 22, S. 83–89.

Pöppel, E., Harvey, L.v., Jr. (1973): Light Difference Threshold and Subjective Brightness in the Periphery of the Visual Field. In: Psychologische Forschung 36, S. 145–161.

Pöppel, E., Held, R., Frost, D. (1973): Residual Visual Function after Brain Wounds Involving the Central Visual Pathways in Man. In: Nature 243, S. 295–296.

Pöppel, E., Schill. K. (1992): Zeitliche Koordinationsprobleme mentaler Prozesse. In: KI (Künstliche Intelligenz), Heft 2, S. 7–12.

Schleidt, M., Eibl-Eibesfeldt, I., Pöppel, E. (1987): A Universal Constant in Temporal Segmentation of Human Short-Term Bahavior. In: Naturwissenschaften 74, S. 289–290.

Turner, F., Pöppel, E. (1983): The Neural Lyre: Poetic Meter, the Brain, and Time. In: Poetry, S. 277–309.

Kunst und Ästhetik

Christa Sütterlin

In diesem Beitrag werden die Kunstproduktion, ihr Wandel und vor allem ihre Wahrnehmung durch menschliche Subjekte – der eigentlich ästhetische Aspekt – diskutiert. Ästhetik wird hier verstanden als die *Lehre von den wertenden, erlebnisbezogenen Sinnesempfindungen*, und als Kunst werden hier *Aktivitäten* bezeichnet, *die ästhetische Prozesse mehr oder minder gezielt in Gang setzen*. Will man diese Aktivitäten verstehen, müssen bestimmte Rahmenbedingungen, die durch *stammesgeschichtliche Anpassungen* der menschlichen Wahrnehmung vorgegeben sind, untersucht werden. Was unser Wohlgefallen, unsere Vorlieben und unseren Umgang mit Kunst bestimmt, ist also nicht lediglich das Ergebnis rein geschichtlich entstandener und *normativer* Festlegungen (etwa durch Modemacher oder Kunstkritiker) dessen, was als schön zu gelten hat, sondern ist ebensosehr das Ergebnis anthropologischer Konstanten, der im Laufe der Evolution des Menschen entstandenen angeborenen Strukturen seiner Wahrnehmung. Wenn man Kunst verstehen will, ist es daher notwendig, um die Geschichte *und* die biologische Natur des Menschen zu wissen.

Dieser humanethologische Ansatz ist insofern neu, als er nicht nur darauf abhebt, daß unser Körper mit seinen verschiedenen motorischen wie sensorischen Fähigkeiten biologisches Erbe ist, sondern auch darauf, daß mit diesen Fähigkeiten Leistungen verbunden sind, die zunächst auf persönlichen oder kulturellen Entscheidungen zu beruhen scheinen – wie visuelles Erkennen, das Interpretieren von zweidimensional dargestellten Gegenständen, das kognitive wie emotionale Deuten von visuellen und auditiven Reizen usw. Ausgehend von Befunden der Neurophysiologie und Neuropsychologie, nehmen die moderne Psychologie und Anthropologie ebenso ein neues Gesicht an wie die verschiedenen Humanwissenschaften, zu denen auch die Ästhetik und Kunstgeschichte gehören. Die alte Kluft zwischen Natur-und Geisteswissenschaften beginnt sich zu schließen.

Ein integrativer Ansatz aus der Sicht der Humanethologie

Die Entdeckung der spezifischen Verschaltung von Netzhautarealen mit Nervenzellen (Neuronen) der Sehrinde (*visueller Cortex*) im menschlichen Gehirn durch David Hubel und Torsten Wiesel Ende der fünfziger Jahre machte deutlich, daß unser Sehen ein stufenweiser Prozeß selektiver Bildverarbeitung ist, der bereits in der Netzhaut beginnt. Die Spezialisierung der Neuronen auf die Verarbeitung bestimmter Aspekte des Reizmusters bedeutet, daß Neuronengruppen als sogenannte *Merkmalsdetektoren* auf bestimmte formale Kategorien wie Linien, Flächen, Farben sensibilisiert sind und unser Gesichtsfeld nach diesen Kategorien aufschlüsseln. Bereits auf ihrer neuronalen Ebene ist Wahrnehmung also weit mehr ein Prozeß des aktiven *Herausfilterns* und *Bearbeitens* als ein mathematisch getreues Abbilden von gegebener Umweltinformation. Das Entscheidende ist, daß mit der Entdeckung entsprechender neuronaler Verbände der Nachweis erbracht wurde, daß viele Form- und Organisationsleistungen der Wahrnehmung auf *angeborene Strukturen* in unserem Hirn zurückgehen und dadurch mit einer gewissen Autonomie ablaufen, ohne daß das Individuum jedesmal bewußt entscheidet.

Für Kunst und Ästhetik bleibt dabei zum einen offen, ob die selektive oder sogar optimale Reizung solcher innerer Strukturen Wohlgefallen bewirkt, das eine ästhetische Qualität besitzt, und zum anderen, wie es zur *Wahrnehmung von Inhalten und ihrer Bedeutung* kommt. Denn ein zentraler Aspekt gerade ästhetischer Erfahrung ist ja, daß wir Wahrnehmungen nicht nur als Formen und Gestalten, sondern auch als Inhalte und Bedeutungen erleben und mit entsprechenden Emotionen beantworten.

Bis zur Entstehung der abstrakten Kunst erfreute sich der Mensch in nahezu allen Hochkulturen an Blumen-Stilleben, Historienbildern, gemalten Landschaften, Genreszenen, Porträts oder Aktdarstellungen. Wie es jedoch von der *Form*-Wahrnehmung zur *Bedeutungs*-Wahrnehmung (semantischen Wahrnehmung) kommt, liegt noch weitgehend im dunkeln. Man weiß inzwischen nur, daß zahlreiche Hirnareale, die weitgehend bekannt sind, an diesem hochkomplexen Ereignis beteiligt sind.

Introspektiv und mit unserem »gesunden Menschenverstand« tun wir uns natürlich leichter: Wir wissen aus Erfahrung, daß wir unsere Sehwelt nicht als formale Struktur erleben, sondern als ein Gefüge, dessen Elemente unterschiedlich bedeutsam für uns sind. Entscheidend dabei ist die Frage, ob die Bedeutungszuweisung bereits auf den unteren Stufen der neuronalen Verarbeitung beginnt oder ob sie ein nachträglicher, sozusagen abschließender Prozeß ist, der gleichsam vom Individuum vollzogen wird. Die Befunde der Neuropsychologie lassen eindeutig auf eine sehr frühe Einschaltung des Semantisierungsprozesses schließen und stellen das Paradigma einer freien, *rein individuellen* oder *kulturellen* Bedeutungszuweisung – als nachträgliche Entscheidung – in Frage (Baumgartner 1991). Die Vorstellung, daß irgendwann ein »Männchen« in unserem Hirn erscheint, sich über das fertige Produkt unserer Wahrnehmung beugt und sagt: »Das finde ich gut bzw. nicht gut (oder schön)«, muß in dieser Form sicher verabschiedet werden.

Bereits die Tiere wählen, bewerten und beantworten die Reize aus ihrer Umwelt nach spezifischen, genauer: nach *artspezifischen*, Merkmalen. Diese Leistungen ihrer Sinnesorgane sind Ergebnis der Evolution. Die Menschen teilen diese Fähigkeiten mit anderen Säugern, jedoch kommt zur sinnesphysiologischen und artspezifischen Prägung noch die *kulturspezifische* hinzu. Auf der Basis dieses *Drei-Schichten-Modells der Wahrnehmung* – der sinnesphysiologischen, der artspezifischen und der kulturspezifischen – hat die Humanethologie als biologische Verhaltenswissenschaft vom Menschen einige Grundsätze erarbeitet, die im folgenden dargestellt und auf das ästhetische Erleben des Menschen und seine künstlerische Produktion angewandt werden sollen.

Die semantischen Leistungen der Wahrnehmung

Die vergleichende Verhaltensforschung (Ethologie) hat reiches Datenmaterial aus Experimenten mit Mensch und Tier zusammengetragen, das darauf schließen läßt, daß für Erkennen und Bewerten von bestimmten Inhalten und Bedeutungen angeborene Mechanismen vorhanden sind, die in Anpassung an die jeweilige Art und Umwelt entwickelt wurden. Sowohl dem *Auslöserkonzept* als auch dem Phänomen des Ausdrucksverstehens liegt die brisante und höchst geheimnisvolle Frage zugrunde, wie wir unsere Umwelt nach unterschiedlichen Bedeutungen verstehen, erleben und beantworten.

Schon bei niederen Wirbeltieren läßt sich eine Verarbeitung visueller Information beobachten, die *merkmalsspezifisch*, also auf ganz bestimmte Reizeigenschaften hin abgestimmt ist. So reagieren z.B. Nervenzellen im Froschhirn nur auf solche optischen Reize, die die Größe und Bewegungsmerkmale von Insekten haben, und die also für das Überleben des Frosches notwendig sind. Das heißt: Jede Tierart hat bereits auf neurophysiologischer Ebene ihr eigenes Weltbild. Dies gilt auch für die Menschen.

Bei höheren Säugern kann auch von einem angeborenen *Ausdruckverständnis* gesprochen werden. Sackett (1966) konfrontierte isoliert aufgezogene Rhesusaffen mit Dia-Projektionen verschiedener Affen sowie neutraler Objekte (Landschaften, geometrische Muster usw.). Es zeigte sich, daß die Jungtiere, die über keinerlei visuelle Erfahrungen mit ihresgleichen verfügten, signifikant häufiger die Bilder der Artgenossen als anderer Affen wählten und auch stark darauf reagierten. Zudem reagierten sie ab der zehnten Woche mit Furcht und Vermeidung auf ein Dia, das einen Affen mit Drohgesicht zeigte.

In der Ethologie hat sich dafür der Terminus *Angeborenes Schema* oder *Angeborener Auslösemechanismus (AAM)* eingebürgert (Lorenz 1935; Tinbergen 1966). Es handelt sich dabei um die Fähigkeit, die Bedeutung einer Reizsituation richtig (semantisch) zu erkennen und entsprechend einzustufen, also so zu bewerten, daß eine für das Überleben adäquate Verhaltensantwort erfolgt – und dies vor aller individuellen Erfahrung! Dabei wirkt ein AAM sozusagen als Reizfilter, der die eintreffende Information in einer bestimmten Weise verarbeitet. Den das AAM auslösenden Reiz nennt man *Schlüsselreiz* (beim Frosch z. B. das Insekt bzw. ein Reiz, der diesem angeglichen ist). Angeborene Schemata haben für die Arterhaltung eine entscheidende Bedeutung, denn ein Tier muß in Sekundenschnelle seinen Feind, seine richtige Nahrung, seinen Artgenossen oder seinen Geschlechtspartner erkennen können. Müßte es nämlich über einen längeren Zeitraum erst individuell lernen, wer sein Feind ist, wäre es in dieser Phase massiv gefährdet. Das heißt, die gesamte Reizverarbeitung wurde auf das sichere Erkennen und Bewerten der für die jeweilige Art relevanten Umwelt hin selektiert (Eibl-Eibesfeldt 1987).

Beim Menschen wurden Angeborene Auslösemechanismen vor allem in den siebziger Jahren untersucht. Gewisse Hypothesen über die Wirklichkeit, so folgerte man aus den Ergebnissen, sind offenbar bereits vor aller Erfahrung in unserer nervösen Verarbeitung angelegt.

> Beispielsweise wurde nachgewiesen, daß bereits 14 Tage alte Säuglinge auf bestimmte optische Reize wie sich symmetrisch ausdehnende Schatten – als Simulation eines sich nähernden Objekts – mit Meidereaktionen und Erregung antworteten. Gedeutet wurde das als angeborene Erwartung bei den Kindern, daß bestimmte visuelle Eindrücke mit physisch unangenehmen Folgen verbunden

sind. Interessant ist auch der Versuch mit einem optisch vorgetäuschten Abgrund, der mit einer Glasplatte abgedeckt ist. Die Kleinkinder, die über die Platte krabbeln sollten, hielten vor dem »Abgrund« inne, obwohl der Berührungsreiz der Glasplatte ihnen eigentlich hätte vermitteln müssen, daß der Boden, auf dem sie sich bewegten, ihnen ein Weiterkrabbeln erlaubte: Ohne jede vorhergehende Erfahrung interpretierten sie den optischen Eindruck als Absturzgefahr (Gibson, Walk 1960).

Deutungsschemata beim Menschen

Viele der angeborenen Erkenntnisleistungen enthalten bereits eine Deutung der wahrgenommenen Situation, und zwar im Hinblick auf Sicherheit und Überleben des Individuums. Das zeigt etwa die eben geschilderte Absturzsituation bei Kleinkindern, die mit Furcht- und Meidereaktionen beantwortet wird. Ähnlich kann das unmittelbare Verstehen und Einschätzen einer Gefühlslage aus dem Gesichtsausdruck eines Menschen als angeborene Deutungsleistung unserer Wahrnehmung bezeichnet werden. Offenbar liegt hier etwas dem Ausdrucksverstehen der Menschenaffen Entsprechendes vor.

Große interindividuelle Übereinstimmung herrscht auch bei der Wahrnehmung bestimmter Gesichts- und Körpermerkmale, die Konrad Lorenz 1943 unter dem Begriff **Kindchenschema** zusammengefaßt und beschrieben hat. Dabei handelt es sich um spezifische Proportionen von Körper- und Gesichtspartien, wie sie für das Kleinkind charakteristisch sind: Ein im Verhältnis zum Rumpf und zu den relativ kurzen Extremitäten großer Kopf, große Stirnpartie bei zierlichem Untergesicht, ferner Pausbakken und große Augen. Wir empfinden diese Merkmalskombination im Gesicht des Kleinkindes im allgemeinen als niedlich und reagieren darauf mit zärtlichen Regungen, Gefühlen verstärkter Zuwendung und Betreuungsverhalten. Genau dies aber ist zweckmäßig, weil es dem Kind und damit unserer Art insgesamt zugute kommt.

Auch für das sogenannte **Partnerschema** – ebenso wie beim Kindchenschema betrifft es vor allem spezifische körperliche Proportionen – gibt es offenbar gewisse »Sollmuster« in unserer Wahrnehmung (genaue, ausreichend bestätigte Befunde stehen allerdings noch aus). Das *weibliche Schema* zeigt z. B. ein charakteristisches Verhältnis zwischen Hüft- und Taillenweite, was nicht nur die weibliche Kleidermode durch viele Jahrhunderte geprägt hat, sondern schon die Darstellung weiblicher Idole der Früh-

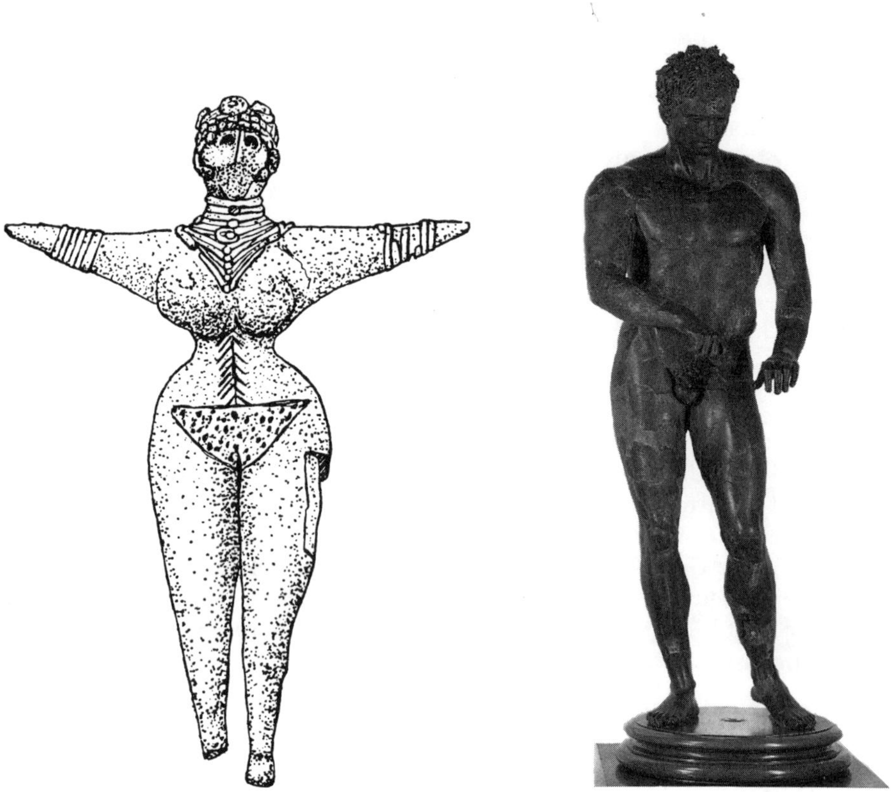

Abb. 7 *Links:* weibliches Idol aus Turang Tepe, Alt Iran, etwa um das dritte Jahrtausend v. Chr.; *rechts:* griechische Bronzestatue eines Athleten, um 330 v. Chr.

zeit beeinflußte und bis in die Gegenwart in Frauenbildnissen zu finden ist (vgl. Abb. 7). Ob in den verschiedenen Epochen schlanke oder mollige Frauen das Schönheitsideal waren, ein möglichst deutlicher Unterschied zwischen Hüft- und Taillenumfang war stets augenfällig und blieb wünschenswert. Für viele archaische Kulturen existiert auch ein charakteristisches *mütterliches* Frauenschema. Vorstellungen des Nährenden und Gebärenden scheinen hier im Vordergrund zu stehen, während der schlanke Körper eher die verführerische, jugendliche Frau darstellt.

Das **männliche Schema** verbindet betont breite Schultern mit schmalen Hüften, wie es mit großer Übereinstimmung Heldendarstellungen in allen Kulturen verkörpern. Wir finden das Schema bei griechischen Athleten-Statuen, aber auch bei repräsentativen Männerdarstellungen späterer Jahrhunderte (vgl. Abb. 7). Selbst Tarzan entspricht diesem Erscheinungsbild. Offenbar handelt es sich um ein recht unbewegliches Wahrnehmungsschema, das wie das weibliche auch bei sich wandelnden Schönheitsidealen erhalten bleibt. Interessanterweise werden beim Partnerschema Merkmale übertrieben, die am menschlichen Körper weit diskreter zutage treten; die Kleidung (Mode) verschiedener Zeiten und Kulturen gibt darüber Auskunft.

Aggressionsauslösende Signale spielen für das sogenannte **Feindschema** eine entscheidende Rolle. Dabei kommen mimischen Signalen eine besondere Bedeutung zu. Der Mensch kann Körpersprache und Mimik unmittelbar verstehen, was auch aus der Anlage zur Fremdenfurcht deutlich wird, die Kleinkinder auch ohne entsprechende (negative) Vorerfahrung ab dem sechsten Monat zeigen. Die Entwicklung der Sensibilität für bestimmte angstauslösende Signale von Mitmenschen ist zu diesem Zeitpunkt offenbar abgeschlossen. Zu den ausdrucksvollsten Trägern solcher Signale gehört in allen Kulturen der Blick, das *Auge*. Längeres Anstarren gilt besonders unter Fremden als aggressiv. Das scheint altes Wirbeltiererbe zu sein. Viele Beutetiere produzieren Augenflecken auf ihrem Körper, um ihren Freßfeind abzuschrecken; analog erscheint das Auge als Droh-Attrappe zur Übelabwehr in vielen menschlichen Artefakten. Aber auch andere mimische und gestische Signale wie Zähneblecken, Zungeausstrecken, Schulteraufrichten und Genitalpräsentieren gehören in diesen Zusammenhang. Sie haben sich zumeist aus dem *Drohverhalten* des Menschen entwickelt.

Ob für die Wahrnehmung des **menschlichen Umrißschemas** allgemein bestimmte Voranpassungen vorliegen, ist oft diskutiert worden. Mit aller Vorsicht, die in dieser heiklen anthropologischen Frage geboten ist, läßt sich sagen, daß es in allen Kulturen ein Ideal gibt, dessen Merkmale sich durch ihre *Entfernung von der Primatenherkunft* auszeichnen: langer Hals, Rückbildung des Körperhaarwuchses und auch hier – wie beim Kindchenschema – Überwiegen der Stirnpartie über das Untergesicht (Rückbildung der tierischen Schnauzenregion). Generell sind offenbar gewisse »kindliche« Züge richtunggebend (Eibl-Eibesfeldt 1986).

Auch die **Farb-Kategorien** sind das Ergebnis einer überall gleichen (universalen) Farbwahrnehmung. Das geht aus zahlreichen Versuchen zur Farbbenennung in verschiedenen Kulturen hervor (Kay, Kempton 1984). Nicht anders als die Elemente Linie, Punkt, Fläche sind auch die Farben

Wahrnehmungs*kategorien*, anders gesagt, sie werden von unserer Wahrnehmung zu solchen gemacht. Offenbar dienen sie ebenfalls einer sinnvollen Strukturierung der Erfahrung der Außenwelt. Darüber hinaus ist interessant, daß es auch Schemata für das *Erleben und Beurteilen der Farben* gibt. Gelb und rot werden allgemein als warm und lebhaft empfunden, blau und grün als kühl und ruhig. Der Bauhaus-Lehrer Johannes Itten (1961) ließ die Temperatur von Räumen schätzen, die rotorange ausgemalt waren, und stellte fest, daß diese bis zu vier Grad wärmer eingestuft wurden als blaugrün gemalte Räume. Objektiv jedoch hatten sie dieselbe Temperatur. Warum das so ist, weiß man allerdings nicht.

Im allgemeinen zeichnen sich die Deutungsschemata gegenüber den formalen Erkenntnisleistungen durch eine stärkere Bindung an ein emotionales Bewertungsmuster aus: Das, was wir als Gefahr erkennen, *erleben* wir auch als bedrohlich, ein fröhliches Gesicht stimmt uns heiter, die Farbe Rot empfinden wir gleichzeitig als warm und stimulierend, eine süße Speise als wohlschmeckend. Hier besteht eine enge, oft nicht lösbare Verknüpfung von Wahrnehmungsinhalten, wahrgenommener Bedeutung und emotionaler Antwort, die für die Ästhetik von großer Wichtigkeit ist.

Fazit: Das, was wir ausschließlich im ästhetischen oder künstlerischen Vollzug zu leisten glauben, nämlich das Auswählen und Bewerten nach ganz bestimmten Gesichtspunkten und Relevanzen, geschieht bis zu einem gewissen Grade bereits auf der Ebene unserer natürlichen Wahrnehmung. Das bedeutet, daß schon in unsere natürlichen Wahrnehmungsstrukturen gestalterische oder *protoästhetische* Konzepte eingebaut sind, die wir nicht sämtlich bewußt kontrollieren und die auch teilweise Bedeutung für unsere ästhetischen Konzepte haben.

Gemeinsam ist beiden Wahrnehmungsformen, daß sie dynamisch, also nach *Präferenzen* organisiert sind. Die Verhaltensforschung spricht in diesem Sinne von »Appetenzen«. Unser Bezug zur Wirklichkeit, der den Vor-Urteilen unserer Wahrnehmung zugrunde liegt, ist nicht statisch und verlangt nach immer neuen und besseren Bedingungen. Das macht ihn für Optimierung und Steigerung empfänglich und die Wahrnehmungsforschung ergiebig für den ästhetischen Ansatz.

Ästhetisch relevante Vor-Urteile der menschlichen Wahrnehmung

Auch wenn trotz wegweisender Einsichten die Arbeitsweise des menschlichen Gehirns bis heute zum großen Teil noch nicht aufgeklärt werden konnte, ließ sich immerhin nachweisen, daß – anders als lange Zeit angenommen – der Mensch ähnlich wie das Tier seine Umwelt in keinem Augenblick neutral wahrnimmt und betrachtet. Er tritt ihr stets mit Gestimmtheiten bzw. *Erwartungen* gegenüber und prägt ihr Strukturen auf, die sie ihm verständlich, erträglich, angenehm oder eben auch abstoßend erscheinen lassen. Das Gehirn ist gleichermaßen Empfänger von Umweltreizen wie Produzent und Sender von Deutungen oder Vor-Urteilen. Noch ehe ein Umweltreiz unser Bewußtsein erreicht, hat er im Gehirn eine Reihe von Strukturen durchlaufen, in denen ihm Hypothesen über seine Beschaffenheit und Emotionen aufgeprägt werden, die zum Teil Ergebnis einer arterhaltenden Wahrnehmungsgewohnheit oder wenigstens Beiprodukt einer entsprechenden Wahrnehmungsstruktur sind.

Sehr deutlich wird das z. B. beim Erkennen von Gesichtern: Wir sind so stark auf den Reiz »Gesicht« geprägt und eingestellt, daß wir ihn überall sehen oder zumindest erwarten, und wenn er sich nicht anbietet, auch auf undeutlich strukturierte Flächen projizieren. Im allgemeinen genügen wenige Striche – das berühmte »Punkt, Punkt, Komma, Strich, fertig ist das Angesicht« –, um ein Gesicht erkennen zu können. Dabei geht es um die klare Interpretation einer höchst rudimentären Strichvorlage und vermutlich um das Vergnügen, in einem so simplen Muster etwas so Bedeutsames zu sehen. Es erklärt vielleicht auch die Häufigkeit, mit der man diesem Zeichen oder Emblem begegnet – von den frühesten Zeugnissen menschlichen Gestaltens an steinzeitlichen Höhlenwänden bis in die Neuzeit (Abb. 8).

Die Vorliebe für diese Darstellung jedoch aus dem Vorhandensein einer eigens dafür entstandenen Wahrnehmungsstruktur in unserem Gehirn erklären zu wollen, griffe zu kurz. Vielmehr ist es wohl so, daß sich aus der Notwendigkeit, Gesichter zu erkennen, eine *Bevorzugung* für Gesichter sowie spezielle Verarbeitungsmechanismen entwickelten. Man kann somit zusammenfassend sagen, daß gewisse ästhetische Neigungen im Menschen auf Vor-Urteilen aufbauen, die in unserer Erlebens- und Wahrnehmungsstruktur allgemein und nicht zufällig enthalten sind und von Vorlieben profitieren, die Teil unserer täglichen Seherfahrung sind. Diesen Vor-Urteilen in der ästhetischen Wahrnehmung sind die nächsten Abschnitte gewidmet.

Abb. 8 Gesicht an der romanischen Kirche von Wirlings im Allgäu.

Allgemeine Wahrnehmungspräferenzen – die Lust nach formaler Erlebnissteigerung

Ordnung, Symmetrie und Regelmäßigkeit waren für die Griechen Ausdruck der geordneten, *objektiven Beschaffenheit der Welt.* Der Mensch bildete sie mit seinen Sinnesorganen einfach ab, und da es sich um göttliche Eigenschaften handelt, waren sie auch gut und damit schön. Heute hingegen werden Ordnung und Regelmäßigkeit als Elemente der Gestaltwahrnehmung vor allem dem *Subjekt,* dem Menschen zugeschrieben, und damit kehrt sich die ganze Dynamik um: Die Suche nach Klarheit geht vom Menschen aus und entspricht *seinem* Bedürfnis nach Orientierung, nach erkennbaren und lokalisierbaren Strukturen, die es ihm ermöglichen, sich im Raum zu orientieren. Das erfordert klare, regelmäßige Formen, die sich vom Hintergrund zufälliger, unregelmäßiger Umweltgegebenheiten abheben.

Wahrnehmung ist ein Informationsverarbeitungsprozeß, der im Dienste formaler Erkennbarkeit und Kategorisierung unserer Umwelt steht und zur Einfachheit tendiert. Der Wert dieser Fähigkeit ist zunächst ein *biologischer* und beruht auf den dafür entwickelten neuronalen Strukturen im Gehirn. Diese Suche nach der »guten Gestalt« hat primär nichts mit ästhetischer Wahrnehmung zu tun, jedoch kann das Streben nach Befriedigung dieses Bedürfnisses ästhetisch genutzt werden. Da Kunst stets auf die Optimierung und Steigerung normaler Erfahrungsprozesse zielt, baut sie auf natürlichen, vorgegebenen Wahrnehmungsstrukturen auf, die auf Optimierung ansprechen, weil ihr Ziel Klarheit, gute Gestalt oder die Verwirklichung eines anderen Gestaltgesetzes ist. Die Kunst erzeugt damit *ein der Erkenntnis analoges Vergnügen ästhetischer Natur.* So kann man dem Betrachter gezielt Reize anbieten, die den seiner Wahrnehmung eingebauten Vorlieben (Präferenzen) entgegenkommen und diese damit verstärkt aktivieren bzw. sie in einem höheren Grade befriedigen.

Wie diese Präferenzen im einzelnen aussehen, wurde von Psychologen experimentell überprüft: Versuche mit Erwachsenen zeigten z. B., daß für wenige Tausendstelsekunden projizierte einfache Figuren (Kreise, Dreiecke, Quadrate) mit kleinen Fehlern und Lücken vom Betrachter dennoch stets als vollständig wahrgenommen werden: Offenbar komplettiert unsere Wahrnehmung die fehlerhafte Figur ohne unser bewußtes Zutun (Schuster, Beisl 1978). Geometrische Figuren wie Dreieck und Quadrat sind, so folgerte man, *interne* Figuren, die wir überall in unserer Umwelt bevorzugt wahrnehmen. Neuere Forschungen haben diese Tatsache etwas relativiert: Unsere Wahrnehmung geht primär von der Hypothese der Regelmäßigkeit und Gleichförmigkeit der Umwelt aus. Ergänzt werden deshalb alle schadhaften Strukturen, die eine regelmäßige Gliederung sowie eine gewisse Kontinuität erwarten lassen (Pöppel 1982).

Diese spezifische Erwartung, die offenbar bereits auf neuronaler Ebene angelegt ist, wurde künstlerisch zu allen Zeiten genutzt. Klare, regelmäßige Strukturen sind die Basis räumlicher Gliederung in der Architektur und haben von der Antike bis zur Renaissance zu einer eigenen Art von Bauästhetik geführt. Aber auch zahlreiche Richtungen der modernen Plastik und Malerei berufen sich auf die »Ästhetik der reinen Form«, so die sogenannte »Geometrische Abstraktion« (berühmtester Vertreter Piet Mondrian) und die Vertreter der »konkreten Kunst« (unter anderen Max Bill). Einfache, klare Formen befriedigen offenbar das Grundbedürfnis unserer visuellen Wahrnehmung nach Gliederung.

Dabei ist die Tatsache aufschlußreich, daß sich das Gestaltungsvermögen der Wahrnehmung insbesondere dann durchsetzt, wenn die Vorlage undeutlich, nicht vollkommen ausgeprägt ist. Extrem kommt dies dann zum Ausdruck, wenn wir eine Figur zu sehen glauben, obwohl die Vorlage diese Figur gar nicht anbietet. Die Andeutung bzw. Umschreibung der Figur ist aber so zwingend, daß sich unsere Wahrnehmung die Gelegenheit sogleich zunutze macht, die Figur zu sehen (vgl. Abb. 9). Wie Ernst Pöppel (1982) treffend sagt: »Für die Wahrnehmung gibt es kein Chaos – auch wenn es die Reiz-Konfiguration vielleicht ist –, die Wahrnehmung ist immer auf dem Wege zur Ordnung«.

Über die Frage der *emotionalen Befriedigung* gibt ein Versuch von Max Wertheimer Auskunft: Als dieser Kindern einfache, symmetrische Figuren vorlegte, aus denen ein Teil ausgeschnitten war, und Erwachsene versuchten, den Teil einer anderen Figur dazuzulegen, der nicht paßte, wurden die Kinder ärgerlich und protestierten. Das Bedürfnis nach guter Gestalt scheint also mehr als nur ein formales zu sein; es entscheidet offenbar auch über unser emotionales Wohlbefinden.

Da wir die allgemeinen (formalen) Vor-Urteile der Wahrnehmung im Sinne einer primären Erkennens-Orientierungsleistung mit vielen höheren Wirbeltieren teilen, können Versuche mit Kapuzineräffchen, grünen Meerkatzen und Dohlen, die Bernhard Rensch durchgeführt hat, so wenig

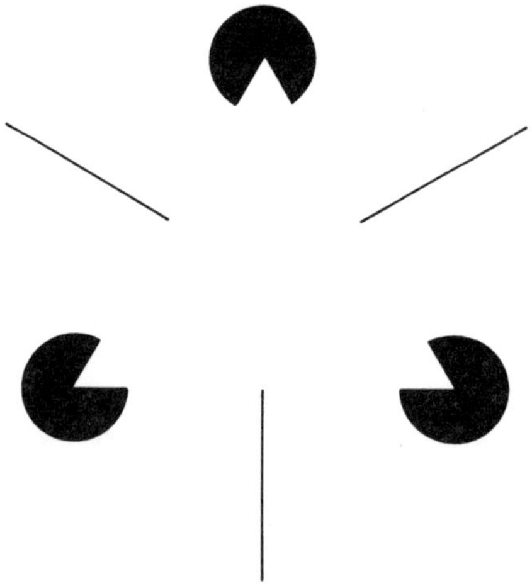

Abb. 9 Virtuelles Dreieck.

erstaunen wie ihr Ergebnis. Die Tiere trafen ihre Wahl durch Aufheben bzw. Anpicken von Plättchen mit verschiedenen Mustern. Wie auch Menschen bevorzugen die Tiere im Wahlversuch deutlich Figuren mit größerer Regelmäßigkeit vor solchen mit einer Zufallsanordnung von Strichelementen. Regularität besitzt bessere Signaleigenschaften vor dem Hintergrund des natürlicherweise Irregulären, deshalb wurde die leichter erkennbare Reizvorlage besser und schneller erfaßt und gewählt. Nach diesem Prinzip sind auch die verschiedenen Musterungen und Flecken des Haar- oder Gefiederkleides vieler Tiere gestaltet: Sie sind an die Wahrnehmung des Signalempfängers angepaßt, sei dieser Rivale, Feind oder Partner.

Für den Menschen scheint charakteristisch zu sein, daß er sich bei der *Bildung von Ordnungen* bevorzugt einen Spielraum offenhält, also seine eigene Ordnungsleistung einem Angebot vorzieht. Deshalb werden Vorlagen als schön eingestuft, die das Herstellen von *Metastrukturen*, also Ordnungen zweiten Grades, ermöglichen. Sie werden vor jenen bevorzugt, die keine solche strukturelle Überarbeitung erlauben. Sie werden zudem auch als schöner empfunden als eine Vorlage mit reinem Schachbrettmuster. Demnach sprechen Bilder, die von sich aus bereits regelmäßig und geordnet sind, viele Menschen ästhetisch weniger an als solche, die zwar ein gewisses Maß an Chaos und Unordnung aufweisen, aus denen dann aber *im Betrachter* Ordnungen zweiten Grades erwachsen können. Paul Klee hat solche Bilder gemalt, und viele Bilder Joan Mirós beziehen ihren Reiz ebenfalls aus dieser ästhetischen Spannung.

Bezeichnenderweise haben Künstler wie die sogenannten »Konkreten«, die mit stark redundanten formalen Ordnungen experimentierten, auf der *farblichen* Ebene eine größere Vielfalt und Komplexität eingeführt, um dem Auge des Betrachters die künstlerische Regie (verstanden als Koordination des Gegensätzlichen) wenigstens hier zu überlassen. Starke Wirkung entfalten z. B. auch frühe abstrakte Kompositionen Kandinskys, bei welchen markante schwarze Strichelemente letzte Konturen innerhalb einer überwältigenden Farborgie setzen und gleichsam die Rettung des Gegenstandes andeuten. Die ordnende Kraft der Linie, deren Wahrnehmung bei Mensch und Tier stark herausselektiert wurde, kann an solchen Beispielen exemplarisch nacherlebt werden.

Von Op-Art-Künstlern wurden die Mechanismen der visuellen Farb- und Kontrastverarbeitung genutzt, um bewegliche, vibrierende Effekte auf ihren Bildern herzustellen. Die Tatsache, daß unser Sehbild ein gewisse Trägheit besitzt und Nachbilder erzeugt, kann durch das Setzen von rasterartigen Kontrasten, bei denen das neue Sehbild mit dem Nachbild konkurriert, ästhetisch genutzt werden. Es handelt sich jedoch um einen relativ kurzfristigen, oberflächlichen Effekt, der die Wahrnehmung eher zu überreizen als in Bewegung zu setzen scheint. Demgegenüber können die Bilder der Impressionisten, die mit dem optischen Simultankontrast der Farben arbeiten – indem sie nämlich die im Auge des Betrachters gewünschte Farbmischung gezielt durch Verwendung von geeigneten Farbwerten auf der Leinwand erzeugen –, als geglückte künstlerische Lösung eines physiologischen Problems betrachtet werden; ihr anhaltender Erfolg hat sicher nicht zuletzt mit dem gezielten Ansprechen von wahrnehmungspsychologischen Gegebenheiten zu tun.

Man kann somit sagen, daß das berühmte Wort von der »Einheit im Mannigfaltigen«, das sich in der Antike sowohl auf die kosmologische wie auf die ästhetische Ordnung der Welt bezog und das bis in die Neuzeit das Kriterium für geglückte Kunst formulierte, aus der Kenntnis unserer Sinnesveranlagung tiefere Bedeutung gewinnt. Die Einheit stiftet der menschliche Geist, sei es auf der Ebene des ästhetisch Wahrnehmenden oder des künstlerisch Produzierenden. Einheit bzw. Vereinheitlichung ist eine Kategorie menschlicher Anschauung schlechthin. Die Fähigkeit zur Bildung von Ordnungen zweiten Grades ist dabei eine erste grundlegende Leistung. Denn aufgrund der Ähnlichkeit verschiedener Reizelemente Gestalten bilden zu können, stellt eine komplexe Wahrnehmungsleistung dar: Voraussetzung dafür ist, daß wir zwischen Gemeinsamkeiten eine Verbindung herstellen können, etwa über ähnliche Farbe, ähnliche Größe, ähnliche Lage im Raum, ähnliche Form (Arnheim 1965). Bilder, die dieser Tendenz entgegenkommen, beweisen in unseren Augen *Komposition* und zeichnen sich vor einer rein zufälligen Anordnung von Elementen durch Akzentuierung und größere Vollkommenheit aus. Ein gelungenes Bild tut im Grunde nichts anderes als unsere Wahrnehmung: Es steigert und stimuliert diese ihm innewohnende Tendenz zu unserer größeren ästhetischen Befriedigung.

Der Künstler kann also bewußt oder intuitiv – indem er ja gleichzeitig auch künstlerisch wahrnehmendes Subjekt ist – die dem Menschen eigenen Wahrnehmungspräferenzen nutzen und sie für rein ästhetisch-lustbetonte Zwecke optimieren. Er kann Kunstwerke von formaler Qualität schaffen, welche die natürliche Vorlage hinsichtlich Intensität und Kombination der Reize übertreffen. Künstler aller Zeiten haben dies mit verschiedenen Schwerpunkten versucht: die Renaissance-Maler und -Architekten durch Steigerung der perspektivischen Illusion, die Klassizisten mit Betonung der plastischen Konturen und linearer Formbewahrung, die Romantiker mit dramatischen Helldunkel-Effekten, die Landschaftsmaler des

19. Jahrhunderts mit ihrer Aufwertung der Farbe bis hin zur Befreiung von der Lokalfarbe, die bei den Fauves ihren Höhepunkt erreicht.

Artspezifische Präferenzen und Vor-Urteile der Wahrnehmung – Deutungsschemata als emotionale Reizmuster

Der Mensch ist nicht nur besonders gut dafür gerüstet, seine Umwelt dinglich und räumlich zu erfassen und Veränderungen zu erkennen, sondern auch dafür, sie nach *Inhalten* und *Bedeutungen* zu begreifen und entsprechend emotional darauf zu antworten. Dafür stehen ihm Deutungsschemata zur Verfügung, wie sie oben beschrieben wurden. Sein angeborenes Ausdrucksverstehen nutzend, entnimmt er sie der belebten und unbelebten Umwelt, und ebensooft interpretiert er sie auch in diese hinein.

Wenn in der Dämmerung Schatten entstehen, zeigt ihm seine Phantasie Figuren und Fratzen in seiner Umgebung, Häuserfassaden oder Kühlerhauben von Automobilen bekommen Gesichter, Wolken sehen aus wie große Tiere. Der Mensch projiziert sein Bedürfnis nach bedeutsamer und interpretierbarer Außenwelt auf neutrale Objekte seiner dinglichen Umgebung – er *physiognomiert* seine Umwelt, wie Konrad Lorenz (1943) sagte. Dies wiederum erleichtert ihm ihre Deutbarkeit, und damit wird sie ihm vertrauter. Wir können hier auch von *Semantisieren* sprechen.

Das richtige Erkennen und Einschätzen von bestimmten Ereignissen in unserer Umwelt ist von entscheidender Bedeutung für unser Überleben und Wohlbefinden. Wir müssen in Sekundenschnelle erkennen können, ob ein Ding in unserem Sehraum ein Tier, ein Mensch, ein Haus, ein Baum oder ein Busch ist, und imstande sein, seine Bedeutung für unsere Situation zu beurteilen. Im Dienste dieser inhaltlichen Bestimmung stehen angeborene Erkenntnisleistungen: Wir *kategorisieren* unsere Umwelt formal und sach- oder inhaltsbezogen im Sinne einer *»Was«-Identifikation.* Auch die Fähigkeit, *Schemata* zu bilden, ist von entscheidender Bedeutung. Wichtiger als die Feinunterscheidung zwischen einer Fichte oder Buche ist die Tatsache, daß wir einen Baum als Baum erkennen und nicht jedesmal neu identifizieren müssen. Wir erfassen mit dem Schema also das *Typische und Gemeinsame*, und dies offenbar vor aller Erfahrung.

Es gibt eine Reihe von Wahrnehmungsschemata, die für die Kunst immer wieder thematisch ergiebig waren. Blumen und andere Pflanzen sind sicherlich ein Schlüsselreiz für einen fruchtbaren, daseinserhaltenden Lebensraum und werden allgemein mit positiven Gefühlen des Wohlbefindens beantwortet; ebenso die **Landschaft** mit reichem Baumbestand, offenen Wiesen und natürlichen Gewässern, wie sie seit der Malerei des späten 14. Jahrhunderts in Europa, aber auch in der chinesischen Malerei des 18. bis 20. Jahrhunderts als Bildmotiv gepflegt wurde. Höhepunkte bildeten in Europa sicherlich die niederländische Malerei des 17. und später die englische Malerei des 18. Jahrhunderts mit ihren weiten Ideal- und Parklandschaften, die nur noch von jenen der Impressionisten an Beliebtheit übertroffen wurden. Gerade die künstlich angelegten Parklandschaften vieler herrschaftlicher Gärten entsprechen einem archaischen *Savannen-Habitat*, das den Menschen über den weitesten Zeitraum seiner Geschichte geprägt haben dürfte.

Blumen und andere Pflanzen spielen in Dekor und Ornament aller Kulturen eine beherrschende Rolle. Vor allem seit Beginn der Urbanisierung mit ihrem Verlust an Naturnähe sollten lebendige und künstliche Blumen die Natur in die Wohnung holen. Sie zieren nicht nur Stoffe und Wanddekorationen, sondern auch Gebrauchsgegenstände wie Geschirr und Kleidung. Als feste Gattung in der Malerei feierte das *Blumenstilleben* bis ins 20. Jahrhundert Triumphe. Sicher spielen hier auch formale und farbliche Verfeinerungen in den Bildern eine maßgebliche Rolle. Die Regelmäßigkeit z. B., die so viele Blumen auszeichnet, und ihre Farbenvielfalt haben den Menschen stets fasziniert.

Das oben beschriebene **Kindchenschema** ist mit positiven Gefühlen der Zuwendung eng gekoppelt. Wie gut es in Malerei und Bildhauerei anwendbar ist, bleibt eine Frage des Maßes: Einzelne Merkmale eignen sich gut für die Darstellung, wenn wir etwas als lieblich empfinden sollen, während eine Übertragung sämtlicher Merkmale wohl eher für Werbeplakate oder für Comic strips taugt. Auch hier zeigt sich das interessante ästhetische Phänomen, daß wir eine Anordnung von Merkmalen – vergleichbar einem Schlüsselreiz – mit ganz spezifischen Emotionen beantworten. In der Kunst wirken Darstellungen von Kindern als starke Auslöser, wo immer zarte Gefühle im Spiel sind. Religiöse Malerei und Skulptur haben das Thema in mancherlei Formen aufgenommen, und im recht weltlichen Rahmen des Barock führen die Putten eine heitere Note in das oft dramatische künstlerische Geschehen ein.

Das **Partnerschema** (vgl. Abb. 7) findet sich in vielen klassisch gewordenen Ausführungen. Ob in archaischen weiblichen Ton-Idolen, Statuen griechischer Athleten, in Darstellungen von Adam und Eva im Paradies oder in männlichen und weiblichen Aktfiguren – durch Jahrtausende hindurch hat sich die Wahrnehmung des Geschlechtstypischen nicht verändert. Leichte Übertreibungen des weiblichen Hüft- oder männlichen Schulter-Schemas sind sogar die Regel, da unsere Wahrnehmung zum Betonen und Hervorheben des Charakteristischen neigt. Ein Anspielen auf diese Wahrnehmungsschemata führt zu voraussehbaren Wirkungen, die dem Kunstwerk einen emotionalen »appeal« verleihen, der stimulierend auf die gesamte Betrachtung wirkt. Während Maler und Bildhauer diese dem Schlüsselreiz verwandten »clous« aber weitgehend intuitiv eingesetzt haben dürften, baut die heutige Werbung direkt darauf auf.

Das **Feindschema** spielt bei Darstellungen und Symbolen, die der Abwehr von Gefahr dienen, eine wichtige Rolle (Sütterlin 1987; Abb. 10). Wächterfiguren in aller Welt zeigen Drohgesichter mit einem oder mehreren Merkmalen der dafür charakteristischen Mimik: aufgerissener Mund mit sichtbaren (gebleckten) Zähnen, gestreckte Zunge, starre große Augen und überdies oft auch Droh- oder Imponiergebärden: phallisches Präsentieren, Scham- und Gesäßweisen, wie sie aus dem aggressiven Feindverhalten des Menschen hervorgegangen und (über Ritualisierung) zum Zeichen geworden sind.

Da der Mensch das ihm Unbekannte und daher Unheimliche gerne mit menschlichen Zügen ausstattet (anthropomorphisiert), um es einfühlbarer und erklärlicher zu machen, werden so geister- und übelabwehrende Figuren mit menschlichen Drohsignalen ausgestattet, um das Böse zu schrecken. Ein kulturenvergleichender Zugang zu künstlerischen Erscheinungen dieser Art belegt dabei das universale Ausdrucksverständnis des Menschen in Natur und Kunst. Im künstlerischen Ausdruck kann die Intensität der Wirkung durch Kombination und Häufung bestimmter Reize außerordentlich gesteigert werden. Davon hat gerade die magische und religiöse Kunst zu allen Zeiten profitiert. Die Repräsentation von Ahnen und Göttern, welche beim Betrachter Gefühle der Ehrfurcht wachrufen, bedient sich in allen Kulturen ähnlicher Ausdrucksmittel.

Die Kunst kann also über die Nutzung von semantisch festgelegten Ausdrucks- und Zeichenelementen intuitiv oder gezielt Mechanismen unserer Emotionalität ansprechen und durch Übertreibung oder Häufung Wirkungen erzielen, die über die alltägliche Erfahrung weit hinausgehen. Universale Symbolik in Dichtung und Kunst leitet sich weitgehend von diesen angeborenen Wahrnehmungs- und Deutungsschemata her. Im Gegensatz zur gedanklich vermittelten Symbolsprache, die meist auf kulturellen Codes beruht, ist die Symbolisierung universaler oder überkultureller Art gerade

Abb. 10 *Links* Wächterfigur vom Horyu-ji-Tempel in Nara (Japan) aus dem 17. Jahrhundert – *rechts* phallische Wächterfigur aus Bali mit Drohgesicht.

im visuellen Bereich stärker an das *Wahrnehmungsschema* gebunden. Die formale Verschlüsselung erfolgt so, daß Inhalt und Bedeutung ohne weitere gedankliche Brücke verstanden werden können.

Hier kommen wir zu einer Grundfrage der Ästhetik: Dank unserer inneren Schemata nehmen wir Reizfiguren, die dem Schlüsselreiz nahestehen, so wahr, daß sie ihrer Aufgabe, Bedeutung und emotionale Antwort zu vermitteln, am besten gerecht werden. Dabei ist entscheidend, daß das Wesen des Ästhetischen und der Kunst nicht nur nach den Kriterien des Schönen, des Angenehmen und des Gefallens beurteilt wird, sondern daß man von einem weiten Spektrum der Gefühle ausgeht, das gerade im Menschen nach Erleben, nach Stimulation und Erweiterung drängt, also auch Ehrfurcht, Spannung und Ergriffenheit. Mit der Kunst schafft sich der Mensch Strukturen, die dieser Veranlagung Rechnung tragen und Ausdrucksselemente integrieren, die eine Steigerung und zugleich Steuerung von Phantasie und Emotionen zulassen.

Kulturspezifische Vor-Urteile der Wahrnehmung

Daß Inhaltsvermittlung und ästhetisches Erleben auch über kulturelle Formen der Verschlüsselung erfolgen, entspricht der konventionellen Auffassung ästhetischer Wirkung. Was Kunst ist und was Kunst ausmacht, wird nach allgemeinem Urteil abhängig von Zeitgeist und jeweiliger Kultur vermittelt und dient darüber hinaus der Festigung und Selbstdarstellung einer bestimmten kulturtragenden Schicht. Es gibt in der Tat eine große Zahl von künstlerischen Ausdrucksformen, die kulturell tradiert, also gelernt werden, denken wir etwa an die Symphonie oder Sonate in der Tradition der Wiener Klassik oder an Bauprinzipien des Dramas, wie sie von Aristoteles (384–322 v. Chr.) erstmals festgelegt und im Laufe der Jahrhunderte weiterentwickelt wurden.

In der bildenden Kunst ist an die christliche **Ikonographie** (Lehre von Inhalt und Bedeutung bestimmter Bildthemen) zu denken, jene strenge Form der Symbol- und Gebärdensprache, die weitgehend auf Festlegungen historischer und literarischer Art beruht. Das gleiche gilt für Bildtypen wie Porträt, Stilleben, Genremalerei, Historienbild, die ihre klassische Ausprägung jeweils in bestimmten Epochen erfahren haben.

Einzelne Bildthemen sind jedoch in hohem Maße kultur- und zeitspezifisch, wie etwa die Coca-Cola-Flasche oder das Porträt Marilyn Monroes, die in der Pop Art (Andy Warhol, Wolf Vostell) zu Kultobjekten geworden sind. Ihre Verwendung ist emblematischer Natur, das heißt, sie werden wie Versatzstücke mit festgelegter Bedeutung behandelt, und jeder, der diese Bedeutung erfaßt, gibt sich als Zeitgenosse der westlichen Kultur zu erkennen. Ein Mensch aus dem vergangenen Jahrhundert hätte damit wohl nur beschränkt etwas anfangen können.

In ähnlicher Weise kann auf formaler Ebene der **Stil** einer bestimmten Zeit oder Kultur als kulturspezifisches Phänomen betrachtet werden, so etwa Architektur und Plastik der europäischen Romanik und Gotik, die verschiedenen Stilformen chinesischer Dynastien, welche stets neue Einflüsse verarbeiteten, oder die Stilfolge der antiken griechischen Kunst. Die Zentralperspektive der italienischen Renaissance als Mittel bildlicher Konstruktion ist sicher ebenso ein relativ kulturgebundenes Phänomen wie die höchst kunstvollen Illusionsmalereien des Barock im 16. und 17. Jahrhundert.

Stil repräsentiert in engerer Form auch die Mal- oder Bauweise einer *Schule*, wie etwa die der Donauschule in der deutschen Malerei des 16. Jahrhunderts mit Albrecht Altdorfer als Mittelpunkt, oder eines *einzelnen Künstlers*, wobei man dann auch von seiner »Handschrift« spricht.

Stil bedeutet Unverwechselbarkeit und Abgrenzung und führt, bezogen auf eine kulturelle Gruppe, auch zur *Ausprägung von Normen*, die bindend für die Mitglieder dieser Gruppe sind. Themen, Motive und Stilformen kultur- oder gruppenspezifischer Art gibt es in jeder Gesellschaft, und sie spielen überall eine wichtige Rolle für die soziale Integration ihrer Mitglieder. So variieren bei den Buschleuten die Muster der Stirnbänder nach Zugehörigkeit zu einer bestimmten Gruppe und im besonderen wiederum nach der Familienzugehörigkeit und dem individuellen Rang *in* der Gruppe. Sie repräsentieren also eine (künstlerische) Form sozialer Selbstdarstellung (Wiessner 1986). Stil dient hier als Marker einer bestimmten ethnischen oder kulturellen Gruppe und hat damit gruppenbindende Funktion. Nach außen dient er der Abgrenzung von anderen Gruppen. Dennoch nehmen diese Kult- und Ahnenfiguren Bezug auf ein artspezifisches Repertoire von Signalen in Mimik und Gestik, die sie Individuen anderer Kulturen verständlich machen.

In einem Kunstwerk sind also immer mehrere Vor-Urteile der Wahrnehmung präsent: einfache *wahrnehmungsspezifische*, die weitgehend *formale* Aspekte berücksichtigen und herausarbeiten, *artspezifische* mit ihrer Signalwirkung, die deutlich *semantische* Prägungen enthält, sowie *kultur-* oder *gruppenspezifische* mit ihren unverwechselbaren Stilmerkmalen und *kognitiven* Markern. Die kulturspezifischen Ausprägungen benutzen das Repertoire der tieferen und historisch älteren Schichten und formen es in unverwechselbarer Weise neu. Hierbei handelt es sich sicherlich um die vielfältigste und erfindungsreichste Schicht, gefördert durch die Lerndisposition des Menschen und weitergetrieben durch das Bedürfnis nach kultureller Abgrenzung.

Kunst als Kommunikation

Das eben erörterte Thema »Gruppenbindung und Stil« gehört eigentlich schon in den Bereich künstlerischer Kommunikation, denn eine bestimmte Form, ein Ornament, eine Farbe oder ein spezifisches Emblem können die Zugehörigkeit zu einer bestimmten Gruppe oder Kultur signalisieren. So wie Kleidung und Haartracht von Jugendlichen in unserer Gesellschaft die soziale Schicht oder Gruppierung verraten, zeigen bestimmte Muster auf den Pfeilspitzen der Buschleute Namibias oder auf den Tanznetzen der Eipo in Neuguinea die Zugehörigkeit zu einzelnen Clans oder Familien an, darüber hinaus auch Können und soziales Prestige (Eibl-Eibesfeldt 1986).

Grundsätzlich gibt es Kommunikation überall dort, wo Nachrichten eines bestimmten Inhalts oder auch bestimmte Emotionen in einer Zeichensprache vermittelt werden, so daß sie den Empfänger in seinem Denken und Fühlen, eventuell sogar in seinem Handeln beeinflussen. Auch die *artspezifischen* Reize und Signale, die dem eigentlichen Schlüsselreiz nahestehen, können in diesem Sinne als Elemente der Kommunikation betrachtet werden. Mit Hilfe des Kindchenschemas etwa, das ja zunächst nur die formale Übertreibung von Gesichtsproportionen darstellt, werden Gefühle der Zuwendung und Versöhnlichkeit im Betrachter angeregt.

Ähnlich besitzen die magischen Figuren vieler Kulturen, die meistens Schutz- und Identifikationsfiguren sind, dank ihrer ausgeprägten Signalwirkung von Auge, Mimik und Gebärden eine starke kommunikative Kraft. Was sie zum Ausdruck bringen – Macht, Dominanz, oft auch Spott und Hohn –, ist an den Betrachter gerichtet, ob er nun zur eigenen Gruppe gehört oder aus dem Reich der Geister stammt und damit eine potentielle Gefahr bildet (Eibl-Eibesfeldt, Sütterlin 1992). Die phallische männliche Darstellung, verbunden mit Imponierhaltung und Drohmimik, erzeugt Gefühle der Distanz, Ablehnung und Ehrfurcht zugleich, also eine gewisse Ambivalenz, wie wir es bei vielen Kult- und Ahnenfiguren in verschiedenen Kulturen erleben. Der Betrachter – vor allem, wenn er ein böser Geist ist – soll auf diese Art eingeschüchtert, jedenfalls aber *manipuliert* werden.

Dank den ihr innewohnenden formalen Auslösern kann sogar die *Ornamentik* als am stärksten abstrahierte Zeichensprache auch für andere als nur Dekorationszwecke verwendet werden. Das kommt im Design von Gebrauchsgegenständen des Alltags oder in der Werbegrafik klar zum Ausdruck. Genutzt werden ansprechende Formen in rhythmischer Wiederholung, aber auch aggressivere Muster, die das im Blickpunkt stehende Objekt oder die relevante Nachricht optisch betonen und unterstreichen.

Vor allem die Zeichen und Muster auf Gegenständen traditioneller Kulturen verraten meist nicht nur etwas über das Können oder die spielerische Freude ihrer Hersteller an gestalterischer Tätigkeit, sondern auch über den Besitzanspruch und die Selbstdarstellung ihrer Besitzer. Ornamente und Zeichen können Marker eines Individuums oder einer ganzen Gruppe sein und melden Zugehörigkeiten an. Clanspezifische Muster beruhen auf Konvention und signalisieren die Herkunft (wie z. B. die Tartan-Muster der Schottenröcke), den Adressaten oder den Auftraggeber.

Gerade die Verstärker- und Signal-Qualitäten der visuellen Kunst machen diese für die Mitteilung von Nachrichten bestimmten Inhalts, von Bedeutungen und Absichten auf der nichtsprachlichen Ebene ergiebig. Es können jedoch auch Mitteilungen gemacht werden, die mit den ausgelösten Gefühlen und Stimmungen nichts zu tun haben, sondern diese nur benutzen, um Nachrichten anderer Art zu übermitteln. Die formalen und inhaltlichen Auslöser dienen dann zur Aufmerksamkeitsbindung im Hinblick auf eine Mitteilung. So verfahren im allgemeinen die propagandistische Kunst und Literatur, aber auch die Werbung nutzt diesen Effekt, wenn sie Reizworte oder visuelle Wahrnehmungsklischees als Aufhänger oder Blickfang für ihr Produkt benutzt.

Manipuliert Kunst in jedem Fall? Indem sie Aussagen macht, Themen in einer bestimmten Form präsentiert, die ihre Bedeutung verändert, indem sie Stimmungen überträgt, indem sie formal strukturiert und akzentuiert, bestimmt sie in der Tat *immer* unsere Wahrnehmung von Dingen und Zusammenhängen. Aber vergessen wir nicht, daß auch bereits unsere Wahrnehmung – von den allgemeinsten physiologischen Mechanismen bis hin zu den kognitiv gesteuerten Prozessen – stets strukturiert, in der einen oder anderen Weise gestimmt, und, wenn man so will, stets »gestaltet« ist. So muß eher von einer *Selbst*stimulation oder -manipulation des Künstlers oder Betrachters aufgrund vorgegebener Präferenzen und Dispositionen gesprochen werden. Der Mensch schafft sich mit der Kunst ein Medium, mit dem er seine Sinnlichkeit, Emotionalität sowie seinen Intellekt optimal nutzen, spielerisch betätigen und anregen kann.

Kunst und Innovation

Gerade das Letztgesagte weist nochmals auf die wichtige Tatsache hin, daß der Mensch eine *dynamische Wahrnehmungsstruktur* besitzt, die stimuliert werden will und auf der Suche nach immer noch besseren und klareren Reizen ist. Genau dies ist ja der Ort, wo ästhetische Überlegungen ansetzen können – und die Chance der Kunst. Damit ist nicht gesagt, daß die an unser Wahrnehmungssystem am besten angepaßten Reize auch immer die optimalen sind. Jedes System hat seine Sättigungs- und Ermüdungserscheinungen, und wäre dem nicht so, gäbe es vermutlich ein Phänomen wie den *Stilwandel* nicht.

Selbst künstlerische Innovation kann gewisse biologische Schranken des Sehens, Hörens, auch Verstehens nicht durchbrechen, sie kann jedoch die verborgenen Zentren interner Verarbeitung, die grundlegend für unsere Wahrnehmung sind, selektiv aktivieren und herausarbeiten. Künstlerisches Wirken verändert die Wahrnehmungsstufe, die unsere *ästhetische* Wahrnehmung insgesamt neu anzusprechen und zu stimulieren vermag.

Daß der Mensch gerade auch im Bereich des emotional Lustbetonten explorativ und neugierig ist, zeigt der Vergnügungssektor, wo er gerne alle möglichen Empfindungen und Emotionen erprobt. Zum Vergnügen gehören dabei aber nicht nur angenehme Empfindungen. Ganz besonders sind Spannungszustände gefragt, bis hin zum Schaurigen und Schrecklichen, die sich irgendwann wieder lösen oder aber auf Knopfdruck abschalten lassen. Wir gehen gerne ins Kino, schauen uns Kriminal- und Horrorfilme an, und verdenken es der Regie nicht, wenn ein Liebesfilm vor Spannung knistert, vorausgesetzt, es geht am Ende nicht allzu schlimm aus. Wir erleben gerne alle möglichen Gefühle »als ob«, und gerade die Befreiung vom Handlungszwang, welcher der oft bedrängenden Wirklichkeit anhaftet, setzt Gefühle frei, die im realen Kontext unter Entscheidungsnöten nicht gedeihen könnten. Das sichert dem Drama, dem Roman seinen Erfolg, wo die kritische Distanz zum Leser oder Zuschauer selten, es sei denn bewußt, überschritten wird. Das läßt uns Schlachtenbilder oder die Elendsschilderungen in Bildern des Realismus des 19. Jahrhunderts ästhetisch genießen, und selbst Perversionen wirken auf dem Papier – geschrieben oder gemalt – nicht beängstigend.

Diese Distanz zum Geschehen, die uns die Kunst erlaubt, hat Parallelen zum *Spiel* der höheren Säuger. Aus der ethologischen Literatur ist bekannt, daß viele Tiere vor allem im Jugendalter Verhaltensweisen im Spiel probieren und kombinieren, die alle Affekte und Funktionskreise, Angriff und Verteidigung, Sexualität, Geschicklichkeit und motorische Kraftleistungen, umfassen. Im Unterschied zum Ernstfall beobachtet man eine nicht starr gekoppelte Reihenfolge der Handlungs- bzw. Verhaltenseinheiten, ihre beliebige Wiederholung und eine umkehrbare Rollenverteilung (Eibl-Eibesfeldt 1987). Das Spiel in dieser Definition bedarf des *entspannten Feldes*, der Voraussetzung, daß aktuell weder lebenserhaltende Aufgaben erfüllt werden müssen noch entsprechende Bedürfnisse vorhanden sind. Nur unter diesen Bedingungen ist das Tier fähig, seine Handlungen von den sie verursachenden Motiven abzukoppeln und frei zu spielen, zu tun »als ob«.

Etwas Ähnliches scheint beim Menschen vorzuliegen, wenn er sich spielerisch in Gruselsituationen oder solche der Leidenschaft oder des Kampfes begibt. Ob dies reinem Lustgewinn dient oder aber als Beiprodukt einer – wie man bei Tieren postulieren darf – lebenserhaltenden Stimulation und Übung vorhandener Anlagen betrachtet werden muß, bleibt offen. Zu vermuten ist, daß der lustbegabte Mensch imstande ist, auch aus einer lebenserhaltenden Not eine lustfördernde Tugend zu machen.

Der Mensch bricht einmal geschaffene und feste Formen gerne wieder auf, um neue Einsichten in eine Situation oder Sache zu gewinnen. Die intellektuelle Neugier ist vermutlich die stärkste und spielerischste, und sie bediente sich zu allen Zeiten der Kunst. Angeborene Wahrnehmungsschemata treten vor allem dann zutage, wenn der Künstler in seiner Gestaltung von Ideen und Wahrnehmungen Einfluß auf ihre Veränderung nehmen kann. Gerade die durch Konventionen und Gebrauch festgelegte Beziehung zwischen Gegenstand und Bedeutung kann über künstlerische Verfremdung gelockert werden und so den Blick auf andere mögliche Bedeutungsschichten freilegen. Die Dada-Bewegung im 20. Jahrhundert ist dafür ein besonders treffendes Beispiel. Wenn in einer hochtechnisierten Kultur Objekte nur noch die Bedeutung ihrer Verwendung haben, wie etwa ein Flaschentrockner oder ein Urinoir, hat die Kunst die Möglichkeit, durch Isolierung oder neue Kontextgestaltung die reine Wirkung der Form oder eine andere Bedeutungsdimension einzuführen oder zur Geltung zu bringen.

Die Veränderung unserer Optik kann auch subtiler, weniger schockartig erfolgen, und zwar immer dann, wenn Zeichen gegen ihre gewohnte Bedeutung verschoben werden, die patriotische Fahne im Bild plötzlich zum Totenhemd wird oder der arbeitende Bauer zum heldischen Protagonisten sozialistischer Ideale. Kunst hat immer die Freiheit der Akzentsetzung, auch der Neubildung oder gar Indoktrination.

Um überhaupt noch verstanden zu werden, müssen jedoch entweder gewisse bekannte Zeichen als Referenzmerkmale stehen bleiben oder aber formale Elemente wie Farben und Konturen in aller Deutlichkeit lesbar werden. Selbst neueste Experimente der Objektkunst, wie in Brot gebackener Müll oder Günter Ueckers genagelte Konsumfetische der bürgerlichen Kultur, verzichten auf diesen elementaren Objektbestand nicht und bleiben darin – für viele ein Ärgernis – immerhin verständlich. Nur wenn gar keine Bezüge mehr hergestellt werden können, es nichts zu strukturieren oder durch unsere Wahrnehmung aufzulösen gibt – wie bei gewissen monochromen Bildern, wo eine ganze riesige Leinwand mit einer einzigen Farbe gefüllt wird, oder bestimmten musikalischen Kompositionen, die sich auf unrhythmische Geräusche beschränken – stößt man an die Grenze zur Frustration, da dem Betrachter oder Zuhörer nichts mehr zu tun bleibt. Denn ästhetisches Wahrnehmen ist ein aktiver Prozeß, der Züge der Gestaltung trägt. Kunst hat die Chance, Wahrnehmungs- oder auch Denkzwänge zu lockern, Formen und Inhalte in neuem Licht zu zeigen und zu einer erweiterten Wahrnehmung – auch im Sinne von Erkenntnis – beizutragen. Und darauf sollte sie nicht verzichten!

Literatur

Arnheim, R. (1965): Kunst und Sehen. Eine Psychologie des schöpferischen Auges. Berlin.
Baumgartner, G. (1991): Gehirn und Bewußtsein. Abschiedsvorlesung, gehalten am 28. Juni 1991 an der Neurologischen Universitätsklinik Zürich.
Eibl-Eibesfeldt, I. (1986): Die Biologie des menschlichen Verhaltens. Grundriß der Humanethologie. 2., überarb. Aufl. München.
Eibl-Eibesfeldt, I. (1987): Grundriß der vergleichenden Verhaltensforschung. 7., überarb. und erw. Aufl. München.
Eibl-Eibesfeldt, I., Sütterlin, C. (1992): Im Banne der Angst. Zur Natur- und Kunstgeschichte menschlicher Abwehrsymbolik. München.
Gibson, E.J., Walk, R.D. (1960): The Visual Cliff. In: Scientific American 202, S. 64–71.
Itten, J. (1961): Kunst der Farbe. Subjektives Erleben und objektives Erkennen der Wege zur Kunst. Ravensburg.
Kay, P., Kempton, W. (1984): What is the Sapir-Whorf Hypothesis? In: American Anthropologist 86, S. 65–79.
Lorenz, K. (1935): Der Kumpan in der Umwelt des Vogels. In: Journal für Ornithologie 83, S. 137–413.
Lorenz, K. (1943): Die angeborenen Formen möglicher Erfahrung. In: Zeitschrift für Tierpsychologie 5, S. 235–409.
Pöppel, E. (1982): Lust und Schmerz. Berlin.
Sackett, G.P. (1966): Monkeys Reared in Isolation with Pictures as Visual Input: Evidence for an Innate Releasing Mechanism. In: Science 154, S. 1468–1473.
Schuster, M., Beisl, H. (1978): Kunst-Psychologie. Wodurch Kunstwerke wirken. Köln.
Sütterlin, C. (1987): Universals in Apotropaic Symbolism: A Behavioral and Comparative Approach to some Medieval Sculptures. In: Leonardo 1 (22), S. 65–74.
Tinbergen, N. (1966): Instinktlehre. Berlin.
Wiessner, P. (1984): Reconsidering the Behavioral Basis of Style: A Case Study Among the Kalahari San. In: Journal of Anthropology and Archaeology 3, S. 190–234.

Die Religion in der Menschheitsgeschichte

Günter Kehrer

Religiöse Vorstellungen spielten und spielen in allen uns bekannten Kulturen eine große Rolle, und es scheint, als erlebten wir gegen Ende des 20. Jahrhunderts eine Renaissance von Religion und Religiosität. Von den Religionen wird viel erwartet: Letzte, gültige Erklärungen für Tatsachen wie die Entstehung der Welt, letzte, glaubwürdige Begründungen für Normen und Werte wie das Tötungsverbot oder die Nächstenliebe, aber auch Rechtfertigungen für politische Verhältnisse oder für die Notwendigkeit ihrer Veränderung; Religion soll Ungeklärtes deuten, Sinn vermitteln und Trost spenden, sie soll menschliche Bedürfnisse in sozialverträgliche Bahnen lenken und Orientierung schaffen. Der Eindruck mag entstehen, daß Menschsein und Religion zusammengehören – dennoch ist es sehr schwer, vielleicht sogar unmöglich, eine *Anthropologie der Religion* zu konstruieren. Religion ist ein kulturelles Phänomen. Niemand hat Religion als Grundausstattung mit in die Wiege gelegt bekommen, Religion wird erlernt, wie andere kulturelle Fähigkeiten und Fertigkeiten auch. Immerhin sind bestimmte Voraussetzungen notwendig dafür, daß die Menschen Religion erlernen können – aber diese Voraussetzungen unterscheiden sich nicht von denen, die uns dazu befähigen, moralische Normen, rechtliche Regeln oder ästhetische Kategorien zu erlernen. Religion kann deshalb sinnvoll nicht isoliert, sondern nur im Kontext von Kultur ganz allgemein behandelt werden.

Ein Definitionsversuch von Religion

Ein flüchtiger Blick in die Geschichte oder auch auf die gegenwärtige Situation macht schon deutlich, wie problematisch es ist, von *der Religion* zu sprechen. Es gibt vielmehr *Religionen*, die zu einer bestimmten Zeit und unter bestimmten Umständen entstanden sind, die sich veränderten und immer noch verändern, Religionen, die viele oder wenig Anhänger haben, die manchmal friedlich nebeneinander existieren und sich manchmal aus religiösen Gründen gegenseitig bekämpfen. Was hat beispielsweise der Buddhismus mit dem Voodoo-Kult gemeinsam, was der Islam mit der Religion australischer Ureinwohner? Was berechtigt uns, alle diese religiösen Systeme, die unabhängig voneinander entstanden sind, unter dem gemeinsamen Begriff »Religion« zusammenzufassen? Diese Frage führt uns unmittelbar zum Problem einer sachgemäßen Definition von Religion, und hier befinden wir uns auf schwierigem Gelände. Wahrscheinlich gibt es beinahe so viele Definitionen wie es Wissenschaftler gab, die sich darum bemühten, in einem Satz dem Allgemeinen von »Religion« wie dem Besonderen der einzelnen Religionen gerecht zu werden. Ist z. B. der Glaube an eine Wirksamkeit übernatürlicher Wesen ein notwendiger Bestandteil von Religion? Wenn ja, wie steht es dann mit dem genuinen Buddhismus? Gehört der Glaube an die Unsterblichkeit zur Religion? Diese Vorstellung findet sich aber in der alten Religion des Volkes Israel nicht! Völlig befriedigend ist das Problem einer Definition nicht zu lösen.

Für unsere Zwecke soll eine umschreibende Bestimmung ausreichen, die folgende Elemente enthält: Religion ist ein *Symbolsystem*, das aus Glaubenssystemen (engl. *belief systems*), Handlungssystemen (Kult und Ritual), aus bildlichen Elementen (Ikonographie) und anderen sinnlichen (akustischen, olfaktorischen) Bestandteilen bestehen kann. Nicht alle diese Elemente müssen in einer Religion zugleich vorhanden sein, auch muß unter ihnen kein erkennbarer Zusammenhang bestehen. So läßt sich etwa keine unmittelbare Verbindung zwischen der Lehre von der Gottessohnschaft Jesu Christi und dem Einsatz von Weihrauch im Gottesdienst herstellen, aber beide Elemente gehören zweifellos zum Symbolsystem des Katholizismus.

Die moderne Religionswissenschaft betrachtet, im Unterschied zur Theologie, Religionen von außen. Sie versteht sich nicht als Teil des Systems, das sie erforscht. Deshalb mag unser Versuch einer Umschreibung mit dem Selbstverständnis eines religiösen Menschen nicht übereinstimmen. Religion unterscheidet sich gerade dadurch von anderen Symbolsystemen – wie etwa der Wissenschaft –, daß ihre Aussagen und Handlungen letztlich weder auf ihren Wahrheitsgehalt noch auf ihre Effektivität einer Kontrolle unterzogen werden können; denn in der Regel richten sich diese Aussagen nicht (allein) auf die empirisch faßbare, erklärbare Welt.

Anfänge von Religion

Gibt es sichere Anhaltspunkte für das Vorhandensein von Religion bei den prähistorischen Menschen? Diese Frage ist nicht mit einem einfachen Ja oder Nein zu beantworten. Was dem einen Forscher als Indiz für Religion gilt, wird von dem anderen Forscher nicht als solches anerkannt. Auf dem Boden der Vorgeschichte, die mehr als 99 Prozent der Existenzdauer des Menschen auf der Erde ausmacht, haben wir keine schriftlichen

Quellen, die das bevorzugte Material der Religionsgeschichte darstellen. Da Religion ein Bestandteil der immateriellen Kultur des Menschen ist – sie besteht aus Gedanken und Handlungen, sowohl verbaler als auch nonverbaler Natur –, können archäologisch bestenfalls Artefakte auffindbar sein, die in einen plausiblen Zusammenhang mit Gedanken und Handlungen gebracht werden können, die man gemeinhin zum Bereich des Religiösen rechnet.

Ganz wesentlich dazu rechnet der Bereich, den wir mit einem modernen Begriff »**Bestattung**« nennen. Sobald sich Spuren davon nachweisen lassen, daß die prähistorischen Menschen mit den Leichnamen verstorbener Gruppenangehöriger in einer Weise verfuhren, die über die bloße Beseitigung hinausging – indem sie beispielsweise den Körper in eine bestimmte Stellung (Hockstellung) brachten oder ihm Gegenstände mit »ins Grab« gaben –, neigen wir dazu, von einer möglichen Existenz religiöser Handlungen und religiöser Vorstellungen auszugehen. Eine kurze Überlegung zeigt jedoch, daß eine solche Zurechnung gar nicht so einfach ist:

Versetzen wir uns in die Situation eines Wissenschaftlers, der, von einem anderen Planeten kommend, in einigen Jahrhunderten die Spuren der von der Erde verschwundenen Menschen untersuchen will. Schriftliche Quellen kann er nicht entziffern, aber er wird ohne jeden Zweifel eine Fülle von Artefakten vorfinden, die ihm einigen Aufschluß über die Menschen geben, und er wird Unterschiede feststellen, etwa, daß im Europa des 20. Jahrhunderts die Menschen sorgfältig bestattet wurden, während in Indien trotz einer großen Bevölkerungsdichte kaum Bestattungsplätze auffindbar sind. Anscheinend wurde nach der Verbrennung die Asche weggekippt. Der Schluß ist naheliegend, daß in Europa die Menschen sehr intensiv an ein Leben nach dem Tode dachten, daß sie sich bemühten, die Überreste der Verstorbenen möglichst dauerhaft zu bewahren, während in Indien weite Bevölkerungskreise keine Gedanken an ein Leben nach dem Leben verschwendeten – ein Schluß, von dem wir wissen, daß er falsch ist.

Bei der Interpretation archäologischer Befunde der Vorgeschichte ist immer äußerste Vorsicht geboten. Alle Mutmaßungen über die Religion des vorgeschichtlichen Menschen beruhen auf Funden, die entweder in einen Zusammenhang mit der Bestattung von Mensch und Tier gebracht werden können oder die als Artefakte zu betrachten sind, die keinen uns erkennbaren ökonomischen Nutzen haben. Gerade die zuletzt genannten Objekte sind aber äußerst problematisch: Jedes Höhlenbild kann als religiöser Gegenstand interpretiert werden, wenn wir keine andere plausible Erklärung dafür finden. Der religiösen Interpretationen äußerst kritisch gegenüberstehende französische Prähistoriker André Leroi-Gourhan (1981, S. 11f.) kommt zu folgender Definition, die aus der Not geboren ist, daß für die Funde der Vorgeschichte z. B. nicht zwischen Kunst und Religion unterschieden werden kann: »Ich werde den Ausdruck ›Religion‹ in einem sehr beschränkten Sinne verwenden, ich will ihn einfach auf die Manifestation solcher Tätigkeiten anwenden, die den materiellen Bereich zu überschreiten scheinen.«

Diese einschränkenden Vorbemerkungen sind immer mit zu berücksichtigen, wenn nun die Ergebnisse der Forschungen zur Religion der vorgeschichtlichen Menschen dargestellt werden sollen. Gänzlich verzichtet wird auf jegliche Bezugnahme zu heute noch vorhandenen oder erst in jüngerer Zeit verschwundenen Kulturen und Religionen, wie sie lange Zeit in der Forschung üblich war. Einen Bezug zwischen den eiszeitlichen Jägern und den heutigen Bewohnern der arktischen Kältezonen herzustellen, ist zwar reizvoll, aber wissenschaftlich völlig unhaltbar, wenn nicht zweifelsfrei erwiesen werden kann, daß in der Population über Jahrzehntausende eine Kontinuität vorliegt. Der Reiz solcher Konstrukte soll nicht unterschätzt werden. Die evolutionistische Kulturanthropologie des 19. Jahrhunderts hat mit der Hypothese der »Überbleibsel« (engl. *survival*) gearbeitet. Noch Maringer (1956) hat in der Tradition der urmonotheistischen Schule von Pater W. Schmidt recht unbefangen von Parallelen zwischen prähistorischen Funden und der Lebensweise von sogenannten »primitiven« Gesellschaften Gebrauch gemacht. In den populären Vorstellungen überleben solche Annahmen bis heute, obwohl die wissenschaftliche Entwicklung über sie hinweggegangen ist. Viel ertragreicher – allerdings weniger spektakulär – als solche Vermutungen über die Kontinuität religiöser Praktiken durch die Jahrtausende ist der Versuch, die religiösen Praktiken und Vorstellungswelten im Kontext der jeweiligen Kultur zu verorten und zu untersuchen.

Der sicherste Hinweis für die Existenz von Religion in der Vorgeschichte scheint in der *Tatsache der Bestattung* gegeben zu sein. Unter Bestattung soll im folgenden immer der intentionale (zielgerichtete) Umgang mit dem Leichnam verstanden werden, der über die rein zweckmäßige Beseitigung hinausgeht. Sieht man von der äußerst ungesicherten Beobachtung ab, daß aus der Frühzeit des Menschen (Peking-Mensch) vor allem Schädel und Schädelteile (Kinnladen) gefunden wurden und daraus auf die Existenz eines Schädelkultes geschlossen wurde – ohne zu berücksichtigen, daß der Schädel die höchste Wahrscheinlichkeit hat, dem Verfall zu trotzen –, so bleiben nur solche Funde übrig, die mit hoher Wahrscheinlichkeit als Gräber anzusprechen sind. Nach Durchsicht aller Fundberichte und Ausscheidung von ungesicherten Daten kommt Leroi-Gourhan (1981, S. 74) zu folgendem Ergebnis: »Die Bestattung ... ist für das mittlere Paläolithikum praktisch gesichert. Für das obere Paläolithikum steht fest, daß es Gräber gab ....«.

Das bedeutet, daß höchstwahrscheinlich schon der Neandertaler seine Toten »bestattete« und daß dies auf jeden Fall für unseren direkten Vorfahren, den *Homo sapiens sapiens* der jüngeren Altsteinzeit, gilt (ungefähr ab 50 000 Jahre v. Chr.). Ob etwa das Bestreuen des Leichnams mit Ocker eine religiöse Bedeutung hatte, werden wir nie wissen, zumal auch Gegenstände außerhalb der Gräber Ockerspuren zeigen. Sicher ist jedoch, daß *Homo sapiens sapiens* den Toten Gegenstände (Schmuck) beließ oder ins Grab mitgab. Welche Schlüsse daraus zu ziehen sind, muß offenbleiben.

An dieser Stelle ist es angebracht, kritisch eine Meinung zu beleuchten, die in jedem intentionalen Umgang mit dem Leichnam ein Indiz für eine religiöse Beschäftigung mit dem Tod sieht und darin Anfänge eines Jenseitsglaubens vermutet. Zunächst ist zu bedenken, daß die Bestattung ein Akt der Überlebenden ist. Der Altphilologe Walter Burkert (1972, S. 61) hat dies auf die prägnante Formel gebracht: »Der eigene Tod liegt ja für den Menschen in nebulöser Ferne; es ist der Tod des anderen, an dem der Schrekken der Todesbegegnung [...] zum prägenden Erlebnis wird.«

Aus der Tatsache, daß schon die *Paläoanthropinen* in Gruppen lebten, ist abzuleiten, daß der Tod eines Gruppenmitglieds auf jeden Fall das Gruppenleben berührte und als Verlust erfahren wurde. Intentionaler Umgang mit dem Leichnam kann als Fortsetzung des Umgangs mit dem Lebenden über eine bestimmte begrenzte Zeit betrachtet werden. Der Platz, den der Verstorbene eingenommen hatte, wird nicht sofort wieder »besetzt«, die Gruppe erinnert sich an den Verlust und verhält sich so, als sei der Verstorbene – alltagssprachlich ausgedrückt – »noch nicht ganz tot«.

Allerdings ist es nicht möglich, ein solches Verhalten ohne weiteres mit Jenseitsvorstellungen zu verbinden, also mit Vorstellungen von einem Weiterleben, einem Leben nach dem Tod oder in einer anderen Welt. Man kann häufig beobachten, daß in einer Gesellschaft Totenriten einerseits und Jenseitsvorstellungen andererseits unabhängig voneinander entstanden sind. Sicher ist auf jeden Fall, daß Totenriten universal verbreitet sind, während Jenseitsvorstellungen entweder gänzlich fehlen können oder ausgesprochen blaß sind. Äußerst unwahrscheinlich ist es, daß in vorhochkulturellen Zeiten schon Äquivalente zu Jenseitsvorstellungen bestanden haben, wie sie uns etwa aus der ägyptischen Hochkultur bekannt sind. Auf jeden Fall ist es unzulässig, von der Tatsache der Bestattung direkt darauf zu schließen, daß über Tod und Unsterblichkeit nachgedacht wurde.

Ein zweiter als gesichert geltender Hinweis auf die Existenz von Religion in der Vorgeschichte sind die **Zeugnisse der eiszeitlichen Kunst**, seien es Wandmalereien oder Plastiken. Der Altmeister der Erforschung prähistorischer Kunst, der Abbé Henri Breuil (1952), hat diese Kunst als religiöse identifiziert, und ihm sind fast alle Forscher gefolgt. Die Funde gehören dem oberen Paläolithikum an (30 000 bis 10 000 v. Chr.), sind also als Produkte von *Homo sapiens sapiens* zu bezeichnen, der Entwicklungsstufe des Menschen, der auch wir angehören. Es unterliegt keinem Zweifel, daß diese eiszeitlichen Kunstwerke irgendeine die ökonomischen Notwendigkeiten übersteigende Funktion hatten. Aber welche, ist nicht mehr festzustellen.

Deutungen, die von einer religiösen oder magischen Funktion solcher Kunstwerke ausgehen, sind in sich schlüssig; aber gerade in diesem Fall haben die Forscher häufig Parallelen aus ethnographischen Untersuchungen herangezogen, eine Methode, die heute höchst umstritten ist. Andere Deutungen sind ebenso einleuchtend, wenn man etwa das Ensemble der Wandmalereien systematisch betrachtet und zu dem Ergebnis kommt, daß die komplizierten Gemälde von Pferden, Rindern, Strichen und Punkten das Gegensatzpaar männlich-weiblich darstellen (Leroi-Gourhan 1981, S. 108–127).

Der Stand der Forschung erlaubt keine Interpretationen dieser Malereien, aus denen Schlüsse auf den *Inhalt* der Religion des oberen Paläolithikums gezogen werden könnten. Ob unsere Vorfahren Jagdmagie betrieben, ob sie Fruchtbarkeitsgöttinnen verehrten, ob sie zwischen männlichem und weiblichem Prinzip auch religiös unterschieden, das alles wissen wir nicht und werden es auch nie wissen. Genausowenig läßt sich etwas über Riten und Mythen sagen, über Gottesvorstellungen oder Jenseitsglauben. Nur eine Forschung, die um jeden Preis die *religiöse Natur des Menschen* schon in der Vorgeschichte definitiv feststellen will, muß die im vorgefundenen Material offensichtlichen Lücken mit Versatzstücken der späteren Religionsgeschichte füllen. Die Rechtfertigung für solche Annahmen liegt in einer theologisch-philosophischen Position, die grundsätzlich eine »religiöse Anlage« im Menschen voraussetzt. Diese Anlage, diese »religiöse Natur«, so eine in der Anthropologie der katholischen Theologie lange vertretene Theorie, sei in der Vor- und Frühgeschichte quasi »verdunkelt«, als Potential jedoch immer vorhanden und über den Sündenfall hinweg als Funke im Menschen lebendig geblieben. Dagegen steht die im Protestantismus vertretene These von der vorgeschichtlichen »Finsternis«, die erst durch den »Blitz« des Evangeliums aufgehellt worden sei.

Abb. 11 Venus von Willendorf. Die wohl bekannteste der sogenannten »Venusfiguren« aus dem oberen Paläolithikum wurde in einem Dorf bei Wien gefunden und befindet sich heute im Wiener Museum für Völkerkunde.

Der nüchternen Wissenschaft bleibt nichts übrig, als folgendes festzustellen: Es gibt starke Indizien dafür, daß der Mensch des oberen Paläolithikums Artefakte herstellte, die einen Platz in Handlungsabläufen gehabt haben mögen, die man als religiöse bezeichnen könnte, sofern Religion alles das umfaßt, was den materiellen Bereich des menschlichen Lebens transzendiert. Für die neolithischen Befunde gilt dasselbe: In den ersten festen Siedlungen, etwa im Çatal Hüyük (Türkei) finden sich Objekte, die in diesem Sinne als religiöse verstanden werden könnten. Die megalithischen Anlagen auf Malta und in Nordwesteuropa (Stonehenge), deren Alter teilweise bis in die Bronzezeit zurückreicht, können sehr gut kultische Anlagen, Opferplätze oder aber auch steinerne Kalender gewesen sein.

Religionen in den frühen Hochkulturen

Der Religionshistoriker betritt gesicherten Grund, sobald er sich religiösen Phänomenen der sogenannten Hochkulturen zuwendet. Hier lassen sich *nachweisbar* Vorstellungen von übermenschlichen »Wesen« finden, denen von der Gesellschaft eine bestimmte Macht zugeschrieben wird, die über das Natürliche hinausgeht. Vorstellungen von Kräften, die in den Lauf des menschlichen wie des gesellschaftlichen Lebens *eingreifen* und beispielsweise gutes oder schlechtes Wetter bringen können, verdichten sich zu Vorstellungen von »Göttern«. Die Menschen, die an diesem sich herausbildenden Religionssystem teilhaben, verstehen sich als von dieser Macht abhängig und ordnen sich ihr unter – aber wir können heute den »Spielraum«, der dem einzelnen Menschen dabei zur Verfügung stand, nicht mehr rekonstruieren.

Hochkulturen zeichnen sich durch mehrere Merkmale aus. Dabei ist für die Religionsgeschichte vor allem das **Vorhandensein von Schrift** bedeutsam. Doch gibt es dabei Ausnahmen: So verfügte etwa die Hochkultur der Inkas anscheinend »nur« über ein kompliziertes Memoriersystem. Neben der Schriftlichkeit spielt die **Staatlichkeit** eine bedeutsame Rolle. Von »Staat« soll dann gesprochen werden, wenn für die Bevölkerung eines bestimmten Gebiets ein Zwangsverband existiert, dessen Spitzen und Verwaltungsstäbe ihren Willen gegenüber den Beherrschten erfolgreich durchsetzen können (Weber 1976, S. 29). Die Voraussetzung für beide Erscheinungen ist eine weitgehende interne Differenzierung der Gesellschaft. Im Rahmen dieser gesellschaftlichen Auffächerung kommt es in aller Regel auch zur Entstehung einer Schicht von »religiösen Spezialisten«, denen wir die Hauptmasse von religiösen Texten verdanken (Kehrer 1982). Allerdings gibt es auch hiervon Ausnahmen: So kennt Griechenland weder in der archaischen noch in der klassischen Zeit religiöse Texte produzierende Priester. Die griechischen Mythen sind vielmehr Produkte von Dichtern und »Philosophen« (so z. B. Homers Epen, Hesiods Theogonie, ein Lehrgedicht von der Entstehung der griechischen Götter).

Diese Vorbemerkungen sind notwendig, um eine generelle Relativierung der folgenden Ausführungen vorzunehmen: Wenn von der Religion Ägyptens oder Altmesopotamiens die Rede sein wird, so ist fast immer von den religiösen Systemen die Rede, wie sie von der an der staatlichen Herrschaft beteiligten und/oder von ihr direkt oder indirekt abhängigen Priesterschaft konzipiert wurden. Zwar ist ein Zusammenhang mit der Religion der übrigen Schichten zu vermuten, aber je weiter wir auf der sozialen

Stufenleiter nach unten gehen, um so undeutlicher werden diese Zuammenhänge. Freilich wäre hier ein faszinierendes Feld für Spekulationen über den »religiösen Alltag« des Volkes, über die Umsetzung des religiösen Systems im Leben – aber wir haben über die Religion der, modern gesprochen, sozialen Unterschichten in den frühen Hochkulturen keine verläßliche Nachricht. Diese Lücke ist nicht auszufüllen. Wenn Rückschlüsse aus späteren Verhältnissen auf diese Zeit erlaubt sind, so ist es sehr plausibel anzunehmen, daß die Religion des »Volkes« sich stark von der offiziellen Religion unterschied. Denn die staatliche Durchdringung des gesellschaftlichen Lebens von »oben« nach »unten« war in den frühen Hochkulturen weit schwächer entwickelt als in der Antike, im Mittelalter oder gar in der Neuzeit.

Über die religiösen Systeme der Kulturen, die den größten Einfluß auf Europa ausgeübt haben, Altmesopotamien und Ägypten, sind wir relativ gut unterrichtet. Dabei gibt Ägypten durch die aufwendigen Grabbauten besonders guten Aufschluß über Todes- und Jenseitsvorstellungen, die in Altmesopotamien anscheinend wesentlich konturloser waren. Die religiösen Systeme der Hochkulturen zeichnen sich durch zwei Phänomene aus: Hier entwickeln sich *anthropomorphe* Gottesvorstellungen, das heißt: die Götter werden nach dem Bild der Menschen konzipiert, sie haben körperliche und geistige Eigenschaften von Menschen. Daneben kennt die ägyptische Religion auch weiterhin *theriomorphe* (tiergestaltige) Götterkonzeptionen. Es ist ungeklärt, ob sich die anthropomorphen Göttergestalten allmählich aus nicht persönlich konzipierten Gottesvorstellungen – man spricht hier von *Numinakonstruktionen* (Piesl 1969), also von Vorstellungen »des Heiligen«, das sich nicht im Bild einer Person verdichtet – entwickelten. Hinweise für eine solche Entwicklung gibt es im mesopotamischen Raum. Eine zweite Entwicklung betrifft die systematische Verbindung der Göttergestalten untereinander, die Herausbildung von polytheistischen Systemen (Gladigow 1979): Götter sind jetzt miteinander verwandt, sie stehen zueinander in einem Verhältnis von Über- und Unterordnung.

Beide Entwicklungen weisen Parallelen zur soziokulturellen Evolution auf. Auch innerhalb der Gesellschaft ermöglicht die wachsende soziale Differenzierung neue Zuordnungen von Personen. Bestimmte Individuen, etwa die Könige, erfahren einen sozialen Bedeutungszuwachs. Parallel dazu personalisieren sich die religiösen Konzeptionen. Die Göttergestalten gewinnen eine größere Unabhängigkeit im religiös motivierten Handeln. Sie sind nicht mehr unausweichlich an einen bestimmten Funktionsbereich oder an ein natürliches Element gebunden, wenn sich auch Reste dieser alten Vorstellungen halten.

Dabei scheint es keine Regelmäßigkeit zu geben, die eine zeitliche und sachliche Priorität für bestimmte Gottheiten garantiert. Vielmehr können sich im Laufe der Entwicklung verschiedene Gottheiten in ihrer dominanten Stellung ablösen. Manche Götter sind sogar ausgesprochene »Parvenus« (Emporkömmlinge), so z. B. Marduk in Mesopotamien oder Amun in Ägypten, die beide zu hervorragender Stellung gelangten. Bei den systematischen Verhältnissen der Götter untereinander handelt es sich ganz offensichtlich um politiko-theologische Konstrukte, die die Funktion haben, verschiedene Traditionen oft lokaler Art miteinander zu verknüpfen und die hervorragende Stellung des eigenen Gottes, das heißt des Gottes, dem der lokale Tempelkult in erster Linie gewidmet ist, zu untermauern. Dies hat durchaus nicht nur religiös-spekulative Gründe, sondern auch handfeste materielle Ursachen: Die Tempel waren auch wirtschaftliche Einheiten, die von der Gunst der Herrschenden abhängig waren. Opfer und andere Zuwendungen, Land und Privilegien, kamen dem Tempel und, in der Ranghöhe abgestuft, dem Tempelpersonal zugute. Es ist kein Zufall, daß die überwiegende Menge von Tontafeln, die wir aus dem Bestand mesopotamischer Tempel besitzen, Wirtschaftstexte enthalten, die uns mehr Aufschluß über die Tempelökonomie geben als über das religiöse Leben und die Vorstellungswelt seiner »Betreiber«. Wenn sich die Herrscher ihrer religiösen Taten rühmen (lassen), so verfassen sie keine religiösen Traktate, sondern prahlen mit dem Wiederaufbau eines Tempels oder mit der Größe des Areals, das dem Tempel übergeben wurde.

Trotz dieser Charakterisierung der Religion unter den Verhältnissen in den Hochkulturen des dritten und zweiten vorchristlichen Jahrtausends darf nicht übersehen werden, daß daneben eine Literatur besteht, aus der wir Hinweise auf eine stärker persönlich bestimmte Religiosität entnehmen können. In ihr treten die kultischen Motive gegenüber einer oft pessimistischen Reflexion des Lebens und Schicksals zurück, die manchmal schon Anklänge an eine Fragestellung der *Theodizee* aufscheinen lassen: Es wird darüber geklagt, daß es dem, der seine religiösen und sozialen Pflichten genau erfüllt, auf der Welt dennoch schlecht ergeht, während der Nachlässige und der Bösewicht glücklich bis ans Ende seiner Tage lebt. Interessanterweise ist die Lösung nicht eine Vertröstung auf das Jenseits (auch nicht im »Buch Hiob« des Alten Testaments). Oft gibt es gar keine Lösung, manchmal wird allerdings der Gerechte am Ende doch belohnt. Immerhin handelt es sich hierbei um Texte, aus denen wir, in Bruchstücken, Informationen über eine Beziehung zwischen dem einzelnen und seinem Gottesbild entnehmen können.

Jetzt begegnen uns auch ausgearbeitete **Schöpfungsmythen**, mit denen die Entstehung der Welt erklärt werden soll. Wieder wissen wir nicht, ob diese Mythen ältere Vorläufer hatten oder ob sie erst unter den Bedingungen der Hochkulturen entstanden sind. Offensichtlich ist jedoch, daß Schöpfungsmythen in Mesopotamien und in den angrenzenden Gebieten eine große Gleichförmigkeit aufweisen. Der zweite Schöpfungsbericht in der Genesis (Erstes Buch Mose) ist dafür ein gutes, jedem Leser auch heute zugängliches Beispiel.

Einige Daten und Funde sprechen dafür, daß die einzelnen Göttergestalten aus älteren Ursprüngen entstanden sind. Die Hörnerkrone z. B. ist in sumerischen Darstellungen häufiges Gottessymbol, und sie kann auch schon in neolithischer Zeit als Wandschmuck in Çatal Hüyük nachgewiesen werden. Eine wesentliche Leistung der Hochkulturen besteht darin, daß sie die Beziehungen der Göttergestalten zueinander systematisiert haben. Als Ordnungskategorien standen dafür die sozialen Verhältnisse zur Verfügung: Familie, Herrschaft, Krieg, aber auch Vorstellungen von Freundschaft und Sexualität. Die Entstehung der Götter und Göttinnen wird erklärbar durch Zeugung und Geburt, die Entstehung der Götterhierarchien durch Kampf, das heißt Sieg und Niederlage. Dabei ergaben sich Kombinationen mit Schöpfungsmythen und zugleich die Möglichkeit, den verschiedenen Gottheiten bestimmte Funktionen zuzuschreiben. Polytheistische Systeme bis hin zum griechischen sind dadurch gekennzeichnet, daß die Götter unsterblich und alterslos sind, darüber hinaus auch durch größere Machtfülle von den Menschen unterschieden, aber nicht im strengen Sinne allmächtig, da jeder Machtbereich eines Gottes durch die Machtbereiche anderer Götter begrenzt ist. Trotzdem kommt es gelegentlich zu Entwicklungen, die in die Nähe der absoluten Suprematie eines Gottes heranreichen, dem dann fast Allmächtigkeit zugeschrieben werden kann: Marduk für das babylonische Reich, Amun-Re in Ägypten, Zeus in Griechenland, ohne daß deshalb die Existenz anderer Götter geleugnet wird.

Damit ist schon das Problem der **Entstehung des Monotheismus** angesprochen. Von Monotheismus soll nur dann gesprochen werden, wenn ein religiöses System nur einen Gott verehrt (kultisch) und die Existenz anderer Götter leugnet. In diesem Sinn kann man nur von zwei frühen monotheistischen Systemen sprechen: Das sind die altägyptische *Aton-Religion* von Amenophis IV. (Echnaton), die eine konsequente Weiterentwicklung der Amun-Re-Theologie war (Assmann 1983), und die *Jahwe-Religion* Israels, die sehr wahrscheinlich völlig unabhängig von dem ägyptischen Vorläufer entstanden ist.

Beiden ist gemeinsam, daß sie ihre Herausbildung politischen Konstellationen verdanken. Eine notwendige Tendenz des religiösen Denkens hin zum Monotheismus gibt es nicht. Da die Aton-Religion kurzlebig und ohne religionsgeschichtliche Nachwirkungen blieb, konzentrieren sich die folgenden Ausführungen auf die Jahwe-Religion Israels, aus der Judentum, Christentum und Islam hervorgingen. Das Alte Testament hat die Durchsetzung des monotheistischen Jahwe-Glaubens – natürlich aus der Sicht seiner Anhänger – gut überliefert. Diese Geschichte ist relativ jungen Datums, und sie begann nicht mit einer spekulativen monotheistischen Theologie, sondern mit dem Versuch, den Kult der Stämme Israels in Jerusalem zu zentralisieren. Dieser Versuch war nicht ein Werk der Priester, sondern eine Folge der Durchsetzung der Königsmacht unter König David. Der Monotheismus begann als *Monolatrie*, das heißt als Verehrung nur eines Gottes und nur an einem Ort.

Erst mit dem Verlust der politischen Selbständigkeit des im Laufe der Zeit auf Jerusalem und seine Umgebung reduzierten Südreichs und dadurch, daß im 6. Jahrhundert die Angehörigen der führenden Schichten ins babylonische Exil verbannt wurden, kam es zur vollen gedanklichen Entwicklung des Monotheismus. Abgeschnitten von dem in Jerusalem monopolisierten Kult, stellten die Verbannten Überlegungen über die Macht Jahwes an, der sich ihrem Schicksal gegenüber als offensichtlich »machtlos« erwiesen hatte. Unter dem Eindruck dieser Erfahrungen veränderte sich das Bild: Aus dem Gott Israels, neben dem Götter anderer Völker durchaus existieren konnten, wurde der eine Gott überhaupt, der Gott aller Völker, der letztlich auch über alle Völker herrschen würde. Die endgültige Durchsetzung dieser monotheistischen Konzeption in Judäa wurde ermöglicht, als nach der Zerstörung des neubabylonischen Reichs durch die Perser den Verbannten die Rückkehr nach Jerusalem gestattet wurde und diese in Jerusalem eine Priesterherrschaft (Theokratie) zu etablieren vermochten. Eine solche Herrschaftsform lag wohl im Interesse der persischen Großmachtpolitik, die sich durch eine tolerante Religionspolitik in den von ihr unterworfenen Gebieten auszeichnete.

Dieser kurze Abriß der Entstehung des Monotheismus sollte zeigen, daß es keine religionsimmanente Entwicklung zum Monotheismus gibt. Jeweils besondere historische Konstellationen führten zu seiner Entstehung und damit zu einer religionshistorischen Entwicklung, deren Bedeutung nicht hoch genug eingeschätzt werden kann. Sowohl das Christentum wie der Islam sind ohne den jüdischen Monotheismus nicht denkbar. Dagegen kam es trotz gelegentlich zu beobachtenden monotheistischen philosophischen Erwägungen in Indien und im Griechenland der Antike dort nie zu einem religiösen Monotheismus.

Die Bezugsgröße der religiösen Systeme der frühen Hochkulturen ist das **politische System**, das in der *Person des Königs* gipfelte. Man muß dabei immer berücksichtigen, daß es sich bei diesen Staaten nicht um »naturwüchsige« Gebilde handelte, sondern um auf Unterwerfung und ununterbrochener Gewaltandrohung basierende Systeme, die äußerst zerbrechlich waren und ständig mit regionalen, individuellen und anderen Gegenkräften rechnen mußten.

Mit anderen Worten: Ein solcher Staat ist in hohem Maße *legitimationsbedürftig*, da Zwang allein – so unverzichtbar er ist – zu hohe Kosten für die Herrschaftsstabilisierung erfordert. Eine ältere Theorie der späten Aufklärung hat deshalb auch in der Religion ein von den Herrschenden erfundenes Mittel zur Aufrechterhaltung von Macht gesehen. Diese Auffassung ist zu einfach und deshalb nicht richtig. Religion ist zweifellos älter als die Entstehung von Staaten, aber unter den Bedingungen einer staatlichen Organisation der Gesellschaft verändert sie ihren Inhalt und ihre Form, wird systematischer. Ihre einzelnen Elemente, die zuvor eher unzusammenhängend nebeneinander bestanden, werden in eine Ordnung gebracht, so wie die einzelnen Elemente der zum Staat gewordenen Gesellschaft über Steuerwesen und Gerichtswesen mit der Zentrale verbunden werden.

In besonderen Fällen kam es bei dieser Entwicklung zur Unterdrückung lokaler Kulte, wie es für Israel zu beobachten ist. Meist reichte es jedoch aus, durch mythologische Verknüpfungen und kultische Veranstaltungen (etwa das babylonische Neujahrsfest) die lokalen Kulte und die in ihnen verehrten Gottheiten mit den Gottheiten der »Zentrale« zu verbinden. Eine andere Möglichkeit bestand darin, den Monarchen zur eigentlichen Kultperson zu machen, die sich nur von den jeweiligen Priestern vertreten ließ, wie es die ägyptischen Pharaonen taten. Nur konsequent ist es dann, wenn die Könige in eine definierte Beziehung zu dem für sie wichtigen Gott traten. In Ägypten (aber auch in Peru und China) geschah dies unter der Konzeption der Sohnschaft, also einer familiären Beziehung. Im Alten Orient wurde in der Regel eine direkte Vergöttlichung des Herrschers vermieden, dafür trat die Konstruktion der Statthalterschaft auf, die dann auch für das christliche Europa Bedeutung gewann.

Es liegt nahe, bei diesen Konstruktionen an reine Legitimationsmechanismen zu denken, mit deren Hilfe eine Letztbegründung für moralisch-politische Werte und Normen geleistet werden soll. Ausführungen im *Ägyptischen Totenbuch*, die von einer Rechtfertigung und letztinstanzlichen Beurteilung der Taten sprechen, können als weitere Belege dienen. Allerdings wissen wir über die tatsächlich handlungssteuernde Kraft der religiösen Vorstellungen wenig. Nur indirekt können wir aus verschiedenen Beobachtungen schließen, daß sich die staatlichen Instanzen nie allein auf religiös antizipierte Sanktionsandrohungen verließen. Ein starres Strafrecht, das unmittelbar auf brutale Vergeltung gerichtet war, begleitet die Geschichte der Staaten der archaischen Hochkulturen mit der Tendenz zunehmender Brutalisierung. Um die Ungestörtheit der kostbaren Grabstätten der Pharaonen zu sichern, wurden neben *magisch-religiösen Kautelen* immer auch sinnreiche technische Vorkehrungen getroffen. Beides verhinderte nicht, daß fast alle Grabkammern recht bald ausgeraubt wurden.

Es ist wohl nicht abwegig, wenn wir davon ausgehen, daß die unleugbaren Anstrengungen der Herrschenden, Staat und Religion miteinander zu verbinden, von der allgemeinen Tendenz staatlicher Organisationen bestimmt waren, möglichst viele Bereiche vor- und außerstaatlichen Lebens unter ihren Einfluß zu bringen. Da Religion mit Sicherheit älter ist als »der Staat«, ist ein Teil dieser allgemeinen Politik die Integration des religiösen Bereichs in die Sphäre des Staates. Dabei ist es durchaus möglich, daß bestimmte Teile des religiösen Systems von dieser Integration ausgespart blieben, gewissermaßen volksreligiöse Elemente in einer archaischen Hochkultur, von denen wir normalerweise nichts wissen, da sie keine schriftliche Kodifizierung erhalten haben. Weil sich die konkreten Lebensumstände der Mehrheit der Bevölkerung nicht mehr rekonstruieren lassen, können wir auch nichts über die religiösen Vorstellungen und die religiösen Handlungen sagen, die sich aus diesen Lebensumständen heraus entwickelt haben. Unübersehbar ist auf jeden Fall die Tendenz der archaischen Hochreligionen, in ihrer »soziomorphen Gestalt« (Topitsch 1972) Herrschaftskategorien zu formulieren: Die Welt der Götter wird politisiert, so daß tendenziell ein großer Gott als monarchische Spitze über einer Vielzahl von Funktionsgöttern steht, denen gegenüber er sich erst durchsetzen mußte.

Religionen mit Zentrierung auf das Individuum

Die im vorhergehenden Kapitel besprochenen Religionen sind den meisten Menschen der modernen Welt fremd. Wir können sie nur mühsam aus Texten und archäologischen Zeugnissen rekonstruieren. Von den heute existierenden großen sogenannten »Weltreligionen«, Christentum, Islam, Buddhismus und Hinduismus, hat nur der letztere deutlichere Züge der archaischen Hochreligionen bewahrt, obwohl auch er in seiner Vielfalt zu dem Typus von Religionen zu zählen ist, der jetzt behandelt werden soll.

Es ist schon vielen Beobachtern aufgefallen, daß etwa in der Mitte des ersten vorchristlichen Jahrtausends Religionen entstanden, die vor allem durch eine *Tendenz zur Universalisierung* gekennzeichnet sind. Obwohl auch sie sich aus bekannten religiösen Traditionen speisen und damit in ihren Ursprüngen national, kulturell und ethnisch verstanden werden können, verließen sie früher oder später diesen Rahmen mit der Überzeugung, ein Heil (Erlösung) für alle Menschen zu bringen. Sie *missionierten*, eine Erscheinung, die den alten Hochreligionen fremd war. Noch die Römer dachten nicht daran, den besiegten Völkern die römischen Götter aufzunötigen.

Zahlreiche der damals zuerst greifbaren Religionen sind wieder verschwunden, etwa die vielen ursprünglich lokalen, dann universalen Mysterienkulte, andere haben sich selbst aus geringen Anfängen so verbreitet, daß sie die religiösen Traditionen ihrer Gastgesellschaften aufsogen und bis zur Unkenntlichkeit mit ihren Inhalten verschmolzen: der Buddhismus in Tibet, Sri Lanka, Thailand usw. Wiederum andere blieben selbst klein, stagnierten nach anfänglichen Missionserfolgen, wie das Judentum. Dennoch wurden zentrale Elemente der jüdischen Religion vom Christentum und vom Islam übernommen.

Manche dieser Religionen reklamieren einen historischen Gründer für sich: So der Buddhismus Buddha, das Christentum Jesus, der Islam Mohammed. In anderen Religionen finden wir keine Gründer. Da in den allermeisten Fällen historisch gesicherte Informationen über die »Gründer« (die ja häufig nicht die Absicht hatten, eine neue Religion zu *gründen*, sondern ihre Religion reformieren wollten; der Islam ist eine seltene Ausnahme) kaum vorliegen, ist es von einem wissenschaftlichen Standpunkt aus gesehen wenig ergiebig, von den sogenannten Stiftern als »religiösen Virtuosen« (Weber 1976) auszugehen und den neuen Typus von Religion auf ihre religiösen Ansichten zurückzuführen.

Realistisch ist die Annahme, daß zu vielen Zeiten Individuen existierten, die aus den unterschiedlichsten Gründen eine besondere religiöse Neigung verspürten und im Rahmen dieser Neigung das bestehende religiöse System veränderten, wobei in den allermeisten Fällen von diesen Individuen keine Spuren zurückgeblieben sind. Es mag sein, daß es sich um Personen handelt, die im medizinischen Sinne (und in den Augen der dominierenden Gruppen) »auffällig« waren. Sofern sie die großen Religionsstifter betreffen, sind Spekulationen in diese Richtung verfehlt, da uns keine ver-

Abb. 12 Stieropfer (Bononia, Italien, heute im Museo Civico, Bologna). Der Stier hatte eine zentrale Bedeutung im Mithras-Kult: Seine Tötung durch den Gott war das zentrale Kultbild. Von Persien aus gelangte die Verehrung des Gottes des Lichts und der Sonne nach Rom. Durch die römischen Soldaten wurde der Mithras-Kult dann weit verbreitet.

wertbaren Daten zur Erstellung einer Psychopathologie ihrer Persönlichkeiten erhalten sind. Von sozial- und kulturanthropologischem Interesse sind deshalb weniger die Gründer als die religiösen Systeme selbst und ihre Anhänger.

Die neuen religiösen Systeme entstanden nicht aus dem Nichts. Religionshistorisch handelt es sich um Variationen des vorgefundenen religiösen Materials, wobei gelegentlich sogar bewußte Verknüpfungen von mehreren Traditionen vorgenommen wurden, so etwa, um zwei sehr späte Beispiele zu nennen, im *Sikhismus*, der im 15. Jahrhundert entstand und Elemente des Hinduismus und des Islam verbindet, und im *Bahaiismus*, der im 19. Jahrhundert entstand und vor allem islamische, aber auch jüdische und christliche Elemente enthält.

Gemeinsam ist allen eine gewisse Traditionsfeindlichkeit, die allerdings manchmal durch Rückgriff auf eine (fiktive) ältere Tradition begründet werden kann. Man sollte deshalb vielleicht besser von einer Distanz zur vorgefundenen politischen, sozialen und kulturellen Wirklichkeit sprechen, die gelegentlich bis zur *Weltverneinung* gehen kann. Die ältere These, daß es sich um Religionen von sozial Unterprivilegierten handelt, ist nach dem Stand der Forschung nicht mehr haltbar. Dagegen ist anscheinend richtig, daß diese Religionen sehr häufig ihre Anhänger aus Gruppen gewannen, die von der Teilnahme an der vorherrschenden Religion ausgeschlossen waren. Auch wenn es viele Einzelbeobachtungen gibt, ist eine Soziologie der neuen Religionen, die vor 2000 Jahren oder mehr entstanden, nur schwer möglich – es gibt keine Sozialstatistik der Anhänger dieser neuen Religionen (Theißen 1977). Nach diesen zur Vorsicht mahnenden Anmerkungen soll eine Charakterisierung des neuen Typus von Religion versucht werden.

Das *erste und wichtigste Merkmal* aus sozialanthropologischer Sicht ist die nun gegebene Möglichkeit, **Religion aus den übrigen Lebensbezügen zu lösen**. Wenn auch diese Loslösung nie vollständig verwirklicht wird – ein Minimum an Beziehungen zu den ökonomischen, politischen und reproduktiven Systemen muß gewährleistet sein –, so sind doch jetzt Formen der Askese, der Weltverneinung möglich, die in früheren Stadien undenkbar waren.

Verzicht auf biologische Reproduktion, Verneinung von Arbeit, Fernhalten von politischen Aktivitäten sind Kennzeichen für viele Religionen des hier zu besprechenden Typus, wenn auch die Nähe zu früheren Religionsformen bei manchen Religionen die Weltverneinungstendenz abschwächen läßt (Judentum, Hinduismus) oder nur für bestimmte Gruppen vorschreibt. Als allgemeines Charakteristikum kann trotz aller Einschränkungen festgehalten werden, daß diese Religionen nicht mehr vorhandene, sozusagen alltägliche Lebensformen »sakralisieren«, indem sie ihnen eine religiöse Dimension verleihen. Sie stellen den Bereich des Religiösen auf die eine oder andere Weise *außerhalb des Alltäglichen*. Dabei treten vor allem asketische Tendenzen auf: Enthaltsamkeit wird als vorbildlich dargestellt. Allerdings gibt es in manchen Religionen gelegentlich auch libertinistische Tendenzen, die im gezielten Verstoß gegen überkommene Normen gipfeln.

Sofern diese Religionen des weltverneinenden Typus nicht auf kleine Gruppen beschränkt bleiben (wollen), die in ökologischen Nischen überleben, müssen Kompromisse mit der »Welt« geschlossen werden. Es entbehrt nicht einer gewissen Ironie, daß gerade Religionen, die sich anfangs in gewisser Weise außerhalb der sie umgebenden Gesellschaften gestellt hatten, die Verhaltensweisen von ihren Anhängern einforderten, die diese zu Außenseitern werden ließen (Buddhismus und Christentum), zu Weltreligionen wurden, die ältere, lebensbejahende Religionen verdrängten. Die einzig mögliche Lösung des entstehenden Dilemmas bestand in einem Zurückdrängen der anfänglichen Weltverneinung, oft begleitet von einer Aufspaltung der Anhänger in *»religiöse Virtuosen«* (Mönche, Priester) und *Laien*. Die Laien wurden zu Gläubigen »zweiter Ordnung«. Sie durften in ihren sozialen Lebensverhältnissen verbleiben, durften heiraten, Kinder zeugen, ein Gewerbe treiben, Kriege führen. Genau betrachtet ähnelten die religiösen Verhältnisse immer mehr denen, die vor dem Siegeszug der neuen Religionen geherrscht hatten: Religion wurde für die große Mehrzahl ihrer Anhänger zu einer Angelegenheit von Festtagen. Es ist nicht verwunderlich, daß auch viele ältere religiöse Feste in das System der neuen Religionen übernommen wurden, wie dies im Christentum und im Buddhismus ganz deutlich wird.

Daß diese Entwicklung für Individuen, die es ernster mit der Religion meinten, unbefriedigend sein mußte, ist offensichtlich. So ist auch verständlich, daß auf dem Boden der zu Volksreligionen gewordenen Erlösungsreligionen immer wieder Reformbewegungen entstehen, die die echte oder vermeintliche Ursprünglichkeit zurückgewinnen wollen. Die Zahl dieser Reformbewegungen ist sehr groß. Ein weithin bekanntes Beispiel ist die Bewegung des Franziskus von Assisi (1182–1226), die knapp davor stand, zu einer Ketzerbewegung erklärt zu werden, bevor sie vom Papst als Orden etabliert und akzeptiert wurde. Es ging darum, mit der urchristlichen Forderung des Armutsgebots ernst zu machen, und zwar nicht nur für eine kleine Gruppe von Ordensleuten, sondern für Kleriker *und* Laien.

Sehr häufig verbinden sich solche auf die (oft nur vermeintliche) Ursprünglichkeit sich berufenden Reformbewegungen mit sozialer Unzufriedenheit. Daraus können sozioreligiöse Protestbewegungen entstehen, wie etwa im deutschen Bauernkrieg des 16. Jahrhunderts. Vor dem Hintergrund der großen Massenbewegungen zeichnete sich in der Epoche von Reformation und Gegenreformation in Europa auch nach und nach ein deutlicher identifizierbares Bild des einzelnen, des *religiösen Individuums* ab. Eine religiöse Volkskunde, eine historische Wissenschaft von der Religion der unteren sozialen Schichten, findet in dieser Epoche Quellen, die – wenn es gelingt, sie gegen den Strich zu lesen – auch Auskunft erteilen über den Spielraum einzelner Menschen, über ihre religiösen Bedürfnisse, über die Ausdrucksformen einer Religiosität, die auch individuelle Züge tragen kann.

Die Sozial- und Mentalitätsgeschichte fragt nach dem *wirklichen Glauben*, nach dem religiösen *Verhalten* der Menschen und nach dem Stellenwert, den Religion im Alltagsverhalten einnimmt. In solchen Untersuchungen zeigt sich ein deutlicher Zusammenhang zwischen den materiellen Lebensbedingungen, den konkreten Lebensumständen und der religiösen Orientierung. Zumal in sozialen Krisensituationen können religiöse Bewegungen eine wichtige politische Funktion übernehmen, und auch in den modernen Gesellschaften lassen sich solche Entwicklungen beobachten, die wir unter dem wenig treffenden Begriff des »Fundamentalismus« zusammenfassen (Riesebrodt 1990).

Ein *zweites Merkmal* der neuen Religionen, die sich vor allem auf das Individuum beziehen, ist der **religiöse Aufbau einer sozialen Gegenwelt** (Mühlmann et al. 1961). An die Stelle von Familie, lokaler Gemeinschaft, Volk oder Staat tritt die religiöse Gemeinde, der Mönchsorden, die Kirche, die Gemeinschaft der Gläubigen. Der Bruder ist nicht mehr der leibliche Bruder, sondern der Glaubensgenosse. Die beleidigenden Ausfälle Jesu gegen seine Mutter und seine Brüder sind ein gutes, aber religionsgeschichtlich keineswegs einzigartiges Beispiel. Da die neue soziale Welt unbedingte Loyalität fordert und diese im Konfliktfall den überkommenen Loyalitäten vorgeht, haben besonders die staatlichen Autoritäten diese Religionen immer mit Mißtrauen beobachtet. Christenverfolgungen im Römischen Reich, Buddhistenverfolgungen in China sind die bekanntesten Auswirkungen. Um zu überleben, mußten diese Religionen ihre Loyalitätsanforderungen reduzieren oder die möglichen Konfliktpunkte entschärfen, indem sie bestimmte Anforderungen an das Alltagsverhalten ihrer Anhänger aufgaben. Die Geschichte des Christentums in den ersten drei Jahrhunderten ist dafür ein recht gut dokumentiertes Beispiel.

Auf diese Weise, im Kontakt und im Konflikt mit der sie umgebenden Gesellschaft, muß die Religion ihren Anspruch auf eine umfassende Gestaltung aller Lebensbereiche reduzieren; sie verliert als religiöse Gegenwelt an Kontur. Der Gläubige verhält sich dann zur Religion, wie es in den alten Kulturen üblich war: Die Religion wird für ihn (wieder) zu *einer* der mannigfaltigen Lebensäußerungen der Kultur seiner Gesellschaft.

Ein Aspekt allerdings gibt der Religion eine besondere Qualität. Religiöse Rituale *und* religiöse Gefühle stellen gemeinsam eine Gruppenbindung her, die emotionales Erleben, Gemeinschaft, Zugehörigkeit möglich macht. Religion wird erlernt und »ausgeübt«, aber sie wird auch *erlebt*. Die Regelmäßigkeit der Rituale kann ein Gefühl der Sicherheit, der Stütze vermitteln, die Ansprache aller Sinne im religiösen Ritual kann dem einzelnen das Gefühl vermitteln, er nehme Anteil an etwas Besonderem.

Ein *drittes Merkmal* ist der **missionierende Charakter der Religionen des Erlösungstypus**. Ob es sich um spätantike Mysterienkulte handelt oder um den Buddhismus oder den Islam, sie alle beanspruchen, etwas für alle Menschen entscheidend Wichtiges zu besitzen.

Zunächst sind Erlösungsreligionen Randerscheinungen, entweder weil sie als Ausdrucksformen einer soziokulturellen Abweichung nur am Rande von Gesellschaften bestehen können oder weil sie als Religion von Fremden nicht in der Gesellschaft integriert sind. Mit ihrer Kritik an der religiösen, kulturellen Tradition stellen sie sich zunächst außerhalb der Mehrheit. Gerade aus dieser – teils selbstgewählten, teils erzwungenen – *Marginalisierung* kann aber eine *Tendenz zur Universalisierung* entstehen. Weil man fremd ist (oder fremd gemacht wurde), ist man über die enge Gesellschaft hinaus an die ganze Welt verwiesen: Der eigene Glaube kann Gültigkeit für die ganze Welt und für jeden Menschen erlangen. Erfolgreiche Mission bedeutet dann aber: Anpassung an neue Verhältnisse und damit eine geographische Differenzierung eines und desselben Religionssystems. Die wachsende Pluralität des Religionssystems läßt es zu einer Vielfalt kommen, die oft nur noch unter größter Anstrengung den gemeinsamen Ursprung erkennen läßt. Zugleich wird auch eine Steigerung der kulturellen Evolutionschancen ermöglicht, ohne unbedingt radikale Neuerungen zu erfordern.

Durch Kombination ausgewählter Elemente aus den verschiedenen Traditionen sind neue Entwicklungen möglich, die immer noch als orthodox legitimierbar sind. Außerdem ist die Bindung an vorgegebene soziale Verhältnisse nie so eng wie bei den gesellschaftlich stärker integrierten Religionen, so daß auf außerreligiöse Wandlungen flexibler reagiert werden kann.

Ein *viertes Merkmal* ist scheinbar rein äußerlicher Art, aber es wirkt genau in dieselbe Richtung, wie eben beschrieben: die **selbständige Organisation des religiösen Systems** (Kehrer 1982). Sie ist nicht immer so ausgeprägt wie im Christentum, fehlt aber auch im Islam nicht gänzlich – und sei es nur in der relativen religiösen Unabhängigkeit der Mullahs.

Organisatorische Unabhängigkeit bedeutet in erster und wichtigster Hinsicht die selbständige Kontrolle des Zuflusses an *ökonomischen Ressourcen*. Die Religionen der archaischen Hochkulturen waren in hohem Maße von den politischen Instanzen abhängig, von denen die Tempel Zuwendungen erhielten, die ihnen aber auch wieder entzogen werden konnten. Der direkte Zugriff auf Vermögen und Einkünfte der Anhänger lag und liegt deshalb im Interesse aller Religionen und scheint den Religionen des neuen Typus besonders gut gelungen zu sein. Dabei spielt es keine Rolle, ob dies durch Erhebung von Steuern oder durch ein ausgebautes Stiftungswesen geschieht. Wenn dann die angehäuften Besitztümer einem Veräußerungsverbot unterliegen und den Berechtigten nur ein Nutznießungsrecht zusteht, so steigert dies noch die organisatorische Selbständigkeit.

Religion zwischen Kompetenzverlust und neuer Attraktivität

Abschließend kann festgestellt werden, daß mit dem Erscheinen der Erlösungsreligionen eine Entwicklung einsetzte, die sowohl die soziokulturelle Differenzierung innerhalb der Gesellschaft begünstigte, als auch das Potential an individueller Gestaltungsmöglichkeit vergrößerte. Der einzelne Mensch erhielt wenigstens prinzipiell die Möglichkeit, sich zu einer Religion zu bekennen, und auch wenn in der Praxis diese Möglichkeit schnell wieder eingeschränkt wurde, konnte der einzelne sich doch aus seinen, bis dahin fraglos vorgegebenen Zusammenhängen lösen. Diese Entwicklungen laufen mit einer fast eigengesetzlich zu nennenden Dynamik ab. Sie finden sich – unabhängig von den jeweiligen Inhalten – in unterschiedlichen Religionen. Innerhalb der Religionen werden sie freilich auf einer theologischen Ebene reflektiert: entweder affirmativ (bestätigend), dann sprechen wir von modernistischen Tendenzen, oder abwehrend, mit einer rigoristischen oder fundamentalistischen Tendenz.

Überblickt man die uns greifbaren fünftausend Jahre Religionsgeschichte, so lassen sich rein beschreibend einige Trends feststellen:

- das rasante Schwinden von sogenannten Stammesreligionen,
- der Rückgang von Religionssystemen, die ausschließlich mit einer politisch definierten Gesellschaft verbunden sind,
- die Ausbreitung von sogenannten Weltreligionen (Buddhismus, Christentum, Islam und – in Grenzen – Hinduismus) sowie
- das Entstehen von Mischreligionen, die unter und neben den Weltreligionen regional existieren.

Diese vier Trends sind nicht unabhängig voneinander. So ist das Schwinden von Stammesreligionen begleitet von einer Ausbreitung der Weltreligionen, wie es etwa in Afrika als Christianisierung und Islamisierung zu beobachten ist. Daß es sich dabei nicht um einen Wandel handelt, der sich innerhalb der Stammesreligionen vollzogen hat, ist wohl einsichtig. Im Prozeß der andauernden Kolonialisierung ist die Religion der technisch und ökonomisch überlegenen Kultur für die Unterworfenen attraktiv und verspricht zudem Aufstiegschancen. Dieser Prozeß ist auch in außereuropäischen Kulturen beobachtbar, etwa bei der sogenannten *Sanskritisierung* von Stämmen im klassischen und neuzeitlichen Indien, als immer mehr Ureinwohner in das indische Religionssystem einbezogen wurden. In allen diesen Fällen geht es nicht um die religiöse Überlegenheit einer Religion gegenüber einer anderen, sondern um die Vorteile, die die Religion einer dominanten Gesellschaft gegenüber der ihr unterlegenen bietet. Es gibt sogar Beispiele, wo solche Berechnungen auf hoher politischer Ebene angestellt wurden und zu einem kollektiven Religionswechsel führten: Island beispielsweise ist erst sehr spät auf diese Weise christianisiert worden.

Obwohl die hier genannten Fälle religionsgeschichtlich die Mehrheit bilden, kennen wir auch Beispiele, wo der Trend zur Ausbreitung von sogenannten Weltreligionen beobachtbar ist, ohne daß es zu einem imperialistischen Kontakt zwischen Gesellschaften kam. Das bekannteste Beispiel dafür ist der chinesische Buddhismus, der sich zunächst der Mission verdankt und nach wechselvoller Geschichte von Unterstützung und Verfolgung durch die Kaiser zu einer der Religionen Chinas wurde. Bei genauerer Betrachtung zeigt sich aber auch in diesem Fall – wie beim Christentum im Römischen Reich –, daß es ohne tatkräftigen Beistand der politischen Instanzen nicht zu einer dominierenden Stellung gekommen wäre.

Wie gezeigt, haben alle Religionen, die sich zu Weltreligionen entwickelten, universalistische Charakteristika, die sie anscheinend besonders geeignet machen, die religiöse Ideologie von imperialistischen politischen Systemen zu liefern. Allerdings wirkt sich diese Attraktivität für politische Eliten nur dort aus, wo mit der Ausbreitung des Staatsgebiets zugleich eine weitgehende Vereinheitlichung geplant ist, die eine Zerstörung der regionalen Kulturen bedingt. Dabei handelt es sich um die Tendenz zur Vereinheitlichung der religiösen Systeme, die zwar nicht zu einer einzigen Weltreligion geführt hat, aber doch zu einem System von einigen wenigen Weltreligionen, die kleinere Religionen aufgesogen haben, aber dabei intern eine gewisse Pluralität zulassen, innerhalb deren Grenzen ältere Traditionen weiterleben (z. B. afro-christliche Synkretismen in Südamerika, chiliastische Bewegungen in Melanesien usw.). Gerade weil es diese Universalisierungstendenz gibt, können unter den größer gewordenen Dächern der einzelnen Weltreligionen aber auch emanzipatorische Gruppierungen entstehen, die sich etwa um eine Unterstützung von regionalen Befreiungsbewegungen und um die Stärkung der Identität von Minderheiten bemühen (Theologie der Befreiung in Südamerika).

Die *gegenwärtigen Befunde* sind widersprüchlich. Wir hören regelmäßig von Beispielen für eine neue Attraktivität des Religiösen, allerdings läßt sich wohl schwer bestreiten, daß der normierende Einfluß der Religionen insgesamt zurückgegangen ist. Die technologisch-ökonomische Entwicklung wird auch durch wiedererstarkende Fundamentalismen nicht nachhaltig gestört. Vielmehr ist die Tatsache, daß die Vertreter der Religionen sich mehr und mehr darauf beschränken, das private Leben (Ehe, Familie, Sexualität) ihrer Anhänger zu kontrollieren, als ein Anzeichen von Schwäche zu betrachten.

Literatur

Assmann, J. (1983): Re und Amun. Fribourg, Göttingen.
Breuil, H. (1952): Quatre cents siècles d'art pariétal. Montgnac.
Burkert, W. (1972): Homo Necans. Berlin, New York.
Gladigow, B. (1979): Der Sinn der Götter. In: Eicher, P. (Hrsg.): Gottesvorstellung und Gesellschaftsentwicklung. München.
Kehrer, G. (1982): Organisierte Religion. Stuttgart.
Leroi-Gourhan, A. (1981): Die Religionen der Vorgeschichte. Frankfurt/M.
Maringer, J. (1956): Vorgeschichtliche Religion. Einsiedeln.
Mühlmann, W., et al. (1961): Chiliasmus und Nativismus. Berlin.
Piesl, H. (1969): Vom Präanthropomorphismus zum Anthropomorphismus. Innsbruck.
Riesebrodt, M. (1990): Fundamentalismus als patriarchalische Protestbewegung. Tübingen.
Theissen, G. (1977): Soziologie der Jesusbewegung. Heidelberg.
Topitsch, E. (1972): Vom Ursprung und Ende der Metaphysik. München.
Weber, M. (1976): Wirtschaft und Gesellschaft. Studienausgabe. Tübingen.

Wonach wir uns richten – Werte, Normen, Gesetze

Ernst-Joachim Lampe

Thema dieses Beitrags ist die *Orientierung* des menschlichen Verhaltens an verbindlich vorgegebenen *Werten* und *Normen*. Die Begriffe »Werte« und »Normen« werden in einem sehr weiten Sinne gebraucht und gemeinsam als *Standards* bezeichnet. Ein Teil dieser Standards bezieht sich auf unser Zusammenleben mit anderen in einer sozialen Gemeinschaft; diese werden *soziale Standards* genannt. Sind soziale Standards rechtlich sanktioniert (abgesichert), sprechen wir von *Gesetzen*.

Verhaltensorientierung an Normen: eine Voraussetzung für soziale Kooperation

Alltäglich sehen wir, daß in Deutschland etwa 80 Millionen Menschen miteinander leben und, sieht man von etlichen kleineren Reibereien und gelegentlichen größeren Schwierigkeiten ab, zufriedenstellend miteinander auskommen. Woran liegt das? Es liegt offenbar daran, daß diese 80 Millionen Menschen sich im großen und ganzen »rücksichtsvoll« verhalten: Sie richten ihr Verhalten so ein, daß »kein anderer geschädigt, gefährdet oder mehr, als nach den Umständen unvermeidbar, behindert oder belästigt wird«. Das Zitat entstammt, wie zumindest die Autofahrer wissen werden, der Straßenverkehrsordnung (§ 1 Absatz 2). Daß es hier steht, ist kein Zufall. Der Straßenverkehr ist heute der Prototyp eines Gefüges, in dem das menschliche Miteinander nur so lange funktioniert, wie es dort *rücksichtsvoll* zugeht und diese Rücksicht auch die Beachtung der speziellen sozialen Standards, nämlich der Verkehrsregeln, einbezieht. Aber der Straßenverkehr ist selbstverständlich nur *ein* Funktionsgefüge unter vielen, in die wir alltäglich eingebunden sind. Das größte und allgemeinste Funktionsgefüge ist der Staat. Wir erkennen in ihm einen *status*: einen *Zustand*, worin eine Gemeinschaft von Menschen lebt, die in ihrem Verhalten durch gemeinsame soziale Standards, speziell durch staatliche Gesetze, koordiniert und kontrolliert werden, und worin jeder verpflichtet ist, sich rücksichtsvoll zu verhalten, insbesondere niemanden zu gefährden oder zu verletzen.

Staatliche Funktionsgefüge, in denen Menschen in geordnetem Miteinander leben, gibt es gegenwärtig fast überall auf der Erde. Wo immer es sie gibt, gewähren sie *Orientierungssicherheit* mit Hilfe von Gesetzen, an denen jeder sein Verhalten ausrichten soll und auf deren Einhaltung jeder vertrauen darf. Das Ausmaß und die Art und Weise, wie sie ihre Funktion erfüllen, sind freilich unterschiedlich. Auf Reisen können wir feststellen, daß in manchen Staaten das soziale Leben weniger gut funktioniert als bei uns; in anderen dagegen erscheint es uns überreglementiert, weil wir von Haus aus mehr Freiheit gewöhnt sind. In manchen Staaten treffen wir nur auf zahllose uns unbekannte gesellschaftliche Sitten – deren Bruch man uns verzeiht, weil wir ungebildete Fremde sind (z. B. in China). In anderen Staaten dokumentiert eine Unzahl von Rechtsnormen die Allgegenwart des Staates (z. B. früher in den kommunistischen Staaten Osteuropas) – hier können wir nicht mit Nachsicht rechnen, wenn wir Zuwiderhandlungen begehen. In wieder anderen Staaten fehlen uns umgekehrt Gesetz und Brauch in Bereichen, wo wir an Leitung gewöhnt sind – da werden wir unsicher, wie wir uns verhalten sollen, denn in soviel Selbständigkeit sind wir nicht geübt (so mag es heute manchen Bewohnern der ehemaligen DDR gehen).

Solche *Unterschiedlichkeit der staatlichen Reglementierung* scheint auf Belieben hinzudeuten. Indessen zeigt uns das aktuelle Geschehen in Osteuropa, daß dem nicht so ist. Die Staaten der Erde stehen vielmehr in einer Art »Wettbewerb« zueinander: Nur Staaten, deren Ordnung zufriedenstellend funktioniert und die ihren Bürgern zu bestmöglichem Wohlstand verhelfen, werden auf Dauer akzeptiert und können bestehen. Alle anderen müssen sich verändern, und »wer zu spät kommt, den bestraft das Leben«. Allerdings heißt das nicht, daß es eine beste aller Sozialordnungen gibt, auf die hin sich jedes soziale Leben gleichsam von Natur aus entwickelt und die deshalb auch der staatliche Gesetzgeber anpeilen muß. Vielmehr müssen alle Gesetze, wie schon Charles Montesquieu (1689–1755) erkannte,

> »[...] dem Volk, für das sie geschaffen sind, so genau angepaßt sein, daß es ein sehr großer Zufall wäre, wenn sie auch einem anderen Volke angemessen wären. Sie müssen der Natur und dem Prinzip der bestehenden oder erst zu errichtenden Regierungsform entsprechen [...]. Sie müssen weiter der *Natur* des Landes entsprechen, seinem kalten, heißen oder gemäßigten Klima, der Beschaffenheit des Bodens, seiner Lage und Größe, der Lebensweise der Völker, ob Ackerbauer, Jäger oder Hirten; sie müssen dem Grad von Freiheit entsprechen, der sich mit der Verfassung verträgt; der Religion der Bewohner, ihren Neigungen, ihrem Reichtum, ihrer Zahl, ihrem Handel, ihren Sitten und Gebräuchen.« (Montesquieu 1951, S. 62)

Auch die *Bildung staatlicher Funktionsgefüge* unterliegt nicht freiem Belieben; die darin zusammengefügten Menschen müssen vielmehr »zusammenpassen«. Was dazu gehört, ist schwer auf einen Nenner zu bringen. Fest steht nur, daß Fehlentwicklungen zur Korrektur drängen, weil sonst terroristische Aktivitäten oder grausame Kriege die Folge sein können. Man denke nur an die Separationsbewegungen der Völker im ehemaligen Jugoslawien, der Basken in Spanien, der Frankokanadier in Kanada und der Tamilen in Sri Lanka. Allein die Tatsache, daß Menschen auf dem gleichen abgegrenzten Gebiet zusammenleben (die sogenannte »allgemeinvitale Raumeinpassung«), kann den staatlichen Zusammenhalt nicht gewährleisten; zusätzlich sind gemeinsame Traditionen, gemeinsame Sitten und Gebräuche, gemeinsame Überzeugungen, eine gemeinsame Sprache, eine gemeinsame Volkszugehörigkeit und anderes erforderlich.

Wenden wir uns von diesen weltweiten Schwierigkeiten ab und unserem Alltag in der Bundesrepublik Deutschland zu. Unsere soziale Ordnung funktioniert, wie gesagt, zumeist reibungslos. Daher gibt es für uns im allgemeinen keinen Anlaß, daß wir uns über die *spezifische Art* unserer sozialen Standards und deren *inhaltliche Richtigkeit* ernstlich Gedanken machen. Daß diese Standards dennoch nicht selbstverständlich sind, wird uns erst dann bewußt, wenn jemand, willentlich oder nicht, erheblich von ihnen abweicht: Dann wird nicht nur das reibungslose Zusammenleben gestört, dann sagen wir nicht nur, daß er ein Störenfried sei oder gar ein Friedensstörer, ein Asozialer, ein Terrorist, ein Revolutionär. Wir überlegen vielmehr auch, wie wir ihm gegenüber gerechterweise reagieren sollen, um ihn zur Vernunft zu bringen und um Wiederholungen oder Nachahmungen seines abweichenden Verhaltens vorzubeugen. Die Außerachtlassung elementarer Formen der Höflichkeit, die grobe Mißachtung von Verkehrsregeln, der bewaffnete Landfriedensbruch, die kriminelle Untreue führen uns eindringlich vor Augen, daß ein Potential *abweichenden Verhaltens* ständig vorhanden ist, daß mit seiner Hilfe von Zeit zu Zeit der Aufstand geprobt wird und daß wir gelegentlich unsere soziale Ordnung verteidigen müssen, soll sie nicht zusammenbrechen.

Verteidigen oder abändern? Nach jeder Infragestellung unserer sozialen Ordnung müssen wir unsere Standards erneut bejahen oder sie verneinen, und jede dieser Antworten müssen wir verantworten. In derlei Situationen zeigt sich die Nützlichkeit von nicht in Frage gestellten Standards. Ohne sie wären wir überfordert – unser gesamtes gesellschaftliches Leben würde stocken. Denn: *Nicht in Frage gestellte soziale Standards erfüllen im Alltag eine ganz erhebliche Entlastungsfunktion.*

Allerdings müssen wir von Zeit zu Zeit auch neue soziale Standards erfinden. Denn wie alles im Leben ändern sich auch die Bedingungen unseres Zusammenlebens von Generation zu Generation. Sie bedürfen deshalb einer ständigen Neuordnung durch neue Verhaltensstandards. Die politische Geschichte unseres Jahrhunderts zeigt, wie weitreichend derartige Veränderungen sein und wie schnell sie aufeinander folgen können: Ein heute Neunzigjähriger hat als Jugendlicher im Kaiserreich, als junger Erwachsener in der Weimarer Republik, später im Nationalsozialismus gelebt; erst in der zweiten Hälfte seines Lebens hat er ein wohlfundiertes demokratisches System kennengelernt; aber auch das hat sich ständig verändert – man denke an die Zeit unmittelbar nach dem Zweiten Weltkrieg zurück und vergleiche sie mit heute. Die scheinbare Orientierungs*statik* unseres Alltags verliert sich mithin, sobald wir einen längeren Zeitraum, etwa den eines Menschenlebens, betrachten. Auf die Probleme, die das Überleben des einzelnen, der Familie, der Gesellschaft, der Menschheit insgesamt mit sich bringen, muß daher ein beständiger Normenwandel reagieren. Die Funktionalität aller sozialen Ordnungen – ihr Zweck, das gemeinsame und damit zugleich das individuelle Leben innerhalb einer sich verändernden Umwelt zu sichern und das Sozialverhalten von steigender Komplexität zu entlasten – macht solchen Normenwandel nötig.

Verhaltensorientierung an Normen ist kein menschliches Spezifikum

Wir haben bisher erkannt, daß unser Verhalten sich an sozialen Standards orientiert, und daß diese Standards – nach welchen Kriterien auch immer – aus mehreren möglichen Verhaltensalternativen diejenigen auswählen, die dem Leben in der Gemeinschaft und damit auch der Gemeinschaft insgesamt am besten frommen. Bevor wir uns nun näher mit den Verhaltensstandards befassen, stellt sich uns noch eine prinzipielle Frage: Ist die Orientierung unseres Verhaltens an Normen *typisch menschlich*?

Auf den ersten Blick scheint die Antwort negativ zu sein: Auch unzählige Tierarten leben konstant zusammen in kleineren oder größeren Gemeinschaften, und zwar nicht etwa in beliebiger Form, sondern jeweils nach bestimmten »Normen«. Ein solches *Zusammenleben mehrerer Individuen derselben Art* ist also offenbar eine Lebensweise, die generell lebens- und überlebensförderlich sein kann. Die Natur hat sie deshalb mehrfach ausprobiert und wegen ihrer Funktionstauglichkeit beibehalten.

Die *Vorteile* sind offensichtlich: Das Zusammenleben schirmt die Individuen gegen Einwirkungen aus der Umwelt besser ab (z.B. bei der gemeinsamen Verteidigung gegen Feinde), und es befähigt sie, auf die Umwelt derart einzuwirken, wie sie es allein niemals könnten (so bei der gemeinsamen Jagd auf Beutetiere). Allerdings gilt wie überall: kein Vorteil ohne Nachteil! Als *Kehrseite* bringt das Zusammenleben Beschränkungen für das Individuum mit sich. Es verlangt vor allem, daß es seine »egoistischen« Tendenzen zurückdrängt. Dazu bedarf es spezieller Mechanismen, welche die Lebensvorteile und Lebensnachteile für das Individuum so aufeinander abstimmen, daß die Vorteile für die Gemeinschaft durchschnittlich überwiegen. Diese Mechanismen sind bei den Tieren nicht irgendwo außerhalb des Individuums verankert – etwa in einem Kodex für Wölfe, wo steht, wie ein »anständiger«, sozial denkender Wolf zu jagen hat. Sie sind vielmehr jedem Individuum entweder unmittelbar *genetisch* mitgegeben – so bei den sozial lebenden Insekten –, oder sie werden (auf genetischer Basis) im Verlauf der Entwicklung (insbesondere in der Kindheit) erworben – so bei den sozial lebenden Wirbeltieren. Das Ergebnis ist allemal die »Sozialeignung« des Individuums, die Verträglichkeit seines Verhaltens mit dem der anderen Mitglieder seiner Sozietät, die eine abgestimmte »soziale Interaktion« ermöglicht.

Die Sozialverträglichkeit wäre perfekt, würden nicht hin und wieder die »egoistischen« Ziele eines Individuums der sozialen Funktionalität seines Verhaltens zuwiderlaufen. Was für das Überleben und Wohlergehen des Einzeltiers am besten ist, braucht es nicht auch für die Gruppe zu sein: Die Flucht vor dem Feind z.B. erhält zwar möglicherweise das Leben des Individuums, gefährdet aber die Gruppe, die auf gemeinsame Verteidigung angewiesen ist. Die soziale Funktionalität eines Verhaltens bedarf also der Absicherung, der *Sanktionierung* gegen zuwiderlaufende Tendenzen des natürlichen »Egoismus«. In der Natur ist für eine solche Absicherung gesorgt:

- Entweder sind die für das soziale Leben unbedingt erforderlichen Verhaltensfunktionen genetisch starr festgeschrieben und können deshalb individuell nicht in Frage gestellt werden. Das ist etwa der Fall bei der Kastengliederung der sozialen Insekten. Diese sind Arbeiter, Krieger oder Königinnen, ohne daß hier je individuelle Probleme entstünden.
- Oder es besteht zwar die Möglichkeit individueller Infragestellung und damit gruppeninterner Gegensätze, diese sind aber durch Hemmungsmechanismen ihres sozial abträglichen Charakters entkleidet. Das ist etwa der Fall bei den Kommentkämpfen vieler Wirbeltiere, die mit gefährlichen Waffen ausgestattet sind: Die

Tiere konkurrieren zwar mit ihren Artgenossen um Reviere, Geschlechtspartner oder Rangstufen, in der Regel jedoch ohne ihre Konkurrenten so zu verletzen, daß sie individuell lebensuntauglich würden oder ihre soziale Funktion künftig nicht mehr erfüllen könnten.

- Ferner hat die Natur ihren Geschöpfen »altruistische« (uneigennützige) Neigungen mitgegeben, die dort, wo sie für das Überleben des Nachwuchses eingesetzt werden, den »Egoismus« bis zur Selbstaufopferung zurückdrängen können. So warnt etwa ein Pavian seine Gruppe oder ein Ziesel seine Nachbarn durch Rufe, wenn ein Feind naht. Beide erhöhen dadurch das Risiko, selbst angegriffen zu werden, retten aber ihre Abkömmlinge und Verwandten davor, gefressen zu werden (Sherman 1977).

Erst wo die Natur ihre Geschöpfe alleine läßt, zwingt sie sie, die sozialen Beziehungen selbst zu organisieren und zu sanktionieren. Ansätze hierzu finden wir bei vielen Wirbeltieren, am deutlichsten bei den Primaten, welche von Population zu Population unterschiedliche und in bezug auf ihre genetische Ausstattung offenbar zufällige Sozialmechanismen herausgebildet haben. Zur vollen Entfaltung freilich kommt die soziale Vielfalt erst beim Menschen. Er besitzt zwar noch gewisse *»angeborene«* soziale Verhaltensdispositionen, aber kaum noch fertige Organisationsmuster. Daher muß er sich *»anerkorene«* Sozialsysteme schaffen und sie eigenständig absichern.

Wichtig für unser Thema ist, daß mehr oder minder sämtliche Hominoiden (Menschenähnlichen) solche »anerkorenen« Sozialsysteme besitzen. Ihr Gerüst sind überall *Rangordnungen*, die sich auf alle Bereiche des sozialen Lebens erstrecken: auf das Sexualverhalten, auf die Körperpflege (wer laust wen?), auf die Nahrungsaufnahme (wer bekommt den ersten – und im Zweifel besten – Happen?), auf den räumlichen Abstand voneinander (respektvolle Entfernung von dem Ranghöheren!), auf das Ansehen (wer wird am häufigsten und am aufmerksamsten angesehen?), auf den Wettbewerb zwischen sozietären Untergruppen usw.

Obwohl diese Rangordnungen gewissen Schemata folgen, gibt es im einzelnen doch viele Unterschiede. Zu den *feststehenden Schemata* gehört z. B., daß männliche Tiere mehr Abstand voneinander halten als weibliche, daß sie sich aber auch eher einmal gemeinsam absondern (vgl. unsere Männerbünde!). Zu den *jeweiligen Besonderheiten* gehört dagegen, wie der Wechsel des Leittiers einer Gruppe zustande kommt. Das »freie Spiel der Kräfte« zeitigt hier oft unvorhersagbare Resultate. So verdrängte einmal ein subdominanter Schimpanse das langjährige Oberhaupt seiner Gruppe allein

Abb. 13 Auch beim Menschen kann man aus dem Grußverhalten auf die Ranghöhe schließen. Ein extremes Beispiel zeigt diese Lithographie von Honoré Daumier. Hier sind die Ränge so weit voneinander entfernt, wie es nur denkbar ist: »Tchinn, Tchinn ... Du überbringst mir eine gute Nachricht ... Ich gewähre Dir die ganz besondere Ehre, den erhabenen Staub meiner erhabenen Schuhe zu küssen! ... «

dadurch, daß er drei leere Benzinkanister mit großem Lärm vor sich hertrieb (van Lawick-Goodall 1971, S. 97f.). Ferner gehört zu den Besonderheiten, daß Individuen das Verhalten ganzer Populationen in unvorhersagbarer Weise beeinflussen können, z. B. durch Neuerungen, die sie einführen. So übernahmen die Mitglieder einer Makakenpopulation das Auswickeln von Süßigkeiten und das Waschen von Süßkartoffeln in Meereswasser, nachdem eines ihrer Mitglieder dies »erfunden« hatte (zit. nach Eibl-Eibesfeldt 1987, S. 382f.).

Nicht bei allen, aber doch bei vielen Hominoiden stoßen wir ferner auf unterschiedlich ausgeprägte *Institutionalisierungen*. Auch insoweit stehen Rangstufen im Vordergrund. Die Besonderheit liegt darin, daß der Rang nicht an ein bestimmtes Individuum gebunden ist, etwa an den Stärksten aus der Gruppe, sondern daß er als solcher besteht und von unterschiedlichen Individuen besetzt werden kann. Die Inhaber solcher Rangpositionen haben gewisse Privilegien, aber auch wichtige sozietäre Aufgaben. Beispielsweise müssen sie für Frieden und Ordnung in der Gruppe sorgen, weibliche und jugendliche Tiere schützen, die Verteidigung der Gruppe nach außen übernehmen und anderes mehr. Festgestellt wurde auch, daß innerhalb einer herausgehobenen Schicht Solidarität geübt wird: Beispielsweise wurde jedes Mitglied der Schicht vor Angriffen Außenstehender verteidigt, so daß seine körperliche Unterlegenheit gegenüber dem Angreifer keine Rolle mehr spielte (Frisch 1959, S. 586ff.).

Außerhalb des Gerüsts der Rangordnungen sind die sozialen Mechanismen bei den Hominoiden, wie gesagt, äußerst unterschiedlich und den arteigenen Möglichkeiten sowie den jeweiligen Umweltbedingungen angepaßt. Stets gehört zu ihrem Inhalt, daß Gefahren für den Fortbestand der Gruppe (und damit auch für die Existenz des einzelnen Tiers) sofort wirksam beseitigt werden, daß zumindest ein Teil der Gruppe für die von allen benötigte Nahrung sorgt und daß die Aufzucht des Nachwuchses abgesichert wird. Im übrigen ist das soziale Leben flexibel. In einigen Populationen ist z. B. die Position des Individuums so streng festgelegt, daß es nicht einmal den ihm zugewiesenen Raum straflos verlassen darf (Frisch 1959, S. 588f.). In anderen Populationen dagegen ist die Bewegungsfreiheit so groß, daß einzelne Tiere oder ganze Gruppen sich ohne nachteilige Folgen mehrere Wochen lang von der Sozietät entfernen können (van Lawick-Goodall 1971, S. 29). Trotz aller Flexibilität werden Individuen, die von den allgemein befolgten Verhaltensweisen abweichen, überall korrigiert oder gar aus der sozialen Gemeinschaft ausgeschlossen (Eibl-Eibesfeldt 1987, S. 532f.): Schon in ihrer Vorform gibt es also *Freiheit* nur zusammen mit *Bindung*.

Zusammenfassend läßt sich feststellen: Außer bei den Menschen gibt es auch bei vielen Tierarten, insbesondere bei allen Hominoiden, Sozietäten als überindividuelle Einheiten. Ebenso wie bei den Menschen sichert bei diesen Tierarten das soziale Zusammenleben die Existenz. Gleichzeitig verlangt es nach einer Verhaltensorganisation, die den individuellen »Egoismus« beschränkt. Diese Organisation ist entweder von der Natur vorgegeben, sei es unmittelbar genetisch oder aufgrund eines genetisch programmierten Lernprozesses, oder sie wird von den Individuen selbst geschaffen und sanktioniert. Die soziale Selbstorganisation ist folglich nichts spezifisch Menschliches, sondern überall dort vorhanden, wo eine Vielzahl von Individuen zusammenlebt und von Natur aus zwar auf Kooperation angewiesen, jedoch nicht hinreichend hierfür determiniert ist.

Wenn aber der Mensch insofern keine Sonderstellung einnimmt, was ist dann für seine sozialen Systeme spezifisch? Wir sahen, daß bereits bei den Tieren die Organisationsmuster für die Regelung des Sozialverhaltens unterschiedlich sind. Liegt es da nicht nahe, daß ein weiteres Muster das Zusammenleben und die Kooperation von Menschen spezifisch organisiert? Wir wollen im folgenden versuchen, diese Frage zu beantworten.

Die spezifisch menschliche Verhaltensorientierung an Kulturnormen

Unserer menschlichen sozietären Situation sehr ähnlich ist auf den ersten Blick diejenige, in der sich die Angehörigen einer ganz anderen biologischen Klasse befinden: die sozialen Insekten. Ihre »Staaten« bestehen seit Jahrmillionen, haben also erfolgreich wechselnde Zeitläufe und unterschiedliche Umwelten überdauert. Können sie nicht schon allein deshalb ein Muster auch für unsere menschliche Existenz sein? Man ist zunächst geneigt, diese Frage zu bejahen. Dennoch wäre eine solche Bejahung falsch, weil das *Sozialverhalten der Insekten* grundsätzlich anders organisiert ist als das des Menschen: Es bewegt sich in festgefügten Funktionskreisen, aus denen es kein Entrinnen gibt; es wird fast ausschließlich durch Instinkte gesteuert und läßt dem Lernen und dem Erfindungsvermögen so gut wie keinen Raum. Ein solches Verhalten kann genetisch so konditioniert sein, daß es jederzeit sozialverträglich abläuft.

Auch die *Wirbeltiere* haben, wie die Insekten, von der Natur ein instinktgesteuertes Verhaltensrepertoire mitbekommen; doch daneben haben sie im Laufe ihrer Evolution immer mehr eine Fähigkeit entwickelt, die den Insekten fast vollständig abgeht: die Fähigkeit zu lernen, ja sogar zu denken. Diese Fähigkeit beeinflußt auch ihr Verhalten: Nur ein Teil des Verhaltens ist instinktgesteuert, und dieser Teil ist desto kleiner, je höher entwickelt sie sind. Der Rest ist erlernt, entweder durch »Versuch und Irrtum« oder durch die Nachahmung fremden Verhaltens – oder durch menschliche Dressur, weil sich der Mensch der Aufgabe, Tiere abzurichten, um ihrem Verhalten eine zuvor nicht dagewesene Richtung zu geben, schon seit Jahrtausenden hingebungsvoll widmet. Dieser Teil des Verhaltens kann genetisch nicht so konditioniert sein, daß er unter allen Umständen sozialverträglich abläuft.

Von allen Wirbeltieren hat sich der *Mensch* am stärksten auf das spezialisiert, was den Insekten weitestgehend fehlt: auf Lernen und Denken. Schon die frühesten Vertreter des *Homo sapiens sapiens* waren darin – auch gemessen an den übrigen Wirbeltieren, und zwar selbst den höchstentwickelten unter ihnen – wahre Meister. Aber – und das ist die andere Seite der

Medaille – sie hatten dafür schon fast all ihre Instinktsicherheit verloren. Sie waren reich an natürlichen Fähigkeiten, die sie zu Fertigkeiten entwikkeln konnten, aber sie waren arm an natürlichen Fertigkeiten, die sie befähigten, ihre Umwelt zu meistern. Mit anderen Worten: Fast alles, was ihnen frommte, mußten sie sich erst schaffen. Ohne Werkzeuge, ohne Handelsbeziehungen hätten sie nicht überleben können. Gewiß, was einmal geschaffen war, das konnten sie an die folgende Generation weiterreichen. Aber diese erhielt es nicht etwa als fertiges genetisches Erbe, sondern als Aufgabe, es sich anzueignen. Und vor allem – sie erhielt es nicht als unabänderliches Verhaltensprogramm, sondern als ein bloßes Muster, von dem sie bei Bedarf abweichen und das sie in vielerlei Richtungen verändern konnten. Ein solches nur durchgemustertes Verhalten verläuft genetisch weitestgehend unbeeinflußt ab; es kann daher sozial überaus abträglich sein.

Die *typisch menschliche Situation* ist damit freilich noch nicht hinreichend charakterisiert. Zum einen besitzen auch manche Tierarten, ganz besonders die uns nächstverwandten Primaten, die Schimpansen, die Fähigkeit zum Erlernen von Verhaltensmustern, die individuell veränderbar sind. Infolgedessen können sie, wie wir schon sahen, von Population zu Population abweichende soziale Verhaltensweisen herausbilden. Was ihnen fehlt, ist weniger das gewisse Etwas einer Qualität als vielmehr die schier unermeßliche Menge einer Quantität: jenes Ausmaß an *Differenzierung* und an *Spezialisierung* des Verhaltens und, damit verbunden, jene *Komplexität* sozialer Strukturen, die das menschliche Miteinander auszeichnet. Man mag darüber streiten, ob es sich insoweit nur um einen quantitativen und nicht bereits um einen qualitativen Unterschied handelt – jedenfalls ist der Graben, der die individuellen Verhaltensweisen und sozialen Strukturen einer Affengesellschaft von denen selbst der einfachsten Menschengesellschaft trennt, so breit, daß uns eher die Unterschiede auffallen als die Gemeinsamkeiten. Zum andern versuchen nur wir, Sozialstrukturen auszubilden, die uns gestatten, wie die Insekten zu leben, obwohl wir biotisch eher das Zeug zu Einzelgängern in uns hätten. Daß uns das im großen und ganzen gelingt, muß, betrachtet man die Kürze unserer Entwicklungsgeschichte, geradezu als Wunder erscheinen. Wodurch schaffen wir es?

Unser Mittel ist die *Kultur*. Sie ist das typisch Menschliche in unserem sozialen Leben. Sie ist die »Gesamtheit jener Werte und Sinngefüge, die der Mensch in seiner Gesamtentwicklung zu schaffen vermochte, so Religion, Sprache, Dichtung, Wissenschaft und Technik, Kunst, Recht« (Stettbacher 1951, S. 96).

Wie wir zur Kultur gekommen sind, wissen wir nicht. Vermutlich entstand sie in Verbindung mit der Nahrungsgewinnung, also mit einem besonders wichtigen Thema im frühmenschlichen Leben. Soweit wir bei Tieren Vorstufen von tradierter Kultur beobachten können, hängen diese ebenfalls mit der Nahrungsgewinnung zusammen.

Wann Kultur entstand, läßt sich ebenfalls nur schätzen. Erste Hinweise sind selbstgeschaffene Werkzeuge. Und Funde von Werkzeugen des afrikanischen *Homo habilis*, der heute als Vorläufer des *Homo sapiens* gilt, deuten auf ein Alter von mehr als zwei Millionen Jahren hin. Diese ersten Werkzeuge waren äußerst primitiv, funktionstüchtigere Formen wurden nur sehr allmählich entwickelt. Sie gehörten aber immer mehr zum menschlichen Leben und waren für die Fortpflanzungsfähigkeit einer Sozietät wichtig: Wer die besten Werkzeuge (und damit auch die besten Waffen) besaß, konnte sich sowohl ausreichend Nahrung verschaffen als auch bei kriegerischen Auseinandersetzungen mit anderen Gruppen die Oberhand behalten. Mit Werkzeugen ließ es sich besser und sicherer leben. Und weil das so war, bestimmte die Fähigkeit zur Werkzeugherstellung fortan auch die *Selektion*.

Was sich aus ihr herausbildete, war *heutige Mensch*. Er war, als er vor etwa 130 000 Jahren erstmals die Bühne der Geschichte betrat, bereits das Produkt einer Koevolution von Natur und Kultur. Seine Werkzeuge blieben zwar noch lange Zeit primitiv. Doch vor etwa zehn- bis zwölftausend Jahren setzte die erste jener großen Veränderungen ein, die künftig sein Schicksal bestimmen sollten: Erstmals in der Geschichte aller Lebewesen übertrafen *technische* Verbesserungen an Werkzeugen, also *kulturelle* Komponenten, die somatischen Veränderungen. Sie führten zu einer Reihe weiterer wichtiger Neuerungen, deren wichtigste Garten- und Ackerbau waren. Durch sie wurden aus umherstreifenden Jägern und Sammlern seßhafte Bauern. Und dieser Wandel im Lebensstil machte wiederum den technischen und kulturellen Fortschritt unumkehrbar. Er führte zu veränderten sozialen Verhältnissen, deren Kennzeichen die Vergrößerung der Sozietäten und die Verstärkung der Arbeitsteilung waren.

Wichtig ist dabei, daß alle kulturellen Veränderungen die *Erfindungen einzelner* waren, selbst wenn die Gemeinschaft ihnen den Boden bereitet hatte. Die biotische Entwicklung der Spezies Mensch war hierfür uninteressant. Ein biotisch gleichbleibender Mensch verstand es, zum *Homo creator*, zum schöpferischen Menschen, zu werden. Als solcher wurde er auch zum Schöpfer seiner selbst. Nicht Angepaßtheit, sondern *Originalität* wurde sein Kennzeichen und färbte sein soziales Leben. Zwar wirkten die genetisch überkommenen Verhaltensmuster zunächst noch weiter, doch bildeten sie allmählich nur noch den Untergrund für deren eigenständigen kulturellen Überbau der sozialen Standards. Der Mensch hatte sich auf den Weg eigener Kreativität begeben, und auf ihm mußte er durch Kultur zu allgemeinem Wohl und zu sozialer Harmonie gelangen. Vor Abirrungen war er dabei natürlicherweise nicht gefeit.

Im Gegenteil! Weil *Kultur* auf den Erfindungen einzelner beruhte und von allen anderen gelernt werden mußte, war ihr *Verhältnis* zu den angeborenen Verhaltensprogrammen von Anfang an problematisch. Der Mensch wurde *einerseits* mehr und mehr zum kulturellen Wesen, das sein biotisches Verhaltensprogramm nicht mehr als maßgeblich anerkennen konnte. Er lernte von frühester Jugend an, seinen Trieben zu widerstehen, sofern »es sich nicht schickt«; er lernte, zu seinen natürlichen Bedürfnissen »nein« zu sagen, um statt dessen nach den Standards seines Stammes oder seines Standes zu leben. In den Hochkulturen führten ihn diese weitab von »natürlichem« Verhalten, ja sie gaben seinem Tun und Lassen selbst dort, wo es natürlichen Bedürfnissen wie Ernährung, angenehme Temperatur, Schlaf diente, etwas Distanziertes: Sie ließen ihn nicht essen, um den Hunger zu stillen, sondern um der Tafelfreuden willen; sie ließen ihn sich nicht kleiden, um Schutz gegen Kälte und Wind zu finden, sondern *à la mode*, um chic auszusehen oder um Gruppenidentität zu zeigen. *Andererseits* konnte der Mensch sein biotisches Verhaltensprogramm niemals völlig verleugnen. Es brach sich z. B. in Notsituationen Bahn, etwa in Krieg oder Gefahr. Es brach sich aber auch dort Bahn, wo der Mensch ohne Not von einer »gekünstelten« Lebensweise wieder »zurück zur Natur« wollte: In der Natur, nicht in deren Überwindung, schienen ihm dann die wahren Werte zu liegen.

Fazit: Das Verhalten von Tier *und* Mensch bewegt sich biotisch im Rahmen von Verhaltensprogrammen. Diese Programme sind für das Tier grundsätzlich spezifisch genug, um ihm in allen typischen Lebenslagen hinreichende Weisung für das Überleben sowohl als Individuum als auch als Sozietät zu geben. Ganz eindeutig gilt das für die sozial lebenden Insekten, deren Verhalten genetisch durch starre Programme gesteuert wird. Weniger eindeutig gilt das für Wirbeltiere, insbesondere für Primaten, deren Verhalten zwar auf genetischer Basis, aber durch flexible Programme reguliert wird. Hier erfordert die soziale Anpassung zusätzliches Lernen, für das die Natur regelmäßig die frühe Kindheitsphase vorgesehen hat. Für den Menschen ist das biotische Verhaltensprogramm grundsätzlich *nicht* spezifisch genug, um darauf sein Sozialverhalten zu gründen. Er hat dafür in geradezu verschwenderischer Fülle die Fähigkeit mitbekommen, soziale Muster in sich aufzunehmen. Allerdings geht es bei ihm nicht in erster Linie um die

Aufnahme abgewandelter biotischer Muster, etwa der mimischen Kommunikation, sondern um die Aufnahme schöpferisch gestalteter kultureller Standards in ein Verhaltensrepertoire, das ebenfalls weitestgehend erlernt werden muß.

Die Notwendigkeit einer umfassenden kulturellen Normenordnung für unsere heutige Zivilisation

Umfassende kulturelle Normenordnungen befähigen den Menschen, nicht nur in *Kleingruppen*, sondern auch in größerer Zahl zusammenzuleben. Solche Normenordnungen wurden von den Menschen – auf der Grundlage ihrer biotisch geprägten Verhaltensstrukturen – in den Jahrtausenden seit der ersten großen technischen Umwälzung errichtet. Und wenn man heute allenthalben auf der Welt feststellen kann, daß innerhalb einer Gesellschaft die meisten Mitglieder auf eine bestimmte Situation in ziemlich derselben Weise reagieren, dann kann man ermessen, wie erfolgreich die Ordnungen sind. Es gibt kaum eine Verrichtung, kaum eine Situation, in der sie uns nicht leiten! Wie wir uns kleiden, wie und wann wir essen, wie und wann wir zur Arbeit eilen (und daß wir es tun!), wie und wann wir wieder heimgehen, wann wir Ruhepausen einlegen, was wir in unserer Freizeit tun – all das ist durch Übung, Sitte, Recht, Gewohnheit, Mode usw. mehr oder weniger fest vorgegeben. Wer abweicht, verspürt ein Rechtfertigungsbedürfnis, zumindest sich selbst, meistens aber auch den anderen gegenüber; und wer es nicht verspürt, wird von den anderen daran erinnert oder als Sonderling abgestempelt. Ohne eine umfassende kulturelle Normenordnung kommt keine größere Gesellschaft aus, erst recht kein moderner Staat; ohne normierte Gleichheit ginge es überall drunter und drüber.

Bedenklich ist freilich, daß *allein die Kultur* den Menschen den Weg in die Großgesellschaft finden ließ und daß bis heute allein die Kultur ihn darin erhält. Das biopsychische Verhaltensprogramm hat auf die umwälzenden Veränderungen, die sich in der Sozialstruktur der Menschheit vollzogen, nicht reagiert: Es ist auf Kleingruppen fixiert geblieben. Und wenn wir heute für unsere Massengesellschaft eine Normenordnung brauchen, die gerade nicht die eigene *Kleingruppe* begünstigt und andere Gruppen diskriminiert, sondern die zur Integration aller in eine *Großgesellschaft* taugt, dann gibt uns die Natur hierfür kein Modell an die Hand. Woher aber bekommen wir dann Hilfestellung? Wer sagt uns und mit welchem

Recht, wie wir uns beispielsweise in unseren Mammutstädten verhalten sollen, in die uns das Zeitalter der Industrialisierung verschlagen hat? Wie schon die erste technische Umwälzung hat die zweite *industrielle* Umwälzung die Bevölkerung der Erde um das Zehnfache vermehrt und Ansiedlungen größten Ausmaßes mit enormen sozialen Aufgaben entstehen lassen. Woran können wir uns orientieren, um die dort neu entstandenen Probleme zu lösen?

Fest steht, daß wir die neuen Probleme, wenn überhaupt, nur mit Hilfe jener Errungenschaft lösen können, mit deren Hilfe wir sie uns eingebrockt haben: mit der Kultur. *Kulturnormen* müssen die Führung übernehmen, wenn unsere Sozialprobleme gelöst werden sollen. Was aber sind Kulturnormen, und wodurch unterscheiden sie sich von den *Bionormen*, die das Verhalten der Tiere lenken?

Bionormen, wie sie das Verhalten von Ameisen und anderen Insekten lenken, wirken ähnlich den Kausalgesetzen der Physik: *Immer wenn* eine bestimmte Situation eintritt, *dann* wird eine Ameise in bestimmter Weise darauf reagieren. Wir bezeichnen solche »Immer wenn – dann«-Normen als *determinierende Bionormen*. Daneben gibt es weniger strenge Normen, die das Verhalten der Wirbeltiere steuern. Sie sind desto »offener«, lassen also desto mehr Wahlfreiheit, je höher die Wirbeltiere intellektuell entwickelt sind. Dennoch bleibt der Wahlanteil selbst für die höchstentwikkelten unter ihnen, die Schimpansen, im Verhältnis zum genetisch bestimmten Anteil relativ klein. Und da die Normen ihr Verhalten letztendlich auf biotisch vorgegebene Ziele ausrichten, können wir sie – im Unterschied zu den oben genannten determinierenden Bionormen – *programmierende Bionormen* nennen.

Ganz anderer Art sind die Normen, die den Menschen leiten. Sie lassen ihm nicht nur Wahlfreiheit, sondern regeln diese auch. Daß eine solche Regelung erforderlich ist, folgt aus der enormen »Offenheit« der genetischen Verhaltensprogramme des Menschen. Sie sind so unspezifisch, daß man menschliches Verhalten nicht mehr als seinsprogrammiert, sondern nur noch als *frei* – wenn auch nie als vollständig frei! – bezeichnen kann. Und weil menschliche Freiheit, wie wir schon sahen, stets mit *Bindung* einhergeht, muß sie in eine neue Art von Normen eingebunden werden, nämlich in *Kulturnormen*.

Der entscheidende Unterschied zwischen Bionormen und Kulturnormen ist also: *Bionormen* sind *Wirksamkeiten* und begründen *Wirklichkeit*; *Kulturnormen* dagegen sind *Verbindlichkeiten* und begründen *Geltung*. Das bedeutet: Bionormen können nur wirksam sein. Kulturnormen dagegen können im Extremfall faktisch wirkungslos sein und dennoch (»kontrafaktisch«) verbindlich gelten. Brauch und Mode beispielsweise können – sogar bei relativ geringfügigem Anlaß und ohne großes Zögern – außer acht gelassen, Rechtsnormen können – freilich gegen erheblich größere Hemmungen – gebrochen werden. Trotzdem bleiben sie für das Verhalten verbindlich und somit gültig.

Schauen wir uns die Kulturnormen noch genauer an. Wie erwähnt, beschränken sie die faktischen Verhaltensmöglichkeiten auf eine begrenzte Zahl. Sie erheben sie zu Verhaltensstandards, das heißt zu Vorbildern, an denen sich das Verhalten aller orientieren *soll, aber nicht muß*. Da das Sollen gegenüber dem Müssen die schwächere Determinationsform ist, scheidet es dort von vornherein aus, wo Verhalten bereits durch ein Müssen determiniert ist: etwa bei Reflexbewegungen, organischen Veränderungen, panischen Reaktionen. Normen, die das Krankwerden, die Eifersucht, das Territorialverhalten oder den persönlichen Besitz verbieten, könnten danach niemals gültig sein.

Auch unsere *Sprache* bringt die Differenz zwischen Müssen und Sollen zum Ausdruck (Lautmann 1971, S. 98ff.): Besteht ein strikt wirksames Verhaltensmuster, stellt sie es *deskriptiv* (beschreibend) dar: »Immer wenn eine bestimmte Situation eintritt, dann *ist* das darauffolgende Verhalten *zwangsläufig* so (es soll also nicht nur so sein).« Besteht hingegen ein lediglich verpflichtendes Verhaltensmuster, dann verlautet sie *präskriptiv* (vorschreibend): »Immer wenn eine bestimmte Situation eintritt, dann *soll* das darauffolgende Verhalten so sein (muß es aber nicht)!« Der präskriptive Begriff »Sollen« ist für die Sprache somit ein Schlüsselwort, durch das sie sich eine der Seinssphäre gegenüber selbständige Sphäre der Geltung erschließt, die der deskriptiven Sprache verschlossen bleibt (vgl. Larenz 1992, S. 83ff.).

Gleichwohl hängen beide Sphären, die Seinssphäre und die Geltungssphäre, eng zusammen. Denn nur was sein *kann*, soll sein – Unmögliches wird von keinem gefordert. Ferner beruht die verpflichtende Wirkung des Sollens auf einem Minimum an faktischer *Akzeptanz* seiner Geltung. Eine Norm des Brauchtums oder der Sitte, die niemals akzeptiert wurde, gibt es nicht. Auch im Rechtsbereich muß zumindest ein gewisses Maß an faktischer Akzeptanz hinter jeder Norm stehen und ihre Geltung garantieren. Eine Rechtsnorm, die deshalb dauernd unwirksam bleibt, weil weder die Rechtsunterworfenen noch die Gerichte sie akzeptieren, wäre keine »gültige« Norm.

Wieso lösen kulturelle Verhaltensnormen unsere sozialen Probleme? Die Antwort lautet: Sie tun dies, indem sie in dem durch die Bionormen offengelassenen Bereich sozialen Handelns *Kooperation durch Koordination* erwirken, so daß soziale Harmonie die Folge ist. Sie vermögen das in viererlei Hinsicht:

- *Kulturnormen entlasten vom Druck eigener Entscheidung.* Da das Verhalten des Menschen durch Bionormen nur ganz grob definiert ist, besteht für jeden einzelnen eine Fülle von Variations- und Abweichungsmöglichkeiten. Müßte er nun ständig neu entscheiden, welche Möglichkeit er auswählt, stünde er unter einem permanenten Entscheidungsdruck, der ihn, da er die Folgen seiner Entscheidungen selten zuverlässig abschätzen kann, letztlich überfordern und handlungsunfähig machen würde. Um das zu vermeiden, nehmen ihm die Kulturnormen die Entscheidung ab: Sie typisieren im sozialen Leben häufig wiederkehrende Situationen und geben an, wie man sich in ihnen erfahrungsgemäß richtig verhält. Der einzelne kann dann auf diese Verhaltensmuster – die ihrerseits oft biopsychisch »unterlegt« sind – zugreifen, ohne schädliche Folgen befürchten zu müssen.
  Beispiel: Zwei miteinander gut bekannte Menschen treffen innerhalb einer anonymen Gruppe aufeinander. Die einschlägige Kulturnorm definiert ihr Zusammentreffen als Begrüßungssituation. Sie stellt hierfür – aufbauend auf der biopsychischen Norm für Begrüßungsverhalten (dazu Eibl-Eibesfeldt 1987) – ein kulturelles Handlungsmuster bereit (Handgeben, Anlächeln, Austausch freundlicher Worte). Im allgemeinen reicht das aus, den Sozialkontakt erfolgreich zu bestehen und sich keine schädlichen Folgen (Enttäuschung, Verstimmung oder ähnliches) einzuhandeln.
- *Kulturnormen begründen typisches Verhalten.* Da Kulturnormen allgemeine Regeln für das Verhalten in Standardsituationen vorgeben, entlasten sie nicht nur vom Druck eigener Entscheidung, sondern begründen sie auch die Verhaltenstypik von jedermann: »Man« verhält sich so, und weil »man« sich so verhält, kann »man« sich darauf verlassen, daß auch andere sich so verhalten.
  Beispiel: Streckt unser Bekannter dem anderen die Hand zur Begrüßung entgegen, so darf er davon ausgehen, daß der andere sie ergreift. Tut der andere das nicht, dann entsteht eine unerwartete, asymmetrische (und möglicherweise höchst peinliche) Situation. Unser Bekannter ist enttäuscht; er fragt sich, warum der andere sich nicht »entsprechend« verhält. Mehr noch, er ist verstimmt,

weil er die Situation aufgrund einer weiteren – ebenfalls biopsychisch fundierten – Kulturnorm in dem Sinne deuten muß, daß das gute Verhältnis zwischen ihm und dem anderen gestört ist und daß dieser die Störung durch seinen auffälligen Bruch der Begrüßungsnorm demonstrieren will. Glücklicherweise werden wir vom »Mißglücken« von Handlungen, die den Zweck verfolgen, daß etwas geschieht, z. B. der andere ebenfalls die Hand zur Begrüßung ausstreckt, nur selten betroffen. Denn alles in allem verleihen die Kulturnormen uns eine hohe Erwartungssicherheit: Sie gestatten wechselseitiges *Vertrauen*, aufgrund dessen wir miteinander umgehen können. Und sie ermöglichen uns die *Kontrolle* unserer sozialen Umwelt – eine für unser Wohlbefinden, für das Gefühl sozialer Geborgenheit sehr wesentliche Bedingung.

– *Kulturnormen stimmen typisches Verhalten sozial aufeinander ab.* Auf diesen besonders offensichtlichen Aspekt wurde schon oben hingewiesen und als allgegenwärtiges Beispiel der Straßenverkehr benannt. Diese und andere soziale Beziehungen fordern Rücksicht auch auf fremde Belange, ein hierauf abgestimmtes Verhalten. Das Ziel dieser Rücksicht ist der Bestand einer sozialen Einheit, das heißt die »Abstimmung« aller sozialen Interaktionen auf das soziale Gebilde, innerhalb dessen sie sich ereignen, etwa auf die Schulklasse, auf den Verein oder auf den Staat.

– *Kulturnormen integrieren die ihnen Unterworfenen in eine soziale Einheit.* Damit ist folgendes gemeint: Jedes soziale Gebilde – ob Schulklasse, Verein, Genossenschaft, Verband, Volk, Staat – besitzt eine eigene Normenordnung, worin das Verhalten aller Mitglieder geregelt ist. Es handelt sich hierbei um die Verfassung des Gebildes (bzw. um seine Satzung, sein Reglement), welche die Vielzahl der Mitglieder (Schüler, Genossen, Angehörige, Bürger) so miteinander verschmilzt, daß sie sich künftig nicht nur als Individuen, sondern auch als Teile einer Institution verstehen und diesem Verständnis in ihrem Verhalten Ausdruck geben. Kein Verein besteht ohne Satzung, kein Staat ohne Verfassung! Integriert in den Verein ist nur, wer dessen Satzung, integriert in den Staat nur, wer dessen Verfassung – jedenfalls im großen ganzen – akzeptiert. Erhebliche Normbrüche führen konsequent zur Desintegration.

Die Ausrichtung der Kulturnormen an kulturellen Werten

Integration in eine Gemeinschaft ist nur dann möglich, wenn deren Verfassung und deren grundlegende Normen von der überwiegenden Mehrheit ihrer Mitglieder akzeptiert werden, weil sie ihrer Überzeugung nach *richtig* sind. Damit kommen wir auf die Frage zurück: Wer sagt uns, und mit welchem Recht, welche Verfassung und welche Grundnormen für unsere heutige Gesellschaft *richtig* sind? *Woher nehmen* wir die Normen, die uns vom Druck entlasten, selbst richtige Entscheidungen treffen zu müssen, die unser Verhalten richtig typisieren, typisches Verhalten sozial richtig aufeinander abstimmen und uns in eine richtige, weil harmonische soziale Einheit integrieren? Und *wie begründen* wir die vorgebliche »Richtigkeit« ihres Inhalts? In der *Natur* können wir keine Begründung finden, denn unsere genetischen Verhaltenstendenzen sind teils zu unspezifisch, teils sogar irreführend, weil sie auf andere soziale Verhältnisse als die unseren zugeschnitten sind. Auf unsere *Kultur* ist ebenfalls kein Verlaß: Gerade weil sie sich von den Bionormen emanzipiert hat, ist sie nicht unbedingt lebensförderlich; indem wir sie frei gestalten, stehen wir unübersehbaren Folgen gegenüber und müssen mit der Möglichkeit des Irrtums rechnen. Gibt es Kriterien, an denen wir uns in dieser Lage orientieren können und sollen?

Die Antwort lautet: Wir können und sollen uns an *Werten* orientieren. Sie nämlich sind jene letzten Gegebenheiten, die hinter den Kulturnormen einer Sozietät stehen. Sie bezeichnen zum einen die (immer anzustrebenden, wenn auch niemals vollständig erreichbaren) *Zwecke, deren Erfüllung* dem menschlichen Gefühl durchschnittlich *Genugtuung bereitet*. Normen, die sich an solchen Werten orientieren, verpflichten zu einem Verhalten, das durchschnittlich für die Gruppe förderlich bzw. »beglückend« ist. Sie werden als *relative Werte* bezeichnet. Zum anderen bezeichnen Werte die *Zwecke, die um ihrer selbst willen erstrebt* werden sollen, also ihren Charakter nicht von einer »Beglückung« herleiten. Man bezeichnet sie als *absolute Werte*.

Kulturelle Werte sind relativ, sofern sie Normen begründen, die einem empirischen Zweck, insbesondere dem *Glück des Menschen*, dienen. Das Glück des Menschen ist denn auch Zentralbegriff der *eudaimonistischen Ethik* (griech. *eudaimonia* = Glück). Ihr Hauptvertreter im Altertum war Aristoteles (384–322 v. Chr.). Nach ihm will jeder Mensch glücklich sein allein um des Glückes willen. Das Glück sei ein »letzter Zweck«. Und von Wert sei, was diesem Zweck dient.

Doch was ist jenes Glück, wonach der Mensch als letztem Zweck strebt? Die Philosophen sind hierauf eine eindeutige Antwort schuldig geblieben. Im wesentlichen haben sie zwei Auffassungen vertreten: Die eine versteht unter Glück soviel wie individuelle Lust oder Freude; ihre Vertreter bezeichnet man als *Hedonisten* (von griech. *hedone* = Lust). Die andere, mehr ökonomisch orientierte, versteht unter Glück den allgemeinen Nutzen; ihre Vertreter heißen *Utilitaristen* (von lat. *utilitas* = Nutzen).

Historisch wirkungsvoller waren die Utilitaristen. Als ihr Prinzip benannte Jeremy Bentham (1748–1832) »das größtmögliche Glück der größtmöglichen Zahl«. Damit vertrat er eine allgemeine Wohlstandsmoral, allerdings eine, die noch nichts über die Verteilung des Volkswohlstandes aussagt. Sie läßt zu, daß der Nutzen bei einigen wenigen angehäuft wird, sofern dies ein Mehr an Gesamtgewinn bringt. Die industrielle Produktion beispielsweise ist allein dem Prinzip der Profitmaximierung zu unterstellen, ohne daß es darauf ankäme, wer diesen Profit erntet. Bentham unterschied überdies nicht zwischen den Arten des Nutzens; für ihn galt, daß »bei gleichem Maß an Vergnügen Kegeln so gut ist wie Poesie« (vgl. Mill 1976, S. 123). John Stuart Mill (1806–1873) dagegen nuancierte genauer zwischen der niederen sinnlichen »Lust« und den höheren geistig-seelischen »Freuden«:

> »Es ist besser, ein unzufriedener Mensch zu sein als ein zufriedengestelltes Schwein; besser ein unzufriedener Sokrates als ein zufriedener Narr. Und wenn der Narr oder das Schwein anderer Ansicht sind, dann deshalb, weil sie nur die eine Seite der Angelegenheit kennen.« (Mill 1976, S. 18)

Mills Auffassung besitzt bereits ein hohes Maß an ethischer Richtigkeit. Doch ist sie noch durch eine Unterscheidung zu ergänzen, die wir dem deutschen Philosophen Nicolai Hartmann (1882–1950) verdanken: die Unterscheidung zwischen Bedürfnis*stärke* und Bedürfnis*höhe*. Hartmann sagt (1949, S. 602):

> »Der höhere Wert ist allemal der bedingtere, abhängigere und in diesem Sinne schwächere; seine Erfüllung ist sinnvoll nur, soweit er sich über der Erfüllung der niederen Werte erhebt. Der unbedingtere, elementarere und in diesem Sinne stärkere Wert aber ist allemal der niedere; er ist nur axiologisches [= wertmäßiges] Fundament des sittlichen Lebens, nicht Erfüllung seines Sinnes.«

Gemäß dieser Unterscheidung kann man folgende Grundsätze formulieren:

- Die genetisch später ausgebildeten, stärker kulturierten Bedürfnisse werden allgemein als die wertvolleren betrachtet;
- die genetisch früher ausgebildeten niederen Bedürfnisse besitzen jedoch die elementarere Kraft und müssen befriedigt sein, bevor jene zur Geltung kommen.

Da die relativen Werte am System der menschlichen Bedürfnisse orientiert sind, setzen sie die Richtigkeit (»Berechtigung«) dieser Bedürfnisse und ihrer hierarchischen Ordnung unreflektiert voraus. Außerdem lassen sie uns bei der Verteilung der Befriedigungschancen für Bedürfnisse im Stich, wenn wir es – wie nahezu stets – mit Güterknappheit zu tun haben. Die hier entstehenden Gerechtigkeitsprobleme müssen folglich nach Kriterien gelöst werden, die bisher noch nicht zur Sprache gekommen sind. Solche Kriterien liefern die *absoluten Werte*, deren Grundlage die menschliche Vernunft ist.

Aus der Analyse der menschlichen Vernunft entwickelt die *Transzendentalphilosophie* Immanuel Kants (1724–1804) Normen für praktisches Handeln. Da der Mensch ein vernünftiges Wesen ist, sei er imstande, sich allgemeine Gesetze zu geben. Selbstgesetzgebung aber sei das, was wir *Freiheit* nennen. Denn

> »was kann denn wohl die Freiheit des Willens sonst sein als Autonomie, d.i. die Eigenschaft des Willens, sich selbst ein Gesetz zu sein?« (Kant 1968, Band IV, S. 446)

Moralische Imperative setzten die Freiheit des Willens indessen nicht nur voraus, sie hätten sie auch zum Zweck. Der einzige aus bloßer Vernunft herzuleitende Imperativ laute daher: Wolle die Freiheit um der Freiheit willen!

Aus diesem Imperativ hat die neuere Philosophie die allgemeine Forderung nach *Gewaltlosigkeit* abgeleitet. Konflikte sollen ausschließlich durch eine in *vernünftigem Diskurs* gewonnene Übereinkunft gelöst werden (*Diskursethik*).

Allerdings fragt es sich, ob wirklich jede Übereinkunft bloß deshalb, weil sie in einer »idealen Sprechsituation« (Habermas 1984, S. 174) gefunden wurde, als moralisch verbindlich anerkannt zu werden verdient. Kann man nicht auch über Böses Einvernehmen herstellen, und müssen nicht deshalb, wie insbesondere Charles Taylor (1986, S. 133) gemeint hat, die an der Kommunikation Beteiligten zuvor auf die Idee des (absolut) Guten verpflichtet werden? Oder springt aus einem vernünftigen Diskurs quasi von selbst der moralisch richtige Inhalt heraus? Hier sind Zweifel angebracht, die von der Diskursethik bisher nicht beseitigt wurden.

Was bleibt danach? Es bleibt die Erkenntnis, daß die Vernunft des Menschen fähig ist, dem Handeln Zwecke vorzugeben, die von der Natur nicht vorgegeben sind. Es bleibt der Vernunft ein gewisses Maß an Freiheit, allgemeine Werte und Normen selbst zu konkretisieren. Diese Werte und Normen sind – soweit sie sozial wirksam sein sollen – nicht monologisch vom einzelnen, sondern aufgrund eines mit sittlichem Ernst geführten Diskurses zu ermitteln. Das materialethische Grundprinzip: »Tue das Gute und meide das Böse!« muß jedoch außerhalb des Diskurses bleiben. Es ist das Kriterium für schlechthin alles, was nach einem Diskurs mit Anspruch auf moralische Richtigkeit geschehen darf, und daher ist für alle im Diskurs angestellten Überlegungen als verbindlich vorauszusetzen. Das Ergebnis des Diskurses muß ferner sozialverträglich sein. Das ist es nur, wenn es einerseits im Sinne eudaimonistischer Auffassung den Bedürfnissen der Menschen und deren hierarchischer Struktur Rechnung trägt, andererseits die Befriedigung der Bedürfnisse unter das formalethische Grundprinzip stellt, daß sie mit »einem allgemeinen Gesetze der Freiheit« vereinbar sein muß. Sozialethisch »berechtigt« sind folglich nur diejenigen Bedürfnisse, deren Befriedigung die größtmögliche Freiheit aller bestehen läßt, und jedes einzelne Bedürfnis ist es nur in dem Maße, wie es dies tut.

Die soziale Durchsetzung der Kulturnormen

Kulturnormen heben aus der Vielzahl möglicher Verhaltensweisen diejenigen heraus, die für den Bestand der Gesellschaft wichtig und daher seitens ihrer Mitglieder zu beachten sind. Solche Verhaltensmuster können im Einzelfall individuellen Verhaltenswünschen entgegenstehen.

> Hans möchte beispielsweise unbedingt einen Gegenstand haben, der einem anderen gehört, und daher den Gegenstand kurzerhand wegnehmen, um ihn für sich zu behalten. Er weiß wie alle anderen, daß das Diebstahl und deshalb verboten ist. Was wird Hans tun? Wahrscheinlich wird er sich an die Norm halten und seinen Wunsch unterdrücken. Die Norm hat dann schon infolge ihrer Existenz gewirkt, sie hat sich psychisch durchgesetzt, ohne daß es eines physischen Eingreifens gegen Hans bedurft hätte. Und wenn nicht? Dann gibt unsere Rechtsordnung jedem das Recht, dem verbotenen Tun von Hans mit Gewalt zu wehren. Und wenn dies

keinen Erfolg hat, weil Hans heimlich zu Werke geht? Dann ordnet die Strafnorm des § 242 Strafgesetzbuch an, daß Hans bestraft werden soll, und andere Normen bestimmen die Institutionen, die hierfür zu sorgen haben: Staatsanwaltschaft und Gericht.

Offenbar gibt es eine Reihe sozialer Mechanismen zur Normdurchsetzung. Die schärfsten von ihnen sind die Berechtigung zur Notwehr, die jeder üben darf, sowie die Bestrafungsmechanismen, die beim Staat monopolisiert sind. Unsere Darstellung beginnt indessen mit der *präventiven Sozialkontrolle*. Sie umfaßt alle Mechanismen, deren sich eine Sozietät bedient, um »abweichenden Handlungen« ihrer Mitglieder zuvorzukommen oder ihnen gegenzusteuern und dadurch Verhaltenskonformität zu erreichen.

Der wichtigste Mechanismus ist die *Sozialisation*, die jeder von Geburt an erfährt: Kraft seiner Fähigkeit zum Lernen von sozialen Verhaltensmustern und der bewußt hierauf aufbauenden Erziehung wächst er allmählich in die spezifische Normativität seiner Gesellschaft und der für ihn bedeutsamen Untergruppen hinein. Die Mittel zu seiner Sozialisation sind vielfältig: Eltern und Lehrer, aber auch andere Bezugspersonen, üben gezielt Einfluß auf ihn aus. Indirekt beeinflußt ihn die Auseinandersetzung mit der sozialen Umwelt, die Nachahmung von Vorbildern, die Lektüre von Zeitungen und das Anschauen von Fernsehsendungen, die Übernahme des Verhaltens der Peer-group (Gleichaltrigengruppe) und anderes mehr.

Verstärkt wird der Einfluß durch *Sanktionen*. Normentsprechendes Verhalten wird durch positive Reaktion, etwa durch Zuwendung, Lob oder materielle Anerkennung, belohnt und daher als lohnend empfunden; normwidriges Verhalten erfährt dagegen Ablehnung, Tadel, gar Strafe. Allmählich identifiziert sich der einzelne mit der Normativität seiner Umgebung. Er empfindet sie nicht mehr als von außen auferlegt oder gar aufgezwungen, sondern als »eigen«.

Er *internalisiert* (verinnerlicht) sie – er lernt, das zu wollen, was er soll, und es schließlich zu tun, ohne es zu wollen (Popitz 1972, S. 6). Der *Anspruch* der Normen ist in ihm zur Geltung gelangt und hat sein Ver*antwortung*sbewußtsein ihnen gegenüber erzeugt: Normbrüche anderer erwekken in ihm das Gefühl der Mißbilligung, eigene Normbrüche bereiten ihm ein »schlechtes Gewissen«. Er weiß oder glaubt aufgrund der von ihm internalisierten Normen zu wissen, was sozial richtig ist und wie er selbst und andere sich zu verhalten haben. Und er fühlt sich nur wohl in einer Umgebung, die sich im allgemeinen so verhält, wie er es für richtig hält.

Nicht immer endet die Sozialisation erfolgreich, und nicht immer ist ihr Erfolg gegen das Aufflackern asozialer Neigungen hinreichend gefeit. Es gibt keine soziale Gemeinschaft, deren Normen nicht hin und wieder gebrochen würden, niemanden, der nicht hin und wieder zu ihrem Bruch neigte. Was geschieht dann?

Kleinere Verstöße kann die Gemeinschaft übersehen. Bei größeren indessen muß sie mit negativen Sanktionen reagieren, um ihr Interesse an der Einhaltung der Normen zu bezeugen. Sie bekundet dann etwa demonstrativ ihr Befremden, sie schließt den Normbrecher von Gemeinsamkeiten aus, sie drängt ihn in eine Außenseiterrolle ab usw. Zusätzlich zu diesen mehr oder weniger *informellen Sanktionen*, mit denen sie insbesondere auf Verletzungen von Anstandsregeln, Sitten, Bräuchen, Kommentregeln reagiert, hält sie *formelle Sanktionen* bereit, die in eigens festgelegten Verfahren verhängt und durch eigens ausgewählte Organe vollstreckt werden.

Die rechtliche Durchsetzung von Kulturnormen

Solche formellen Sanktionen kommen hauptsächlich dann zur Anwendung, wenn sich der Verstoß gegen eine besondere Art von Sollensnormen richtet, nämlich gegen *Rechtsnormen* – gegen staatliche Gesetze, gemeinschaftliche Satzungen oder (rechts)vertragliche Vereinbarungen. Deren *Besonderheiten* sind:

- Erstens *formelle Sanktionen*, also solche, die in einem formalisierten Verfahren durch förmlich bestellte Organe (z. B. Gerichte) verhängt werden.
- Zweitens enthalten Rechtsnormen Sanktionen durch *Zwang* gegen Nichtbefolgung. Diesen Zwang darf freilich nicht jeder beliebige anwenden; das Recht stellt vielmehr wiederum ein besonderes Verfahren und eigens ermächtigte Organe zur Verfügung (z. B. die Zwangsvollstreckung durch den Gerichtsvollzieher).
- Drittens sind Rechtsnormen in aller Regel *exakt fixiert*, entweder schriftlich (in den modernen Staaten) oder durch mündliche Überlieferung (bei den sogenannten Naturvölkern). *Neue Rechtsnormen* werden in der Regel durch eigens ermächtigte Organe fixiert, die ein bestimmtes Verfahren einzuhalten und dessen Ergebnis öffentlich zu verkünden haben. Diese Art der Entstehung von Rechtsnormen macht uns ihre Bezeichnung als *»Gesetze«* verständlich: Sie werden von dafür kompetenten Organen einer Gesellschaft nicht erkennend festgestellt, sondern schöpferisch fest*gesetzt*. Ihr

Setzungscharakter ändert allerdings nichts daran, daß ihr Inhalt an den Bedürfnissen und Werten der Sozietät ausgerichtet ist: Ändern sich die Bedürfnisse und Werte, müssen sich daher auch die Rechtsnormen ändern. Die Formalisierung der Gesetzgebung erlaubt insoweit eine zügige, geordnete und deshalb in der Regel erfolgreiche Anpassung des Rechtssystems an neue Bedürfnislagen. Ein schädliches Auseinanderklaffen von alten Rechtsinhalten und neuen Bedürfnissen – ein *Veralten* des Rechts – wird so vermieden.

- Eine vierte Besonderheit des Rechts sind die institutionalisierten Verfahren zur Klärung von Zweifelsfragen: Jede Rechtsordnung verfügt über eine *Rechtsprechung*, die von – zumeist unabhängigen – Richtern ausgeübt wird. Sie vermeidet somit die Rechtsverfolgung durch unmittelbar am Streit beteiligte Personen, die sich früher insbesondere in Racheakten niederschlug und zu langwierigen Fehden führte. Die Entscheidung durch am Rechtsstreit unbeteiligte und zudem in Rechtsfragen versierte Personen hat sich bewährt, weil sie sich nicht an subjektiven Interessen orientiert, sondern an den *objektiven* Vorgaben einer gesetzlichen Ordnung, der dauernder Bestand zugeschrieben wird. Die befriedende Wirkung ist so erheblich dauerhafter.

Verdeutlichen wir uns all dies noch am Beispiel unserer eigenen Rechtsordnung: Die Inhalte unserer Rechtsnormen sind zum größten Teil in unseren Gesetzen niedergeschrieben, teilweise auch als »ständige Rechtsprechung« oder »herrschende Lehre« inhaltlich bestimmt. Neue Gesetze werden in institutionalisierten Verfahren durch spezielle gesetzgebende Körperschaften geschaffen, hauptsächlich durch die Parlamente des Bundes und der Länder. Bestehen unterschiedliche Auffassungen, wie eine Rechtsnorm auf den Einzelfall angewendet werden soll, so treffen unabhängige, am Streit unbeteiligte und in Rechtsfragen versierte Richter in einem gesetzlich festgelegten Verfahren die für die Streitenden verbindliche Entscheidung. Liegt eine rechtliche Verhaltenspflicht allgemein durch Gesetz oder für den Einzelfall durch Gerichtsurteil fest und kommt der Verpflichtete ihr dennoch nicht nach, dann wird gegen ihn Zwang ausgeübt:

- Im *Privatrecht* beauftragt der Gläubiger, der vor Gericht obsiegt hat, einen Gerichtsvollzieher, seine Forderung gegen den säumigen Schuldner auch gegen dessen Willen einzutreiben.
- Im *öffentlichen Recht* kann der Träger hoheitlicher Befugnisse (etwa die Verwaltungsbehörde) seine Forderungen gegen den säumigen Bürger durch eigene Organe vollstrecken lassen.

– Dem *Strafrecht* stehen Zwangsmittel besonderer Art zur Verfügung. Zwar kommt es zu spät, um den Normbruch zu verhindern, doch kann es danach den Rechtsbruch wenigstens aufarbeiten: Seine Freiheitsstrafen oder Geldstrafen sind dazu bestimmt, den Täter von Wiederholungen abzuhalten, und neuerdings bemüht es sich auch verstärkt, den Rechtsbrecher zur Wiedergutmachung der Folgen seines Rechtsbruchs anzuhalten.

Die Durchsetzung der Rechtsbefolgung, insbesondere mit den scharfen Mitteln der Strafe und der Zwangsvollstreckung, schafft bei den Rechtsunterworfenen Erwartungssicherheit. Als wesentliche Leistung aller sozialen Normen haben wir diese bereits kennengelernt. Bei den Rechtsnormen erlangt sie nunmehr eine besondere Qualität, die auch besonders bezeichnet wird: Die Erwartungssicherheit erstarkt zu *Rechtssicherheit.*

Rechtlich geschützt sind alle Güter, auf deren ungeminderten Bestand die Mitglieder einer Rechtsgemeinschaft *vertrauen* müssen, wenn ihr soziales Leben von Furcht frei sein soll. Gewiß, der Schutz der Rechtsordnung funktioniert nicht immer; doch vermindert er ganz erheblich das Risiko böser Überraschungen. Im gesellschaftlichen Leben beziehen wir uns deshalb stets dann auf Rechtsregeln, wenn wir annehmen, daß die weniger strengen Alltagsnormen – wie sie etwa innerhalb von Freundschafts- oder Gefälligkeitsbeziehungen gelten – uns keinen ausreichenden Schutz vor Überraschungen gewähren, wenn also ein Versprechen per Handschlag unserem Sicherheitsinteresse nicht genügt.

Verstärkt wird der Nutzen des Rechts noch durch die leichte *Anpassungsfähigkeit* seiner Inhalte an den Wandel der Verhältnisse: Ändern sich etwa die individuellen Bedürfnisse und mit ihnen die kulturellen Werte, dann wandeln sich in aller Regel auch die Rechtsgüter. Denn ohne solchen Wandel verlöre das Recht seinen Bezug zum Leben und verfehlte seine Aufgabe, die Lebenswirklichkeit wirksam zu gestalten. Da durch die Veröffentlichung der Rechtsgesetze und durch die Presseberichterstattung hierüber (die eine wichtige Aufgabe erfüllt) die Bürger von jeder Rechtsänderung sehr schnell erfahren, kann das Recht somit zeitnah auf alle sozialen Veränderungen reagieren – während für andere Normensysteme eine eher schleichende Änderung ihrer Inhalte (z. B. als Folge sich mehrender Normbrüche) typisch ist.

Rechtssicherheit und Rechtsflexibilität machen das Recht mithin zu einem *besonders effizienten Normensystem.* Deshalb ist es auch nicht etwa ein Spezifikum nur unserer gegenwärtigen hochentwickelten staatlichen Systeme. Es ist vielmehr auch schon in einfachen Gesellschaften anzutreffen. Denn mögen dort seine konkreten Inhalte anders und der Grad seiner Differenziertheit geringer sein – seine Funktionen sind dieselben: Es hat für eine verläßliche soziale Ordnung zu sorgen und Konflikte nach allgemeingültigen Normen zu bewältigen. Das Recht ist somit innerhalb der gegenwärtigen menschlichen Gesellschaften ein überall verbreitetes Phänomen (s. dazu insbesondere Hoebel 1968, S. 347ff.).

Literatur

Eibl-Eibesfeldt, I. (1987): Grundriß der vergleichenden Verhaltensforschung. 7., überarb. und erw. Aufl. München.

Frisch, J.E. (1959): Research on Primate Behavior in Japan. In: American Anthropologist 61, S. 584ff.

Habermas, J. (1984): Wahrheitstheorien. In: ders.: Vorstudien und Ergänzungen zur Theorie des kommunikativen Handelns. Frankfurt/M.

Hartmann, N. (1949): Ethik. Berlin.

Hoebel, E.A. (1968): Das Recht der Naturvölker. Eine vergleichende Untersuchung rechtlicher Abläufe. Olten, Freiburg (engl.: The Law of Primitive Man, Cambridge 1954).

Kant, I. (1968): Grundlegung zur Metaphysik der Sitten. In: Kants Werke. Band IV. Akademie-Textausgabe. Fotomechanischer Nachdruck. Berlin (Erstausgabe 1785).

Lampe, E.J. (1970): Rechtsanthropologie. Eine Strukturanalyse des Menschen im Recht. Band I: Individualstrukturen in der Rechtsordnung. Berlin.

Larenz, K. (1992): Methodenlehre der Rechtswissenschaft. Studienausgabe, 2. Aufl. Berlin.

Lautmann, R. (1971): Wert und Norm. Dortmunder Schriften zur Sozialforschung 37. 2. Aufl. Köln.

Mill, J.S. (1976): Der Utilitarismus. Hrsg. von D. Birnbacher. Stuttgart (engl.: Utilitarianism, 1871).

Montesquieu, C. (1951): Vom Geist der Gesetze. Buch I. Hrsg. von E. Forsthoff. München (Erstausgabe: De l'Esprit des Lois, Genf 1748).

Popitz, H. (1972): Der Begriff der sozialen Rolle als Element der soziologischen Theorie. Tübingen.

Sherman, P.W. (1977): Nepotism and the Evolution of Alarm Calls. In: Science 197, S. 1246ff.

Stettbacher, H. (1951): Lexikon der Pädagogik. Bd. II. Bern.

Taylor, C. (1986): Die Motive einer Verfahrensethik. In: Kuhlmann, H. (Hrsg.): Moralität und Sittlichkeit. Frankfurt/M.

van Lawick-Goodall, J. (1971): Wilde Schimpansen. 10 Jahre Verhaltensforschung am Gombe-Strom. Reinbek.

Der Mensch im Netz von Ordnungen und Hierarchien

Heiner Flohr, Anne Katrin Flohr

Um uns selbst »objektiv« zu sehen, fehlt uns die Distanz. Vielleicht hilft aber eine Erfindung von Science-Fiction-Autoren unserer Phantasie etwas auf die Sprünge. Versetzen wir uns in die Lage von außerirdischen intelligenten Lebewesen, die unseren Planeten unter die Lupe nehmen. Spekulieren wir also, was ihnen an uns heutigen Menschen auffiele. Es könnte die pure Menge sein, mit der wir diese Erde bevölkern, beispiellos für Wesen solchen Körpergewichts. Imponierend also oder erschreckend: der Mensch in seiner riesigen Biomasse. Weiterhin spränge womöglich ins außerirdische »Auge«, wie sehr wir unseren Planeten umgestalten, immer stärker »verbauen« und mit immer dichterem Verkehr überziehen. Schon das mag unsere Beobachter aus der Ferne vermuten lassen, daß wir vielen und weitreichenden *Regeln* unterworfen sind. Denn damit dieses offenbar sehr komplizierte Treiben unserer Spezies funktioniert, bedarf es intensiver Ordnung, nach der wir alle uns richten müssen. Offen mag bleiben, was uns dazu bringt, uns (jedenfalls meistens) »ordentlich« zu verhalten. Legt unsere Natur uns hier fest? Unsere Betrachter aus dem Weltall wissen natürlich, daß *alle* Lebewesen in ihrem Verhalten von ihrem jeweiligen biologischen Erbe beeinflußt werden, und sie werden nicht auf die Idee kommen, den Menschen davon auszunehmen. Auch daß diese wimmelnden Erdenbewohner gerade in den Regionen größerer Verdichtung in sehr verwickelten, verschachtelten Regelwerken existieren, muß sich aus ihrer Natur ergeben. Dafür spricht auch, daß diese ganze Organisation *Grundzüge* aufweist, offenbar *Muster*, die sich bei einem bestimmten Verdichtungsgrad des Zusammenlebens und bestimmten technischen Entwicklungsstufen herausbilden.

Im besonderen könnte unseren Beobachtern noch auffallen, wie sehr wir in unserem Alltag durch Über- und Unterordnung (*soziale Hierarchien*) bestimmt werden, ebenfalls durch eine Menge Bürokratie, schließlich noch, daß sich das alles in recht verschieden großen Organisationsformen abspielt, in die wir eingebunden sind, von der Familie über die Gemeinde bis hin zum Staat und darüber hinaus.

Verlassen wir jetzt die Vorstellung ferner Betrachtung, nehmen wir einfach an, die Außerirdischen verlören spätestens jetzt ihr Interesse an uns, an dieser wimmelnden Masse. Ohnehin ist dies alles ja pure Fiktion, gerade gut genug dafür, uns selbst ein wenig distanzierter zu sehen. Immerhin haben wir uns einen Standpunkt verschafft, der womöglich eine etwas objektivere Sicht auf unser Leben und die es beherrschenden Regeln erlaubt.

Auch wenn unser Miteinander streng reglementiert ist, kommt es bekanntlich doch immer wieder zu Konflikten. Wie ist das zu erklären? Ein wichtiges Element fortgeschrittener Regelung des Zusammenlebens ist die *Arbeitsteilung*. Sie hat in den komplizierteren Gesellschaften zu unzähligen Berufen geführt. Das hat gewaltige wirtschaftliche und sonstige Vorteile erbracht, aber es widerstrebt zugleich unserer Natur: Menschen sind Säugetiere, und bei denen, wie bei Wirbeltieren durchweg, gibt es sonst kaum ausgeprägte Teilung der Arbeit – jedenfalls nicht so, daß bestimmte Individuen zeitlebens eine einzige Aufgabe hätten, andere eine andere. Natürlich gibt es Geschlechtsunterschiede, doch die wirken sich nur in engem Bereich aus und prägen nicht den gesamten Lebensweg. Grundsätzlich kann jedes Einzelwesen im Verlauf seines Daseins alle Funktionen erfüllen, und es muß sich auch überwiegend selbst versorgen, nachdem seine Pflegezeit um ist (Kull 1979).

Diese Vielseitigkeit ist für die einzelnen günstig. Daher kann es nicht überraschen, daß nichtmenschliche Säugetiere keine Sozialorganisation bilden, in der jedes Individuum stets und für den größten Teil seines Lebens bloß eine ganz bestimmte Aufgabe wahrnehmen muß. Tatsächlich, an dauerhafter Arbeitsteilung findet sich wenig. Nur wir Menschen halten es anders, seitdem wir uns komplexe Organisationsformen schufen. In den letzten Jahrtausenden wurde unser Leben immer mehr durch *Pflichtenteilung* bestimmt – fast so wie bei manchen Insektenarten. Gewiß war das produktiv, geriet aber zunehmend in Spannung zu unserer zentralen Eigenschaft, nämlich Säugetiere zu sein. Denn die lassen sich nicht zu langfristiger Aufgabentrennung drängen. Nun geschah das bei Menschen doch, aber es konnte oft nur mit Zwang funktionieren. Und damit sind wir bei den *Normen*: Allein durch Regeln, deren Verletzung bestraft wird, ließ sich das Säugetier Mensch in dies dichte Netz von Arbeitsteilungen pressen.

So wurde und wird – zugespitzt gesagt – jedes Leben zurechtgeschnitten, gerichtet, letztlich alles gestützt auf Gewalt. Das war der Preis der Effizienz, der Preis für hohen wirtschaftlichen Ertrag wie für jede andere Leistung, ob Kunst oder Wissenschaft, die ja keiner erbringen kann, der sich selbst voll versorgen muß, ohne hilfreichen Tausch. Durch hochgetriebene Arbeitsteilung haben wir Menschen das für Säugetiere Typische überschritten. Mit riesigem Erfolg und mancher Verengung unseres Daseins zugleich. Daraus erwuchs ein wesentlicher Teil der Entfremdung des Menschen. Wir müssen das nicht in romantisierender Sehnsucht nach Rückkehr beklagen, aber wir sollten es als Quelle von Unzufriedenheit und Konflikten erkennen. Auf dieser Grundlage läßt sich dann überlegen, wie wir in der Praxis bessere Kompromisse erreichen können zwischen wünschenswerter Leistung und dem Respektieren emotionaler Erwartungen, also zwischen Effizienz und »Humanverträglichkeit«.

Wie bei vielen Tierarten, so regeln auch beim Menschen soziale Ordnungen das Zusammenleben. Eine große Rolle spielt dabei der *Rang*, den das Individuum einnimmt, seine Stellung gegenüber den anderen Mitgliedern seiner Gruppe oder seiner Organisation. Zwar umfaßt Ordnung mehr als die Verteilung der Ränge, aber ohne Kenntnis der Art und Weise, wie sich Ränge bilden, läßt sich soziale Ordnung nicht verstehen.

Betrachtet man Sozialordnungen im Hinblick auf den sozialen Rang der Individuen, so lassen sich horizontale und vertikale Elemente von Ordnung unterscheiden. *Horizontale Regeln* kanalisieren die Beziehungen zwischen Menschen, die zumindest hinsichtlich dessen, worum es gerade geht, einander gleichgestellt sind. Das gilt etwa für Regeln bei Sport und Spiel, aber auch für weite Bereiche des Wirtschaftslebens, sofern die selbständigen Tausch- und Vertragspartner ungefähr gleich stark sind. *Vertikale Ordnung* hingegen »dient« dem Einsatz ungleicher Kräfte: Sie schafft, bestätigt und verstärkt Überlegenheit des einen über den anderen, handle es sich um Individuen, Familien, Wirtschaftsbetriebe, staatliche Einrichtungen oder ganze Staaten.

Horizontale Ordnung ist für den Menschen keineswegs problemlos, denn auch sie beschränkt uns. Aber ihr fehlt der Stachel der Ungleichheit, und Beschränkungen lassen sich leichter ertragen, wenn sie allen gelten. Hingegen bringt vertikale, »hierarchische« Ordnung den niederrangigen Individuen nicht nur weniger ein, etwa an begehrten Gütern und Diensten, sondern kann durch ihre pure Existenz die Niederrangigen kränken, besonders dann, wenn diese ihre Plazierung als ungerecht empfinden. Hierarchien gibt es nicht nur beim Menschen. Nach einer auf Tiere und Menschen anwendbaren Definition versteht man unter »sozialer Hierarchie« die *abgestufte Verteilung von Rechten und Pflichten innerhalb einer Gruppe oder einer Organisation.*

Tierliche und menschliche Hierarchien

Sehen wir uns nun an, was soziale Hierarchien bedeuten, wie und warum sie sich bilden und was sie bewirken. Wer nach grundlegenden Faktoren von Hierarchien fragt, kommt an den Ergebnissen der Vergleichenden Verhaltensforschung nicht vorbei. Nur zur Illustration einige Befunde aus der Analyse von Primaten-Hierarchien:

- Mit allen hierarchiebildenden Tieren hat der Mensch gemeinsam, daß sich Rangordnungen durch Imponier- und Demutsverhalten ausdrücken und daß den ranghohen Individuen ein optisch herausragender Platz eingeräumt wird. Beim Menschen werden bei allem jeweils verfügbare kulturelle Möglichkeiten eingesetzt (Statussymbole).
- Je höherrangiger ein Gruppenmitglied ist, desto weniger läßt es sich von niederrangigen Mitgliedern beeinflussen, desto eher mischt es sich in Angelegenheiten der Niederrangigen ein als umgekehrt. Das gilt für Tiere und Menschen gleichermaßen.
- Aufgrund welcher Eigenschaften auch immer Individuen hohen Rang erreichen: bei Primaten, in Kindergruppen und bei zahlreichen Zusammenkünften menschlicher Erwachsener stehen die Ranghohen im Zentrum der Aufmerksamkeit (Barner-Barry 1983, S. 101–110).
- In vielen menschlichen Organisationen (Vereinen, Verbänden, politischen Parteien, wissenschaftlichen Vereinigungen usw.) finden wir ähnlich wie bei den Pavianen der Savanne an der Spitze ein oligarchisches Verhalten. Die führenden Mitglieder, meist ältere Männchen, mögen sich untereinander streiten, halten aber zusammen, wenn eines von ihnen in seiner Machtposition bedroht ist.
- Je deutlicher und beständiger der Rang Übergeordneter respektiert wird, desto mehr Spielraum gewinnen die Untergeordneten dadurch in anderer Hinsicht. Nachgewiesen worden ist das für nichtmenschliche Primaten wie die Makaken und Schimpansen, und wir kennen das in Fülle aus menschlichen Hierarchien. Das ist nur scheinbar widersprüchlich; es läßt sich vielmehr daraus erklären, daß die Stabilität seines Ranges dem übergeordneten Individuum mehr Toleranz erlaubt.
- Bei vielen Arten haben ranghohe Tiere nicht nur Privilegien, sondern auch »Pflichten« (als Anführer, Wächter, Verteidiger). Um diese oft sehr komplizierte Struktur angemessen zu beschreiben,

reicht eine reine Rangordnungsterminologie oft nicht aus; sie wird daher immer mehr durch die Beschreibung dieser *Rollen* mit Angabe der jeweiligen »Rechte« und »Pflichten« ergänzt (Immelmann 1982). Das kann als Vorstufe der detaillierten Beschreibung hochkomplexer menschlicher Hierarchien informeller und formeller Art angesehen werden.

Trotz aller kulturtypischen Eigenarten sind menschliche Hierarchien mit tierlichen vergleichbar (Barchas 1984; Ellyson, Dovidio 1985). Die jeweilige kulturelle Ausprägung, speziell auch das symbolvermittelte Verständnis einschließlich aller mit Hierarchien verbundenen Bewertungen – alles ja für den Menschen charakteristische Merkmale –, stehen dem nicht im Wege. Aber natürlich trägt der Vergleich zwischen menschlichen und Affenhierarchien nur begrenzt. Formale menschliche Hierarchien sind positionelle Arrangements mit oft streng geregelten und exakt definierten Rechten, Pflichten, Verantwortlichkeiten und Entgelten; die vorgegebenen Strukturen sind weithin unabhängig von den jeweiligen Eigenschaften der Individuen. Weniger solche formellen Hierarchien, sehr aber die informellen Hierarchien etwa bei Kindern und oft im außerberuflichen Bereich ähneln den Hierarchien bei Schimpansen (Eibl-Eibesfeldt 1984). Immerhin zeigt sich hier hohe Ähnlichkeit der Motive und der diesen entsprechenden Verhaltensweisen, und man kann annehmen, daß diese wichtigen Elemente hierarchischen Verhaltens bei aller »kulturellen Überwölbung« auch in sämtlichen formellen Hierarchien wirken.

Viele menschliche Hierarchien sind tierlichen an Spannweite, Differenziertheit, Stabilität und Verschiedenartigkeit ihrer Beeinflussung durch ihre Mitglieder sowie durch ihre Umwelt weit überlegen. Das resultiert letztlich aus den alle Tiere weit überragenden geistigen Fähigkeiten des Menschen und der damit möglichen ungeheuren Komplizierung sozialer Verhältnisse. Als spezielle Faktoren können unter anderem die Fähigkeit der Voraussicht, des »Probehandelns« (Sigmund Freud), und die damit verbundene hohe Komplexität zur Gestaltung der Umwelt gelten. Daraus ergeben sich prinzipiell hochkomplexe Kontrollmöglichkeiten, und wir machen von dieser Chance bekanntlich auch ausgiebig Gebrauch, etwa durch Bildung von Staaten, durch Schaffung immer neuer Organisationen und Institutionen einschließlich ihrer, teils formal geregelten, Wechselbeziehungen untereinander. Das ergibt kaum übersehbar viele und verschiedene Hierarchien, somit prinzipielle Chancen und Gefahren erwünschter und unerwünschter Einordnung von Individuen und ganzen Gruppen.

Menschliche Gesellschaften weisen zahlreiche *Parallelhierarchien* auf, und zwar im Rahmen eines bestimmten Organisationstyps (Hierarchien in jeder Familie, jedem Verein, jedem Betrieb, jeder Gemeindeverwaltung usw.). Außerdem sind innerhalb eines Bereiches manche Hierarchien durch hierarchische Bindungen miteinander verknüpft (z. B. in einem Konzern oder in einem föderalen politischen System). Das kann zu einer (informellen oder formellen) »Hierarchie der Hierarchien« führen, und eine solche kann die Grenze eines »Lebensbereiches« übersteigen, etwa beim »Durchgriff« der politischen Führung auf andere Lebensbereiche als den (im engeren Sinne) politischen.

Besonderheiten im menschlichen Hierarchieverhalten wie im menschlichen Sozialverhalten überhaupt ergeben sich zum Teil aus biologischen Eigenarten, die auf derselben »Ebene« liegen wie diejenigen vieler Tierarten; sie sind darum der vergleichenden Verhaltensforschung in üblicher Weise zugänglich. Andere Besonderheiten resultieren aus artspezifischen Eigenschaften wie hochentwickelte symbolhafte Kommunikation, Phantasie, Fähigkeit zu weitreichender, bewußter Umweltgestaltung usw.

Tendenzen zur Hierarchiebildung

Finden sich Menschen, noch ohne jede hierarchische Strukturierung, zu einer Gruppe zusammen, um gemeinsam bestimmte Aufgaben zu lösen, dann bilden sich früher oder später Rangordnungen (Berger et al. 1977). Wenn die Individuen schon mit unterschiedlichem Status in die Gruppe eintreten, dann beeinflussen diese Unterschiede das Verhalten: Individuen mit hohem Status werden oft auch dann mehr respektiert, wenn dieser Status nicht unbedingt auf die von der Gruppe zu lösende Aufgabe bezogen ist. Der überlegene Status kann sich z. B. aus dem individuellen Besitz, dem Geschlecht oder dem formalen Bildungsgrad (Titel) ergeben. Wer sich in einer allgemein für wichtig gehaltenen Dimension von anderen Gruppenmitgliedern vorteilhaft abhebt, geht gleichsam mit einem Vorsprung in die Gruppe. Dabei findet oft ein Prestigetransfer statt, nämlich soweit der individuelle Vorzug eigentlich nichts oder wenig mit der gemeinsam zu lösenden Aufgabe zu tun hat, aber seinem Träger trotzdem größeren Einfluß verschafft.

Schauen wir auf menschliche Hierarchien, dann kommen einige vertraute Elemente tierlicher Hierarchien in den Blick. Auch menschliche Hierarchien haben sich ursprünglich allein aus individueller Konkurrenz um biologisch wichtige Ressourcen ergeben. »Abfallprodukt« dieses Prozesses war die Stärkung der Gruppe, was sich für sie bei zunehmender Verdichtung der Bevölkerung und entsprechend häufigen Konflikten mit anderen Gruppen als immer wichtiger erwies. Spätestens seit der neolithischen Revolution bildeten sich Hierarchien zu *Institutionen* aus. Diese waren dann die Formen, die dem individuellen Rangstreben mehr oder weniger fest vorgegeben waren. Aufgrund intelligenten Bewußtseins vermochte der Mensch unter den gegebenen Umständen dauerhaften Zusammenlebens größerer Bevölkerungsmengen komplizierte Lebensverhältnisse und komplizierte Hierarchien zu schaffen, die einerseits das individuelle Streben kanalisierten und andererseits durch die von ihnen ermöglichten Leistungen in geplanter Weise der Gesamtheit zugute kamen. Bekanntlich profitierten und profitieren von diesem »Dienst am Gemeinwohl« nicht alle Gesellschaftsmitglieder in gleicher Weise, und Hierarchien wurden und werden stets auch dazu benutzt, Macht auszuüben, Ungleichheit zu stabilisieren, Unterdrückung abzusichern. Diesen Vielfachcharakter haben Hierarchien bis heute nicht verloren.

Beim Menschen – wie bei vielen Tieren – brachte Vorrang immer schon Reproduktionsvorteile. Im Paarungsverhalten zeigte sich das besonders bei den Männern. Für Naturvölker ist die übernormal große Anzahl unehelicher Kinder ranghoher Männer nachgewiesen worden (Neel 1970); bis in jüngere Zeit zeugten auch in Europa Männer der Aristokratie unverhältnismäßig viele uneheliche Kinder. Mehrehe und Harem sind in anderen Regionen einige der kulturellen Ausdrucksformen dieses Sachverhalts.

Individuen zeigen um so stärkeres Rangstreben, je mehr die Verteilung von Ressourcen vom Rang abhängt, je mehr sie diese Ressourcen schätzen, je geringer die Kosten (Aufwand, Risiken) des Rangstrebens sind, und je mehr sie ihren Rang glauben beeinflussen zu können.

Kürzer: Rangstreben hängt in seiner Intensität davon ab, ob es sich lohnt. Diese biologisch plausible Annahme wird im Tierverhalten voll bestätigt. Und beim Menschen? Wenngleich Menschen in dieser Hinsicht größere individuelle Unterschiede aufweisen, an denen auch Sozialisation mitwirkt, dürfte die These weithin auch für Menschen gelten. Sie erklärt differenziertes Rangstreben in Institutionen wie politischen Parteien und Verbänden.

Bereitschaft zur Unterordnung

Hierarchie verteilt Privilegien ungleich, führt zu individuell unterschiedlichen Lebens- und Vermehrungschancen. Das kann sich auch darin ausdrücken, daß Gruppenmitglieder ausgeschlossen werden, besonders oft junge Männchen. Andere verlassen die Gruppe freiwillig, um anderswo bessere Lebenschancen zu suchen. Aber warum bleiben die meisten Gruppenmitglieder trotz Unterprivilegierung freiwillig bei der Gruppe? Die allgemeine Antwort ist: Sie tun das, weil und solange sich das für sie *per saldo* lohnt, das heißt solange die Vorteile der Gruppenmitgliedschaft die Nachteile überwiegen.

Für den Menschen ist Gruppenzugehörigkeit praktisch ausnahmslos eine Bedingung des Überlebens. Das bedeutete für den längsten Teil der Menschheitsgeschichte das strikte Erfordernis der Unterwerfung unter die Erwartungen der Gruppe, wenn nur so der Ausschluß zu vermeiden war. Erst die Möglichkeit, sich anderen Gruppen anzuschließen, eröffnete die Chance der Abwanderung. Zwar bedeutet das nicht die Vermeidung, sondern nur den Austausch von Hierarchien, doch das konnte und kann sich lohnen, ursprünglich nur im Hinblick auf biologische Vorteile, längst aber auch zugunsten besserer Erfüllung anderer Wünsche.

Zum Verbleiben in der Gruppe trägt auch die Hoffnung bei, seinen Rang verbessern zu können. Die eigenen Fähigkeiten mögen wachsen (durch Heranwachsen und Erfahrung), die der übergeordneten Individuen mögen abnehmen (durch Altern, Verwundung oder Tod), und auch der Glücksfaktor kann sich ja einmal zu eigenen Gunsten auswirken. Bei Tieren geschieht das unbewußt, wenngleich nicht unbedingt ohne aufmerksame Beobachtung; beim Menschen kann all dies reflektiert, das heißt bewußtem Kalkül unterworfen werden – im Tennisclub wie in der politischen Partei.

Hierarchie bedeutet, manchmal bis hin zum Alpha-Individuum (dem Ranghöchsten), immer auch *Einschränkung* und *unangenehme Gefühle* wie Angst, Wut, beim Menschen auch Scham (Neckel 1991). Individuen unterwerfen sich diesen Einschränkungen ebenso wie allen anderen Nachteilen des Gruppenlebens, wenn und solange die Summe der Negativa durch die Vorteile überkompensiert wird. Allerdings gilt das nur, wenn das Individuum die Gruppe verlassen *kann*. So können sich die Verwalter von Gefängnissen, Konzentrationslagern und auch von Staaten, die ihre Bürger an der Ausreise hindern, natürlich nicht darauf berufen, es gefalle den Insassen drinnen offensichtlich besser als draußen. Diese Folgerung ist nur dann korrekt, wenn es die Möglichkeit der »Abstimmung mit den Füßen« gibt, als physische *und* psychische Option.

Der Vorteil von Hierarchien liegt darin, daß sie die *permanente* Austragung von Konflikten und somit Kosten ersparen. Das gilt für alle Beteiligten; auch für die schwächeren Individuen ist es nützlich, die Überlegenheit der anderen rechtzeitig und verläßlich zu erkennen. Hierarchische Ordnungen für Individuen wie für größere Einheiten (Gruppen, Institutionen) sind in etwa Ausdruck der herausgebildeten Machtverhältnisse. Zugleich regeln sie die nach wie vor bestehende Konkurrenz auf kostensparende Weise, indem sie unnötige Auseinandersetzungen vermeiden. Da die Konkurrenz weiterbesteht, müssen die dominanten Individuen und Gruppen ausreichend nachweisen, daß ihnen ihre Position innerhalb der Hierarchie aufgrund ihrer Überlegenheit zukommt. Beim Menschen muß das nicht durch den Nachweis jener Kompetenz erfolgen, der die Hierarchie offiziell entspricht; es genügt, ausreichende Macht zu entfalten oder auch nur »aufblitzen« zu lassen. So können sich die Herrscher in einem autoritären Regime ungestraft auf den Willen des Volkes berufen, wenn sie jeden Widerstand unterdrücken. Überhaupt weichen bei Hierarchien in menschlichen Gruppen die vorgegebenen und die tatsächlichen Faktoren der Statuszuweisung oft voneinander ab.

Förderlich für Bildung und Stabilität von Hierarchien ist das Bestreben zumindest der meisten Menschen, von Autoritäten anerkannt zu werden. Wenn nicht Götter, so sind diese »besondere« Menschen. Die Orientierung an Autoritäten ergibt sich aus der Kluft zwischen dem benötigten positiven Selbstwertgefühl und unserem eher begrenzten Vermögen, die nötigen positiven Antworten in uns selbst zu finden (Popitz 1986, S. 18f.). Als Autoritäten kommen Personen in Betracht, deren höheren Rang man erkennt und anerkennt.

Autorität kann individuell »verdient« sein, wie das bei Tieren ganz überwiegend der Fall ist (mit Ausnahme von Dominanzvorteilen aufgrund des hohen Ranges der Mutter oder der Hilfe durch eigene Junge). Das Vertrauen in die Überlegenheit des anderen beruht entweder auf eigener Erfahrung oder auf entsprechenden Informationen anderer oder auf einer Art Systemvertrauen, nämlich wenn man davon ausgeht, das entsprechende System statte seine Positionen mit ausreichend befähigten Individuen aus (»Ein Chefarzt muß doch wohl tüchtig sein!«). Systemvertrauen ist eine spezifisch menschliche Möglichkeit, denn »Primatenpolitik« (de Waal 1991) ist ansonsten personale Politik, eine Politik, in der man sich, im wörtlichen

Sinne, Auge in Auge gegenübersteht. Unter nichtmenschlichen Primaten gibt es keine Amtsträger.

Bestimmte Personen genießen Autorität aufgrund ihrer »Ausstrahlung«, die zwar in der Regel auf eindrucksvollen Leistungen beruht, aber »irgendwie« darüber hinausgeht: Man bezeichnet sie als *Charisma*. In Bürokratie z. B. steckt nichts von Charisma. Charismatische Macht wird in der Regel von einzelnen Personen ausgeübt, vielleicht noch von kleinen Gruppen, etwa einigen Mitgliedern eines Herrscherhauses oder einer Familie (Kennedy), jedenfalls aber nicht von Institutionen, für die Anonymität und Unpersönlichkeit geradezu typisch sind, wie es bei Bürokratien durchweg der Fall ist. Daraus folgt, daß Bürokratien und ihre Behandlung von Bürgern nicht mit dem Kredit oder der rational kaum kontrollierten Zustimmung rechnen können, die charismatischen Personen entgegengebracht wird. Für mangelhafte Aktionen von Bürokratie gibt es also in den Augen der Betroffenen (der »Untertanen«) keine auf positiven Gefühlen gegründete Entschuldigung. Deshalb belasten viele Kontakte mit der Bürokratie den Menschen. Das dabei aufkommende Unbehagen läßt sich aus unserer menschlichen Natur erklären (dazu Flohr 1986).

Wenn Charisma fehlt, kann derjenige, der Autorität beansprucht, die erwünschte gefühlsmäßige Bejahung auf anderem Wege zu erhalten versuchen. Er kann sich bemühen, durch den Einsatz von Symbolen emotional zu beindrucken. Dabei muß er darauf hoffen, daß wir die demonstrierten Symbole von Überlegenheit und Würde als Beweis für die Phänomene selbst akzeptieren. Die Geschichte von Herrschern aller Art sowohl im profanen als auch im sakralen Bereich zeigt, wie das immer wieder mit Erfolg versucht worden ist. Auch in heutigen Gesellschaften wird eine Menge Autorität auf diese Weise beansprucht und akzeptiert. Beim Menschen wird Unterordnung innerhalb einer Hierarchie desto eher akzeptiert, je mehr man sich mit den Zielen der Hierarchie bzw. der Organisation, zu der die Hierarchie gehört, identifiziert.

Kollektives Dominanzstreben

Schon bei etlichen Tierarten kann sich das Dominanzstreben als kollektive Auseinandersetzung ausdrücken, das heißt, ganze Gruppen oder Populationen konkurrieren gegeneinander. Bei manchen Tierarten ist das die einzige Form des Dominanzverhaltens, so bei Ameisen; bei anderen steht sie neben dem individuellen Dominanzverhalten, etwa bei Schimpansen. Vom Menschen wurden stets beide Möglichkeiten genutzt. Familienclans,

Horden, Stämme und Völker versuchen ebenso wie der einzelne, Konkurrenten zu dominieren. Das Individuum entfaltet zugleich auf der individuellen und auf der kollektiven Ebene Dominanzverhalten. (Gute Beispiele für die politische Gruppenkonkurrenz innerhalb des Staates bieten die Parteien und die Interessenverbände, zugleich für gruppeninterne Konkurrenz innerhalb der stets vorhandenen Hierarchien.)

Kollektives Dominanzverhalten läßt sich in fast allen menschlichen Gruppierungen, Organisationen und Institutionen beobachten. Untersuchungen liegen vor für so wichtige politische Institutionen wie Staaten, politische Parteien, Verbände (etwa Gewerkschaften), langlebige Bürgerinitiativen usw. In allen diesen Sozialgebilden sind die Träger des kollektiven Dominanzstrebens *Gruppen*, z. B. sogenannte Flügel in politischen Parteien und Bewegungen, oder *ganze Subsysteme*.

Alle aus Dominanzstreben erwachsende Konflikte drehen sich um Macht, ihre Erringung und Verteidigung, und umgekehrt läßt sich jedes Ringen um Macht als Dominanzverhalten ausdrücken. Da Dominanzverhalten weithin auch als Auseinandersetzung um Hierarchien ausgedrückt werden kann, ist das Hierarchieproblem stets zusammen mit dem Machtproblem angesprochen.

Organisationen nutzen das Dominanzstreben ihrer Mitglieder (einschließlich der potentiellen) für ihre eigenen Zwecke. Sie richten hierarchische Ordnungen ein und geben somit die Formen vor, auf die sich das individuelle Dominanzstreben zu beziehen hat. Das abgestufte System von Rechten und Pflichten soll dem Dominanzstreben als Orientierung und zugleich formale Begrenzung dienen und hat somit die Funktionen der Motivierung, Konfliktkanalisierung und kollektiven Effizienzsteigerung.

Funktionen von Hierarchie in der menschlichen Gesellschaft

Die Existenz größerer Bevölkerungseinheiten verlangt eine differenzierte Sozialorganisation mit zahlreichen formellen und informellen Hierarchien. Menschen müssen sich in diese Hierarchien begeben, um ihr Auskommen zu finden und sonstige Wünsche befriedigen zu können. Sie geraten damit unvermeidlich in ein System von Abhängigkeiten und erleiden Einbußen an individueller Autonomie. Andererseits bieten diese Hierarchien Möglichkeit und Anreiz, die eigene Lebenslage absolut und relativ zu verbessern. Für die meisten Menschen wird der Zugang zu erstrebten Ressourcen über ihre Plazierung in Hierarchien vermittelt. Formale Hierarchien sind künstliche Rangstrukturen, kulturell vorgeformte Hierarchie-Tabellen, in die sich Individuen und Gruppen nach Maßgabe ihres Erfolges einfügen; die Bestätigung dieses Erfolges geschieht durch die »passende« Plazierung innerhalb der Hierarchie.

Gesellschaftlich herausgebildete Hierarchiestrukturen erfüllen somit zwei Funktionen: Sie sind notwendige Eigenschaften gesellschaftlicher Organisation, und sie sind zugleich den Gesellschaftsmitgliedern kollektiv vorgegebene Wege für das Erlangen von Ressourcen. Fragen nach moralischer Vertretbarkeit, Gerechtigkeit und optimaler Effizienz sind damit noch nicht berührt. Hinzunehmen ist nur (und immerhin!), daß hierarchische Strukturen aus zwei Gründen unvermeidlich sind bzw. zwingende Konsequenz aus zwei Ursachen sind, mit denen wir leben müssen:

1. Das biologisch bedingte Konkurrenzstreben, das sich aus Ressourcenknappheit ergibt; dieser Sachverhalt ist die ältere der beiden Ursachen, er begleitet uns während unserer gesamten Stammesgeschichte und ist in vormenschlichen Zeiten verwurzelt.
2. Das Erfordernis größerer Gesellschaften, ihre kollektiven Probleme durch horizontale und vertikale Arbeitsteilung zu bewältigen; diese Notwendigkeit hat sich weithin erst im Zuge kultureller Evolution herausgebildet, ist aber heute längst ebenso unvermeidbare Tatsache wie das letztlich biologisch bedingte Wettbewerbsverhalten.

Ein für menschliches Zusammenleben charakteristisches Phänomen ist die soziale Institution. Mit der Entwicklung von komplexer Kultur wurde soziales Leben *ohne* Institutionen unmöglich. Institutionen sind unverzichtbare Regulatoren gesellschaftlichen Lebens, für das Individuum zudem wichtige psychische Stabilisatoren. In Institutionen finden Hierarchien ihre beständigste Form, ihren Halt gegen effizienzmindernde Fluktuation, aber auch ihre oft schädliche Starrheit. Welche konkrete *Bedeutung* Hierarchien für den Menschen haben, sowohl für den einzelnen wie auch für Gruppen von sehr verschiedener Größe, läßt sich nur unter Berücksichtigung von Institutionen als ihres wesentlichen gesellschaftlichen »Gehäuses« ausreichend erkennen (Flohr 1990).

Hierarchien sind *Medien zwischen Macht und Ressourcen*. Politische Institutionen sind (auch) Formen für Hierarchien, vorgegebene, mit Macht ausgestattete Muster, die von den in Wahlen oder anderen Konkurrenzmechanismen siegreichen Individuen und Gruppen besetzt werden.

Die *Institution der Demokratie* bedeutet nicht die Abschaffung von Hierarchie, nicht einmal im politischen Bereich, denn Hierarchisierung politischer Entscheidungskompetenz ist für Großgruppen unvermeidbar. Demokratie ist einfach diejenige Leitidee, die diese Hierarchisierung in einer Weise vornehmen will, welche die Interessen möglichst vieler Gesellschaftsmitglieder respektiert. Aber wie konnte Demokratie sich gegen die Dominanz eigensüchtiger Bestrebungen in einer Gesellschaft durchsetzen? Die Antwort ist ebenso enttäuschend wie nüchtern: Unbedingt erforderlich für die Entstehung von Demokratie in einer Gesellschaft von innen heraus (also nicht etwa durch das Diktat anderer Staaten, z.B. durch die Sieger nach einem verlorenen Krieg) ist, daß keine Gruppe die überwiegende Macht in Händen hält. Insoweit kann Demokratie von innen heraus nur bei schon ausreichender Machtverteilung entstehen, wie der finnische Politologe Tatu Vanhanen (1984) herausgearbeitet hat.

Hierarchie und Leistung

Bei *Tieren* verteilen Hierarchien Ressourcen ungleich, doch sie vermeiden kostspieliges Austragen eines großen Teils von Konflikten. Erfüllt die bestehende Rangordnung diese Aufgabe zu wenig, dann wird sie über kurz oder lang modifiziert, indem besser geeignete Individuen unter Duldung der Gruppenmehrheit oder sogar mit deren Hilfe sich höhere Positionen erkämpfen.

Menschliche Hierarchien weisen demgegenüber zwei erhebliche Unterschiede auf: *Erstens* dienen sie ausdrücklich oder implizit auch anderen als den ursprünglichen biologischen Zwecken, weshalb wir sie mit teilweise ganz verschiedenen Maßstäben bewerten. *Zweitens* sind sie oft kompliziert verankert und integriert, außerdem in ihrer Effizienz wenig durchschaubar, schließlich mit kulturbedingten Möglichkeiten der Eigenverteidigung zugunsten der Privilegierten ausgestattet, so daß ihre Ablösung oder Modifizierung im Falle schlechten Funktionierens erheblich erschwert sein kann.

Daraus ergibt sich: Bei Tieren sind Hierarchien, bezogen auf die Kriterien biologischer Zweckmäßigkeit, in der Regel sinnvoll. Bei uns heutigen Menschen hingegen ist biologische oder kulturelle Zweckmäßigkeit häufig nicht ohne weiteres erkennbar und oft genug auch tatsächlich nicht gegeben.

Welche Zusammenhänge bestehen zwischen hierarchischer Strukturierung und der *Leistungsmotivation* der Individuen? Die Leistungsbereitschaft hängt erheblich davon ab, ob Leistung sich lohnt; das umschließt auch die Vermeidbarkeit von Strafe. Das Verteilen von Belohnung und Strafe wird in allen Gesellschaften in erheblichem Maße durch Hierarchien vermittelt. Somit ist Möglichkeit von Auf- und Abstieg, also die vertikale Mobilität, ein starker Leistungsanreiz. Dabei dürfen Hierarchien nicht zu »weich« sein, das heißt, das Aufstiegsstreben ist desto stärker, je weniger die Gefahr droht, den erreichten Rang wieder aufgeben zu müssen. Andererseits muß der Abstieg möglich sein, zum einen um freie Plätze für die aufstrebenden Individuen zu erhalten, zum anderen um die Stelleninhaber bei ausreichender Leistungsbereitschaft zu halten. Es gibt nicht den optimalen »Härtegrad« für alle Hierarchien. Die jeweiligen Lebensumstände und Leistungsmotivationen der beteiligten Individuen sind ebenso zu berücksichtigen wie die Sachanforderungen auf allen Stufen der Hierarchie. Daraus ergibt sich ein differenziertes Bild mit erheblichen Unterschieden zwischen den Hierarchien je nach ihren Aufgaben und Problemen, innerhalb einer Hierarchie je nach den verschiedenen Stufen und gegebenenfalls sogar auf einer Stufe zwischen den Individuen.

Die große Anzahl der in einer Gesellschaft tatsächlich existierenden Hierarchien kann erheblich zum psychischen Wohlbefinden der Menschen beitragen. Für Aufbau und Absicherung des Selbstwertgefühls, das sich zwar nicht unbedingt nur, aber doch zum großen Teil aus Vergleichen mit anderen Menschen ergibt, stehen sehr viele Kriterien zur Verfügung. Geringer Status in bezug auf politischen Einfluß, materiellen Lebensstandard und Chancen beim anderen Geschlecht können mehr oder weniger kompensiert werden durch das Bewußtsein von Überlegenheit in Fragen der Bildung, des Kunstverständnisses, der Beliebtheit unter Freunden, der Nähe zu Gott usw.

Es wäre unangemessen, hier einfach von Ersatzbefriedigung zu sprechen, denn die Intensität des Dominanzstrebens und die Stärke der Befriedigung im Erfolgsfall sind oft nicht geringer als bei Hierarchieverhalten im Hinblick auf ökonomische oder politische Ziele. Richtig ist aber, daß sich vom Standpunkt der politisch Herrschenden her breite Manipulationsmöglichkeiten ergeben im Sinne des »panem et circenses«, also des altrömischen Brauchs, das Volk durch die Gewährung von »Brot und Spielen« ruhigzuhalten. So wurden immer schon die in politischer und ökonomischer Hinsicht Unterprivilegierten auf andere Werte verwiesen, um sie mit ihrem Schicksal auszusöhnen und von Widerstand abzuhalten (Verweis auf Religion, Privatheit, Kunst usw., kurz »Innerlichkeit«). Wertsetzung und Zuführung Unterprivilegierter zu diesen Werten war immer schon ein wichtiges Herrschaftsinstrument. All das gilt für *alle* politischen Ordnungen, auch für die Demokratie.

Je mehr der hohe Rang von Duldung oder sogar aktiver Unterstützung seitens der Untergeordneten abhängt, desto mehr müssen sich Besitzer hoher Ränge und Bewerber um Zustimmung bemühen. Erst mit dem Heraufkommen des Staates konnten sich Gruppen und gruppengestützte Individuen als Führung etablieren, die ihre Interessen und Vorstellungen unter Umständen *gegen* den deutlichen Wunsch großer Mehrheiten durchzusetzen vermochten. Mit dem Aufkommen von Demokratie im heutigen Verständnis verengt sich der Spielraum für solche Art ausgeprägter Herrschaft wieder merklich, zumal in Zeiten ohne große allgemeine Not. Moderne Demokratie ähnelt also frühen Zeiten menschlicher Entwicklung insoweit, als auch sie wenig Gelegenheit läßt für die völlige Unterdrückung von Majoritäten durch eine kleine Minderheit. Zwar ist auch in ihr ausgeprägte staatliche Herrschaft unvermeidlich, doch der entscheidende Unterschied besteht in der Konkurrenz und prinzipiellen Austauschbarkeit der Führungseliten.

Der Trend zur »verschachtelten Welt«

Soziale Organisationen und Institutionen tendieren dazu, sich zu vergrößern, soweit das für sie vorteilhaft ist und sie sich gegenüber ihrer Umwelt durchzusetzen vermögen. Dabei kann es zu neuen Gebildetypen kommen, etwa zur Entstehung des Staates. Bisherige Institutionen mögen dabei verschwinden, gleichsam im Neuen aufgehen, wie das Häuptlingstum im Staat, oder sie bestehen im größeren Rahmen fort, wenngleich mit nunmehr geringerer Kompetenz; das gilt etwa für Länder im Bundesstaat (Beispiel: Deutschland) oder – in ihrer Selbständigkeit weniger beschnitten – im Staatenbund (Beispiel: USA). Nationalstaaten schließlich können größere Systeme schaffen, in die sie sich einfügen, indem sie ihnen Teile ihrer Entscheidungsgewalt oder ihrer Ressourcen (besonders Geldmittel) übertragen. So entstehen Bündnisse (etwa die NATO), doch auch politisch-wirtschaftliche Zusammenschlüsse wie die Europäische Union.

Längst ist die Welt von einem dichten Netz übernationaler politischer Organisationen überzogen, die – für bestimmte Regionen der Erde oder sogar weltweit – festgelegten Aufgaben dienen, militärischen, wirtschaftlichen, kulturellen und politischen. Auch hier läßt sich von Hierarchisierung sprechen, soweit die Kompetenzen zwischen solchen Organisationen und den einzelnen Staaten vertikal abgestuft sind. Doch weithin mangelt es den supranationalen Systemen an realer Macht, sich im Konfliktfall gegenüber den Einzelstaaten durchzusetzen. Allenfalls formal ist die Welt mit der UNO an der Spitze hierarchisch geordnet, zum Teil nicht einmal das, denn in die inneren Angelegenheiten eines Staates darf sich die UNO entsprechend ihrer Satzung nicht einmischen. Im Ganzen bietet sich weniger das Bild einer funktionierenden hierarchischen Weltordnung, sondern eher das einer *verschachtelten Welt*. In diesem Gefüge aus Institutionen verschiedenster Art folgen die tatsächlichen Machtverhältnisse nur sehr bedingt den formalen hierarchischen Regelungen.

Wie sind das Wachsen der Sozialgebilde und das Entstehen neuer, »umfassender« Formen zu erklären? Die allgemeine Antwort lautet: Menschen schließen sich zu neuen, auch größeren Organisationen zusammen, wenn sie glauben, daß das für sie vorteilhaft ist. Widerstrebende werden dabei gezwungen. Diese Formen haben eine Chance, sich zu erhalten, falls sie den bisherigen tatsächlich überlegen sind. Oft erfordern neue Lebensumstände organisatorische Innovationen; z. B. kann eine verbesserte Wirtschaftsweise zu größeren Bevölkerungsmengen führen, deren gemeinsames Überleben neue Verwaltungsweisen verlangt, vielleicht solche, die nur im Rahmen dessen möglich sind, was wir »Staat« nennen.

Diese Institutionen sind nicht frei von biologischen Einflüssen, denn auch soweit sie Ergebnis von Planung sind, dienen sie doch (besser oder schlechter) den immer noch natürlich mitgeprägten Motiven und Bedürfnissen derer, die sie geschaffen haben. Außerdem dürfen wir nicht einfach davon ausgehen, daß sich die mit der neolithischen Revolution bildenden größeren Institutionen bis hin zum Staat als Ergebnis bewußter, vernünftiger Übereinstimmung entwickelt haben; sie sind eher Produkte von Machtkämpfen, die Gegensätze vitaler Interessen ausdrücken, welche sich – jedenfalls weitgehend – wiederum aus der Konkurrenz menschlicher Lebewesen um knappe Ressourcen verstehen lassen. Angesichts der kreatürlich als Teil sozialen Lebens vorgegebenen Konkurrenz kann rationale Übereinstimmung in der Regel keine überragende Rolle im gesellschaftlichen Wandel spielen, und darum müssen wir uns sowohl vor idealistischen als auch vor zu idyllischen Deutungen der Entstehung von Staaten und überhaupt wesentlicher Elemente des sozialen Wandels hüten.

Die Bildung von Staaten ebenso wie ihre Ausweitung führte in den meisten Fällen zu Machtzuwachs. Vor allem standen für kriegerische Zwekke mehr einsatzfähige Männer zur Verfügung, auch – was zunehmend wichtiger wurde – mehr Waffen, Bodenschätze, Transportmittel, Nahrung und andere kriegswichtige Ressourcen. Diesem Trend zur Größe standen einige Gefahren gegenüber, nämlich durch mangelhafte Verwaltung, schlechtere Chancen des Verteidigens der gewachsenen Staatsfläche und Herrschaftskonkurrenz durch einflußreiche Personen oder andere Gruppen mit der Möglichkeit nicht nur des Machtwechsels, sondern auch der Absplitterung. Gerade dabei kam es wesentlich auf die Verfügung über das Militär an, praktisch auf den Einfluß auf dessen Führer. Die Bevölkerung aber war bis in die jüngere Zeit nur selten eine erhebliche Größe; ihre Unzufriedenheit war, darüber dürfen eindrucksvolle Aufstände nicht hinwegtäuschen, im großen und ganzen nicht oft von Belang.

In der modernen Demokratie hat die Bevölkerung bekanntlich erheblichen Einfluß gewonnen. Das bedroht aber nicht generell den jeweiligen Staat, denn zum einen verfügen Demokratien über vergleichsweise gute Möglichkeiten, die wirtschaftlichen Bedürfnisse der Bevölkerung zu befriedigen, zum anderen wird die Unzufriedenheit der Menschen – abgesehen von unbeirrbaren Extremisten – auf das jeweilige Regierungslager gerichtet und dadurch auf die Chance des Machtwechsels; der Staat selbst bleibt somit meist außer Diskussion.

Im Laufe der Menschheitsgeschichte sind also immer größere Organisationsformen entstanden, bis hin zu solchen mit weltweitem Geltungsanspruch, etwa in der Politik (UNO), im religiösen Bereich, in der Wirtschaft oder im Sport. Da kleinere Einheiten wie Familie und Betrieb zwar erhebliche Wandlungen erfuhren, für die meisten Menschen aber nicht fortgefallen sind, ist der einzelne in eine beträchtlich gewachsene Anzahl von Sozialgebilden verschiedenster Ordnung eingebunden. Diese treten mit zum Teil sehr unterschiedlichen Begünstigungen (Rechten) und Benachteiligungen (Pflichten, Verboten) an das Individuum heran. Manche dieser Bindungen werden wie selbstverständlich akzeptiert, also nicht in Frage gestellt, während bezüglich anderer einzelne und ganze Gruppen fragen, ob sich die Mitgliedschaft lohnt, z. B. die Zugehörigkeit zu einer Gewerkschaft, einem Verein, einem Staat, einem Bündnis. Besonders in jüngerer Zeit sind immer mehr Menschen mit der Eingliederung in größere politische Organisationen unzufrieden, vor allem dann, wenn sie ihre kulturelle Eigenart bedroht sehen oder im Lebensalltag praktische Nachteile erfahren. Beispiele sind der Widerstand gegen die Zusammenlegung von Gemeinden im Zuge der kommunalen Neugliederung, der Regionalismus mit den Forderungen kultureller oder sogar politischer Autonomie und außerdem der Nationalismus aus Wunsch nach Abgrenzung gegenüber noch größeren Gebilden.

Die Vorbehalte gegenüber großen und größten organisatorischen Einheiten speisen sich auch aus dem Gefühl bzw. der Erfahrung, daß mit der Größe einer Organisation nicht unbedingt ihre Wirksamkeit wächst. Am Beispiel der UNO etwa läßt sich erkennen, daß umfassende Hierarchisierung des politischen Lebens nicht entsprechend vollständige Kontrolle garantiert; der Stärkere läßt sich ungern an die Zustimmung der Schwächeren binden. Nur wenn sich die Großmächte einigermaßen einig sind, wächst der UNO (bis auf weiteres) beachtliche Kraft zu, wie der Golfkrieg gezeigt hat.

Außerdem können überstaatliche Institutionen nur so stark sein, wie es ihnen die Mitgliedsstaaten erlauben, nämlich durch Abtretung von Souveränität und Überlassung von Mitteln. Deutlich belegen das die Probleme der Europäischen Union wie auch die Schwäche der OPEC in Krisenzeiten. Darin liegt eine wesentliche Grenze für alle überstaatlichen Zusammenschlüsse, von denen es übrigens in der jüngeren Vergangenheit über 200 von einiger Bedeutung gibt (Zürrer 1987). Andererseits lassen sich etliche Probleme durch den Rückzug auf kleinere Einheiten auch nicht besser lösen. Folglich ist sowohl vor naivem Größenkult als auch vor romantisierender Kleinmeierei zu warnen.

Als Ausdruck einer speziellen Unzufriedenheit mit dem Staat ist das Streben nach Autonomie oder sogar hoheitlicher Selbständigkeit anzusehen. Durchweg sind es Ethnien, also Menschen gleicher Sprache, Kultur, Religion und/oder Geschichte, die darum kämpfen, ihre kulturellen oder wirtschaftlichen oder eben sogar ihre gesamten politischen Angelegenheiten selbst entscheiden zu können. All das hat es in der Geschichte der Staaten immer wieder gegeben. Wie lassen sich diese Versuche erklären? Auch hier drängt sich keine allgemeine Antwort auf. In vielen Fällen wurden die in einem bestimmten Gebiet des Staates konzentriert lebenden Mitglieder einer Ethnie – meist, doch nicht immer eine Minderheit des Staatsvolks – gegenüber den übrigen Bürgern mehr oder weniger unterdrückt. Nicht selten hingegen versprachen sich die Mitglieder der betreffenden Ethnie von der angestrebten Selbständigkeit wirtschaftliche Verbesserungen, etwa wenn die ökonomische Leistungskraft der eigenen Region deutlich über dem gesamtstaatlichen Durchschnitt lag und die »Zentrale« darum finanzielle und andere Ausgleichsleistungen zugunsten des übrigen Staatsbereichs erzwang. Welche Motive hinter den separatistischen Bewegungen stehen, läßt sich oft nicht verläßlich sagen. Nicht immer müssen sich die vorgetragenen Argumente voll mit den tatsächlichen Motiven decken. Dieser Hinweis soll das Streben nach Selbständigkeit gewiß nicht diskreditieren – schließlich ist auch der Wunsch nach mehr Wohlstand verständlich.

Gegenwärtig gibt es Autonomiebewegungen vorwiegend in Staaten mit einem starken politischen Zentrum, in der Regel der Hauptstadt. Das gilt unter anderem für Großbritannien (Nordirland-Problem, in gewissem Umfang auch Schottland), Frankreich (Bretagne, Korsika), Spanien (Katalonien, mehr noch das Baskenland). Im Zerfall der Vielvölkerstaaten Sowjetunion, Jugoslawien und Tschechoslowakei zeigte der Drang nach Autonomie Erfolg. Gewiß sind die Bedingungen jeweils sehr verschieden, doch stets gegeben ist die Frontstellung gegen die Hauptstadt bzw. den damit besonders verbundenen mächtigsten Bevölkerungsteil. So unterschiedlich die Forderungen sind, so sehr divergierten auch Art und Maß der tatsächlichen Benachteiligung des auf Selbständigkeit drängenden Bevölkerungsteils. Wie stark der Wunsch nach Unabhängigkeit ist, ergibt sich nicht allein aus der tatsächlichen Schlechterstellung innerhalb des Staatsverbandes, sondern auch daraus, wie man seine Lage empfindet, welche Kränkungen mitschwingen, wie sehr der eigene Stolz verletzt wird. Bei alledem spielen die Erfahrungen der Vergangenheit mit, und für manche Regionen ist das Streben nach Freiheit ein Teil ihrer Tradition.

Wie sehr wir Menschen unseren Staat bejahen oder eher ablehnen, ist individuell sehr verschieden. Aber auch die Frage nach den durchschnittlichen Einstellungen von Bevölkerungen verschiedener Staaten ergibt ein höchst unterschiedliches Bild. Der Grad der Zustimmung zum eigenen Staat – Politologen sprechen hier von der Legitimität des politischen Systems – läßt sich nicht auf einen einzelnen Faktor zurückführen. Beispielsweise könnte man daran denken, daß eine Bevölkerung desto mehr ihren Staat bejaht, je homogener sie in ethnischer Hinsicht ist. Aber ethnische Verschiedenheit schließt starkes Wir-Gefühl und entsprechenden Patriotismus nicht aus, wie etwa die Bürger der Vereinigten Staaten zeigen: Nicht selten sind Einwanderer oder Neubürger besonders bemüht, »Flagge zu zeigen«.

Oder schätzt man sein Land wegen der Demokratie? Hier könnte eingewendet werden, daß die Liebe zur Demokratie so groß nicht sein kann, denn erst spät in der Menschheitsgeschichte trat diese politische Form auf, zunächst bei den Alten Griechen, und das bloß in einer nach heutigen Maßstäben sehr unvollkommenen Form, nämlich nur beschränkt auf eine *Minderheit* der in Athen lebenden Menschen. Von den gegenwärtig rund 190 Staaten der Erde sind kaum mehr als drei Dutzend wirkliche Demokratien, wie immer sich die übrigen selbst benennen. Angesichts dessen mag die These einiger Philosophen und Politologen, die Demokratie entspreche am meisten der menschlichen Natur, recht kühn anmuten. Denn warum haben wir dann dieser Staatsform nicht längst zum breiten Durchbruch verholfen? Allerdings fällt auf, daß gerade die Staaten mit hohem Lebensstandard für die Mehrheit ihrer Bevölkerungen Demokratien sind, von Sonderfällen wie Kuwait abgesehen. Gründet sich die vergleichsweise hohe Zustimmung zum politischen System in diesen Gesellschaften vielleicht letztlich auf das materielle Wohlergehen? Tatsächlich dürften die kapitalistisch-marktwirtschaftlich geprägten Volkswirtschaften der Demokratie die vergleichsweise beste Unterstützung geben, weil sie dank ihrer materiellen Ergiebigkeit am meisten zur Zufriedenheit der Bürger beitragen können – ausreichend gerechte Verteilung vorausgesetzt –, und umgekehrt gibt Demokratie der Marktwirtschaft mehr als andere Staatsformen jene Entwicklungsfreiheit, derer sie bedarf. Dieser wechselseitige Zusammenhang zeigt sich gegenwärtig nicht zuletzt im sowohl politischen wie wirtschaftlichen Zusammenbruch des staatlich formierten Sozialismus im bisherigen sogenannten Ostblock. Und in der Bevölkerung dieser Staaten wird offenkundig eine enge Beziehung zwischen Demokratie und wirtschaftlichem Wohlergehen gesehen – oft verbunden mit einer übertriebenen Erwartung, wie rasch der politische Wandel den wirtschaftlichen Aufschwung nach sich zieht.

Die »verwaltete Welt«: Bürokratie

Zumindest in friedlichen Zeiten spürt der einzelne Bürger das »Netz der Ordnung« nicht so sehr seitens der großen Politik, sondern im alltäglichen Umgang mit der Verwaltung. Gerade hochorganisierte Gesellschaften treten dem einzelnen als »verwaltete« Welt gegenüber, besonders als dichtes Geflecht von Bürokratie. Gewiß können wir das nicht grundlegend ändern, denn moderne Staaten brauchen Ämter und Regelungen, die uns betreuen und helfen. Wir sind auf den Staat angewiesen, aber das bedeutet auch Verwaltung, und in gewissem Umfang ist Bürokratie unvermeidlich.

Andererseits jedoch bedrücken uns die im Kontakt zu Behörden und ihren Vertretern vorherrschende Anonymität, Gefühlsferne, es stört uns die Unpersönlichkeit und die Überlegenheit »dieser Ämter«. Fast jeder kennt das damit verbundene Unbehagen und die daraus resultierende, oft pauschale Bürokratieschelte. Zum Teil erwächst dieses Unbehagen natürlich aus konkreter Enttäuschung, nämlich wenn unsere Anträge scheitern oder unsere Einreden erfolglos bleiben.

Doch darüber hinaus gibt es beim direkten Kontakt mit Verwaltung oft genug ein Unlustgefühl, das sich nicht aus negativen Entscheidungen erklären läßt. Zum einen Teil mag dieses Unbehagen sozusagen modisch bedingt sein; für viele Leute versteht es sich einfach von selbst, auf »die

Bürokratie« zu schimpfen. Aber genauere Beobachtung zeigt, daß sich viele Bürger tatsächlich unbehaglich fühlen, wenn sie mit Bürokratie unmittelbar zu tun haben. Wie läßt sich das erklären?

Die Hinweise auf Anonymität und nüchterne Atmosphäre sind gewiß richtig, führen aber noch nicht weit genug. Wir werden erst fündig, wenn wir uns auf unsere Natur besinnen. Denn die Emotionen sind Teil unserer biologischen Ausstattung. Sie haben sich in der riesigen Zeit der biologischen Evolution herausgebildet, und die verschiedenen Gefühle, zu denen wir fähig sind, haben sämtlich ihren einsehbaren biologischen Sinn (vgl. Zimmer 1981). Ihre Aufgabe ist es, allgemein gesprochen, uns zu einem biologisch günstigen Verhalten zu veranlassen. Bei allen Unterschieden zwischen den einzelnen Emotionen läßt sich zusammenfassend sagen, daß positive (angenehme) Gefühle dem Lebewesen signalisieren, es befinde sich in einer günstigen Situation, also: »Nur weiter so!« Negative (unangenehme) Emotionen hingegen zeigen Nachteiliges an, etwa Gefahren aller Art; sie fordern uns auf: »Ändere was!«

Zwar ist es richtig, daß in der künstlich geprägten Umwelt moderner Gesellschaften die Gefühle als Signale nicht mehr immer verläßlich sind; so mag eine Speise angenehm schmecken, aber nicht gesund sein, und objektive Gefahren wie Radioaktivität in der Luft werden von unserer sinnlichen Wahrnehmung nicht erfaßt. Dennoch: In großen Bereichen unseres Handelns sind Gefühle nach wie vor hilfreiche Wegweiser.

Was hat dies mit dem Unbehagen bei Kontakten mit der Bürokratie zu tun? Die Antwort ist einfach: Die Art und Weise, wie Bürokratien uns behandeln (und zu einem gewissen Grade auch behandeln müssen!), erzeugt im Bürger negative Gefühle, weil es für Menschen »eigentlich« immer schon ungünstig war, in »kühler« Weise behandelt zu werden, nicht als »ganze Person«, sondern nur in einer engen Rolle auftreten zu können. Insgesamt ist der Bürger fast durchweg in der schwächeren Position: Meist bestimmt er weder Zeit noch Ort des Kontakts mit der Behörde, muß sich mit einer ihm ungewohnten Sprache (»Juristendeutsch«) abplagen, womöglich indiskrete Fragen beantworten usw. All dies widerstreitet unseren gefühlsmäßigen Bedürfnissen, und eben das produziert Unlust.

In den Bemühungen um Verwaltungsreformen ist das bisher zu wenig beachtet worden. Gewiß müssen Rechtssicherheit, Gleichbehandlung und Wirtschaftlichkeit erhalten bleiben; aber in diesem Rahmen sind doch viele Verbesserungen möglich, die den Kontakt mit Behörden für den Bürger »humaner« machen (Näheres in Flohr 1986).

Literatur

Barchas, P.R. (1984; Hrsg.): Social Hierarchies. Westport, Conn.

Barner-Barry, C. (1983): Zum Verhältnis zwischen Ethologie und Politik. Macht, Dominanz, Autorität und Aufmerksamkeitsstruktur. In: Flohr, H., Tönnesmann, W. (Hrsg.): Politik und Biologie. Beiträge zur Life-Sciences-Orientierung der Sozialwissenschaften. Hamburg, Berlin, S. 101–110.

Berger, J., et al. (1987): Status Characteristics and Social Interaction: An Expectation-States Approach. New York.

Eibl-Eibesfeldt, I. (1984): Die Biologie des menschlichen Verhaltens. Grundriß der Humanethologie. München.

Ellyson, S.L., Dovidio, J.F. (1985; Hrsg.): Power, Dominance, and Nonverbal Behavior. New York.

Flohr A.K. (1991): Feindbilder in der internationalen Politik. Ihre Entstehung und ihre Funktion. Münster, Hamburg.

Flohr, H. (1986): Bureaucracy and its Clients. Exploring a Biosocial Perspective. In: White, E., Losco, J. (Hrsg.): Biology and Bureaucracy. Lanham, S. 57–115.

Flohr, H. (1990): Die Bedeutung biokultureller Ansätze für die Institutionentheorie. In: Göhler, G. (Hrsg.): Die Rationalität politischer Institutionen. Baden-Baden, S. 21–57.

Immelmann, K. (1982): Wörterbuch der Verhaltensforschung. Berlin, Hamburg.

Kull, U. (1979): Evolution des Menschen. Biologische, soziale und kulturelle Evolution. Stuttgart.

Neckel, S. (1991): Status und Scham. Zur symbolischen Reproduktion sozialer Ungleichheit. Frankfurt/M., New York.

Neel, J.V. (1970): Lessons from a Primitive People. In: Science 170, S. 815–822.

Popitz, H. (1986): Phänomene der Macht. Autorität – Herrschaft – Gewalt – Technik. Tübingen.

Vanhanen, T. (1984): The Emergence of Democracy. A Comparative Study of 119 States, 1850–1979. Helsinki.

de Waal, F. (1991): Wilde Diplomaten. Versöhnung und Entspannungspolitik bei Affen und Menschen. München.

Zimmer, D.E. (1981): Die Vernunft der Gefühle. Ursprung, Natur und Sinn der menschlichen Emotion. München.

Zürrer, W. (1987; Hrsg.): Politische, wirtschaftliche, militärische Zusammenschlüsse und Pakte der Welt. 13. Aufl. St. Augustin.

Frühe Werkzeuge des Menschen

Rolf C.A. Rottländer

Zumindest als Europäer leben wir heute in einer Umwelt, die nicht der Landschaftsform entspricht, wie sie ohne menschliches Zutun vorhanden wäre; wir haben unsere Landschaft durch Arbeit umgeformt, wie das auch für weite Teile Amerikas, Afrikas, Asiens und Australiens gilt. Diese Umformung ging nur langsam vonstatten, und um sie zu bewirken, waren Geräte und Werkzeuge nötig. Biber bauen zwar Staudämme, und Termiten vermögen mit ihren Hügeln ganzen Landstrichen ihren Charakter aufzuprägen, aber es ist dem Menschen vorbehalten geblieben, alle Klimazonen zu besiedeln und überwiegend auch zu beeinflussen. Dabei entstand ein Wechselspiel zwischen immer weiter entwickelten Werkzeugen und immer stärker veränderter, immer besser beherrschter »Natur«. Heute stehen wir Menschen in der Gefahr, diesen Prozeß zu weit getrieben zu haben – weil unser Einfluß global geworden ist, wie Waldsterben, Ozonloch und Treibhauseffekt zeigen.

Auf welchen Wegen entwickelte sich der Mensch zu seinem heutigen Erscheinungsbild? Seine körperliche Evolution läßt sich an Veränderungen des Knochenbaus ablesen, die sich in Jahrmillionen abspielte. Was aber geschah im geistigen Bereich, was ging in den Köpfen unserer Ahnen vor sich? – Die ältesten datierbaren Werkzeugfunde sind jünger als zwei Millionen Jahre, aber sie gestatten es, etwas von dieser *geistigen Evolution* zu erahnen. Dabei bleibt zu berücksichtigen, daß die ältesten Geräte aus *Holz* oder *Knochen* uns für immer verloren sind, wir also durch die *Stein*werkzeuge ein ganz einseitiges Bild bekommen. Hinzu tritt, daß die Veränderungen im Knochenbau für sich sprechen, Steinwerkzeuge hingegen interpretiert werden müssen. Interpretationen können aber in sehr verschiedene Richtungen führen: Spiegeln die für uns zweifellos primitiv wirkenden frühesten Werkzeuge ein primitives, unbeholfenes Denken wider, wie einige Forscher annehmen? War das Denken des ganz frühen Menschen unzulänglich entwickelt? Oder war er so hellwach, wie wir heute unsere Umwelt betrachten? Reichten nicht »anfangs« schon geringe technische Hilfen aus, um einen entscheidenden Vorteil zu erlangen? Wozu dann mehr Aufwand?

Darauf werden wir wohl nie eine endgültige Antwort erhalten. Die ältesten Kunstwerke aus Knochen oder Elfenbein (aus dem *Aurignacien*) wirken gekonnt, und die Höhlenmalereien des Jungpaläolithikums (aus dem *Magdalénien*) sind zum Teil Meisterwerke in ihrer Art. (Die frühen Epochen der Menschheitsgeschichte werden nach Kulturphasen benannt, die sich teilweise überlappen können – daher sind absolute Jahresangaben manchmal irreführend. Ihre Namen haben diese Epochen von *Fundorten* bekommen, z. B. *Magdalénien* nach dem Fundort *La Madeleine* in Frankreich.) Was spricht mehr für die geistige Evolution: Werkzeug oder Kunstwerk?

Da der Mensch unter den Lebewesen *der* Gerätehersteller ist, scheint seine Entwicklung wie in einem Spiegel in den von ihm geschaffenen Geräten auf. Mit dem Fortgang der Evolution zunehmend, lassen sich aus ihnen sein Denken, sein technisches Verständnis, sein Willen zur und seine Erfolge bei der Umweltbeherrschung herauslesen, aber auch seine Phantasie, sein spielerisches Verhalten und sein ästhetisches Empfinden. Eine lückenlose Darstellung dieses einmaligen, das heißt geschichtlichen Vorganges würde Lexikonbände füllen. Statt dessen soll versucht werden, sozusagen einen Scheinwerferkegel auf einige frühe Phasen der Geschichte zu richten und zu beschreiben, was sichtbar wird. Diese Phasen sind im folgenden jeweils durch einige Geräte symbolisiert, die jeweils einen neuen Entwicklungsstand repräsentieren.

Faustkeil, Bohrer, Harpune und Mikrolithen

Vom *Homo faber*, dem geschickten Handwerker, dem Schmied im übertragenen Sinne, soll in diesem Beitrag die Rede sein. Tatsächlich gehört der geschickt ausgeführte Schlag zur Umformung von Material zu den frühesten Tätigkeiten des Menschen, die ihn vom Tier unterscheiden. Lange ehe der so einprägsame **Faustkeil** sich als Form herausgebildet hatte, nämlich schon im *Altpaläolithikum* (*Abbevillien*), formte der Mensch aus Geröll durch wenige Schläge Werkzeuge zum Schaben und Schneiden. Es kann wohl kaum einen Zweifel daran geben, daß er damit Geräte aus Knochen und Holz herstellte und bearbeitete, Nüsse öffnete und seine Beutetiere zerlegte. Doch durch Funde läßt sich das schlecht belegen, da die meisten Dinge aus Holz, Horn oder Knochen längst in den Kreislauf der Natur zurückgekehrt sind, so wie der Mensch damals noch ganz in die unveränderte Natur eingebettet war.

Die Erfahrungen in der Steinbearbeitung sammelten sich – auch das ist typisch für den Menschen – mit dem Werden und Vergehen von Tausenden von Generationen an. Schließlich hatte sich ein Universalwerkzeug herausgebildet, eben der Faustkeil. Wer damals einen Faustkeil aus dem rohen Stein herausschlug, hatte eine feste Vorstellung über Größe und Form dessen im Kopf, was er machen wollte; er kannte Vorbilder. So kommt es, daß der Faustkeil über weite Gebiete Europas, Asiens und Afrikas verbreitet ist. Unter den Lebensbedingungen des Altpaläolithikums haben rund 10 000 Generationen gelebt. Die Fundstreuung läßt nicht erkennen, ob der Faustkeil etwa von einem einzelnen »erfunden« worden ist, der die Erfindung in seiner Familie weitergab und dessen Nachkommen sich allmählich über die ganze Welt verbreiteten, oder ob die »Nachbarn« vom »Erfinder« lernten und sich seine Erfindung so noch viel rascher ausbreitete. Der Faustkeil ist zweckmäßig und daher ästhetisch, wie die meisten zweckmäßig geformten Werkzeuge ihren ästhetischen Reiz ausüben.

Mikroskopische Untersuchungen haben gezeigt, daß der Faustkeil asymmetrische Abnutzungsspuren zeigt. Ein Schlag auf eine Nuß hinterläßt wenig Spuren; eine immer wieder ausgeführte schabende Tätigkeit, sei es, um Holz zu glätten, oder sei es, um die Decke eines Beutetieres fettfrei zu schaben, hinterläßt dagegen ganz bestimmte Abwetzspuren. Die Asymmetrie dieser Spuren beweist, daß der Mensch schon damals eine Hand – in der Regel die rechte – bevorzugte.

Ob der Mensch den Faustkeil als Waffe benutzte, läßt sich aus den Abnutzungsspuren nicht herauslesen. Es wird so wie immer unter Menschen gewesen sein: Im Zorn konnte der Faustkeil auch zur Waffe werden, aber wahrscheinlich lief der Neandertaler nicht mit dem Faustkeil bewaffnet durch die Landschaft, um sein Jagdgebiet zu verteidigen. Überhaupt stört ein Faustkeil beim Laufen und auf der Jagd eher. Er dürfte ein Werkzeug des Rastplatzes gewesen sein.

Im Grunde ist es doch recht wenig, was wir über den Faustkeil vom frühen Menschen erfahren können. Die Vergänglichkeit der anderen Materialien, mit denen der Mensch damals zu tun hatte, führt offenbar zu einem ganz einseitigen Bild. Gewiß, der Faustkeil kann nur vom Menschen gemacht sein – aber konnte dieser Mensch auch sprechen? War er sozial eingebunden? Lebte der Mann als Einzelgänger oder in der Familie oder Sippe? Mußte die Frau sich selbst ernähren? Für die ersten vielleicht 95 Prozent der Menschheitsgeschichte wissen wir darüber nichts und können nur spekulieren, für die nächsten vier Prozent haben wir lediglich einige Anhaltspunkte und nur über das letzte Prozent haben wir genaue Kenntnisse. Nur hypothetisch können wir uns von drei Seiten her nähern:

- Einmal von der Fundvergesellschaftung her, die sich auf paläolithischen Lagerplätzen vorfindet. Die Beutetiere Bär, Wildpferd, Bison oder ein gelegentliches Jungmammut sind zu groß für einen einzelnen, als Jagdobjekt wie zum Verspeisen. Auch die Zahl der aus einem Lagerplatz zurechtgeschlagenen Werkzeuge übersteigt den Bedarf eines einzelnen.

- Zweitens aus heutiger Sicht, indem wir Inuit (»Eskimos«), Feuerländer, Bewohner der Kalahari, Pygmäen des tropischen Regenwaldes, Wildbeuter der Philippinen oder Hochlandbewohner Neuguineas als Modelle von Jäger- und Sammlerkulturen bzw. sehr ursprünglichen und alten Pflanzergesellschaften ansehen und ihr Verhalten studieren. Vieles läßt sich auf diese Weise dokumentieren und analysieren. Wie eine Steinbeilklinge hergestellt, geschliffen und geschäftet wird, konnten Ethnologen z. B. einem diese Techniken noch immer anwendenden Papua in West-Neuguinea abschauen.
- Drittens ebenfalls aus heutiger Sicht, indem wir uns über Verhalten der heute noch lebenden Menschenaffen Aufschlüsse über bestimmte Techniken unserer Vorfahren verschaffen. Einige Schimpansen-Gruppen haben z. B. Methoden entwickelt, harte Nüsse mit einem Schlagstein auf einem Stein als Unterlage – auch mittels schwerer Aststücke und Steinunterlage – aufzuklopfen. Das lernen die Jungen von ihren Müttern und bringen es der nächsten Generation ebenfalls wieder bei. Andere Gruppen derselben Art tun dies nicht, und zwar möglicherweise deshalb nicht, weil ihre Umgebung ihnen andere Nahrungsmittel zur Verfügung stellt. Wichtiger, weil aussagekräftiger als Beobachtungen von Tieren im Zoo, sind dabei Beobachtungen an Tieren, die in freier Wildbahn leben.

Heute ist die Menschheit über fast alle Klimazonen der Erde verteilt. Wie hat der Mensch das geschafft, obwohl er, soweit wir wissen, in einem sehr ausgeglichenen Savannenklima entstanden ist? Der Mensch ist als »Mängelwesen« beschrieben worden, weil er auf die meisten neuen Situationen nicht mit einer instinktiv vorgegebenen Reaktion antworten kann. Erst in seiner individuellen Entwicklung erlernt der Mensch bestimmte Reaktionen auf Standardsituationen, ist aber nicht völlig darauf festgelegt. Das sollte nicht unbedingt als Mangel interpretiert werden, vielmehr liegt darin die Chance, sich auf eine individuelle Situation optimal einstellen zu können, nämlich nach einer Überlegung und aufgrund von Einsicht.

Das hat weitreichende Konsequenzen: Zwar konnte der Mensch ohne große Umstellungen während der letzten Warmzeit weite Räume besiedeln, aber dann kamen die drei Wellen der letzten Eiszeit, des *Würm*. Die Tiere mußten in Ausstattung (z. B. Fell) und Nahrungsbedarf an die Bedingungen der Eiszeit angepaßt sein, denn Tiere können sich nur in sehr engen Grenzen umstellen; entweder wandern sie bei beginnender Klimaverschlechterung aus, oder sie müssen, wenn sie am Ort bleiben, untergehen. Der Mensch aber konnte aufgrund seiner Denktätigkeit flexibel reagieren. Er änderte seine Ausrüstung. Er schleppte nicht mehr den Faustkeil von Lagerplatz zu Lagerplatz, sondern machte sich, oft erst an Ort und Stelle, kleinere und damit *leichtere Spezialwerkzeuge*: Da gibt es den Schaber, den Kratzer, den Bohrer und den Stichel und die Geschoßspitze, womit nur die Haupttypen genannt sind. Mit dem Schaber kann man Fett vom Fell holen, um dieses dann in Urin oder mit Rötel (ein natürliches Eisenoxid) zu präparieren. Mit dem Kratzer lassen sich Geweih, Knochen oder Holz bearbeiten oder glätten. Mit dem Stichel ist es möglich, tiefe Kerben und Furchen zu erzeugen, um Späne aus Geweih oder Knochen herauszulösen.

Wohl am bemerkenswertesten unter diesen Werkzeugen ist der **Bohrer**, denn mit ihm wird zum ersten Mal eine Drehbewegung um eine Achse technisch ausgenutzt (Abb. 14). Mit dem Bohrer kann man Löcher in das Fell bohren, um die dünnen tierischen Hautstreifen durchzuziehen, die anstelle von Bindfäden oder Kordeln das Gewand aus Fell zuzuschnüren gestatten. Es können aber auch Löcher in die nur millimeterdicken Nähnadeln gebohrt werden, mit denen dünne Vogeldärme wie Zwirn da vernäht werden können, wo ein späteres Aufschnüren nicht nötig ist. Mit dem Bohrer gelingt es auch, eine ideal kreisrunde Hohlform zu erzeugen, gewissermaßen das Abbild des gedachten Kreises, so wie Vollmond und Sonne ideal runde Scheiben sind. Solche Idealformen spielen als sozusagen verkörperte Abstrakta bei einigen philosophisch-anthropologischen Überlegungen eine wichtige Rolle. Jedenfalls ist das durch die Drehbewegung entstehende Punkt-Kreis-Motiv aus dem Formenschatz der Ornamentik nie mehr verschwunden.

Abb. 14 Zwei Typen von Bohrern aus Flint (Feuerstein) aus dem Solutréen, einer jungpaläolithischen (jüngeren Altsteinzeit) Kultur, die in Frankreich entdeckt wurde.

Die Besiedlung Europas war wegen der dort herrschenden niedrigen Temperaturen nur möglich, weil die Menschen Fellkleidung herzustellen vermochten. Doch um dieses Gebiet in Besitz nehmen zu können, mußte noch ein weiteres Element hinzukommen. Während der Eiszeiten konnten in den betreffenden Gebieten nur noch wenige Tiere ihr Auskommen finden. Das gilt sowohl für das Artenspektrum als auch für die Individuenzahl pro Flächeneinheit. Um in einer solchen Umgebung, die etwa der heutigen Tundra entspricht, als Mensch leben zu können, waren sehr effektive Jagdwaffen nötig. Zunächst konnte der mit der relativ schweren Steinspitze ausgerüstete Speer mit der *Speerschleuder* viel weiter geschleudert werden. Dann traten Pfeil und Bogen hinzu, wie sich aus den verschiedenen Typen der viel leichteren Pfeilspitzen ablesen läßt. Den Höhepunkt der Entwicklung bei den Fernwaffen bildet aber doch wohl die **Harpune**.

Die Harpune ist aus Geweih oder Knochen geschnitzt und hat Widerhaken, entweder auf einer oder beiden Seiten. Oft finden sich Blutrinnen. Sie sitzt lose auf dem Schaft auf; in ihr hinteres Ende ist bisweilen ein Loch gebohrt, um die Schnur zu befestigen. Ist das Tier getroffen, dann löst die Harpune sich, bleibt aber durch die Schnur mit dem Schützen verbunden. Ob sie vergiftet war, wissen wir nicht; jedenfalls aber reißt sie eine stark blutende Wunde, falls es der Jagdbeute doch noch gelingen sollte, sich loszureißen. Blutspur und Blutverlust lassen sie dann nicht entkommen.

Angetan mit einer Fellkleidung und ausgerüstet mit Pfeil und Bogen oder Harpune, können wir uns den eiszeitlichen Jäger in seinem äußeren Erscheinungsbild durchaus vorstellen. Wenn wir ihm begegnen könnten und langsam auf ihn zukämen, würden wir plötzlich sehen, daß seine Kleidung mit Schmuck versehen ist. Rotwild-, Bären-, Wolfs- oder auch Fuchszähne sind an der Wurzel durchbohrt und in Mustern auf die Kleidung genäht. Möglicherweise würden wir aber auch Anhänger entdecken, die aus noch größeren Geweih- oder Knochenstücken geschnitzt sind. Sie werden aus Spänen gefertigt, die ihrerseits aus Knochen oder Geweih herausgelöst sind. Solche Anhänger, auch halbfertige Stücke, werden zur Zeit in süddeutschen Höhlen ausgegraben. Sie stammen aus Schichten, die rund 35 000 Jahre alt sind. In ihnen hat man auch die ältesten erhaltenen *Skulpturen* der Menschheit gefunden. Es sind höchst gekonnte kleine Darstellungen von Pferd, Wisent, Löwe und Mammut. Daß nur wenige Exemplare erhalten geblieben sind, dürfte wohl an den ungünstigen Erhaltungsbedingungen liegen.

Im Jungpaläolithikum tritt uns dann eine weitere Entfaltung der Kunst entgegen: die berühmten *Wandmalereien* in den Kalkhöhlen Spaniens und Frankreichs. Aber auch hier scheint es doch mehr an den Erhaltungsbedingungen zu liegen, daß diese Kunstwerke nicht untergingen; neuerdings findet man Farbreste an Kalkbrocken, die in Höhlen der Schwäbischen Alb durch den Frost an der Wand abgesprengt worden sind.

Im Verlauf der Geschichte haben sich die *Funktionen des Faustkeils aufgefächert*: Seine bohrende Funktion wird zum Bohrer, seine schabende zu Schaber und Kratzer, seine Ritzende zum Stichel und seine schneidende zu Messer und Säge. Diese Entwicklung geht mit einem beträchtlichen Gewichtsverlust für das einzelne Werkzeug einher, so daß es nun viel besser transportabel ist, nicht mehr belastet. Das Ende der Entfaltungsreihe ist durch die geometrischen **Mikrolithen** der mittleren Steinzeit erreicht. Diese Geräte aus homogenen Gesteinen wie Flint, Hornstein, Radiolarit und in wenigen Fällen Bergkristall erreichen kaum je die Größe von drei Zentimetern. Daher haben sie auch ihren aus dem Griechischen abgeleiteten Namen: »kleine Steine«. Ihr Umriß gleicht meist geometrischen Figuren: Da gibt es Trapeze und Rechtecke, gleichschenklige und ungleichschenklige Dreiecke und Kreissegmente wie den Halbmond. Oft sind Mikrolithen nur knapp einen Zentimeter lang.

Wozu haben sie gedient? Sie waren als Schneiden in Pfeile oder Harpunen aus Geweih oder Knochen oder Holz eingesetzt. Befestigt waren sie in Europa mit Birkenrindenteer. Hier treffen wir auf eine *erste chemische Technologie*, denn Birkenrindenteer muß durch einen Schwelbrand erst erzeugt werden. Dazu rollt man möglichst trockene Birkenrinde fest zusammen, bis das Paket einer Konservendose ähnelt. Ein Ende wird angezündet, und mit der brennenden Seite nach unten wird der Pack in eine Sandgrube gestellt. Der Sand saugt die dünnflüssigen Anteile des Schwelbrands auf, und der klebrige Teer bleibt übrig.

Der Mensch der *mittleren Steinzeit* konnte dank der nacheiszeitlichen Wiedererwärmung mit ihrer reichlicheren Flora und Fauna von der Standortjagd leben; sein Schweifgebiet war kleiner geworden, und er konnte Wildwechsel belauern. Er lebte aber nach wie vor so von der Natur, wie sie sich ihm bot, ganz in sie eingebettet und als Teil von ihr. Überjagte er ein Gebiet, so schlug das auf ihn selbst zurück. Ob man aus den riesigen Mengen an Haselnußschalen, die man gefunden hat, schließen darf, daß der Mensch der mittleren Steinzeit bereits anderes Gehölz zugunsten der Hasel zurückdrängte, muß einstweilen Spekulation bleiben.

Axt und Töpferscheibe

Mit der *Jungsteinzeit* ändert sich die Situation zwar langsam, aber höchst nachhaltig. Der Mensch war von der aneignenden zur produzierenden Wirtschaftsweise übergegangen, das heißt, er hatte angefangen, seine Umgebung zu beeinflussen, sie allmählich umzuformen. War er während der langen Zeiten des Altsteinzeit und auch noch während der mittleren Steinzeit vom Erfolg seiner Jagdwaffen abhängig, so gerät er jetzt in Abhängigkeit von seinen Werkzeugen, die ihm erlauben, den Wald zurückzudrängen und den Boden zu bearbeiten. Statt nur weniger Jagdwaffen, die er als Jäger alle mit sich tragen konnte, hat der Mensch als Bauer nun seinen Hausrat, der nicht mehr leicht transportierbar ist. Doch das behindert ihn bei seiner seßhaften Lebensweise nicht. Ganz typisch dafür ist die **Axt** (Abb. 15).

Sie wird zur Zeit der Bandkeramiker nicht mehr wie die früheren Werkzeuge innerhalb weniger Minuten aus dem geeigneten Stein geschlagen, sondern in stundenlanger Arbeit zu ihrer endgültigen Form zurechtgeschliffen. Das Bohrloch setzt eine Bohrmaschine voraus, mit der man ebenfalls einige Stunden tätig sein muß. Dann allerdings ist ein Werkzeug entstanden, mit dem der Wald erfolgreich niedergehauen werden kann. Es dauert kaum eine halbe Stunde, einen Baum von 25 Zentimetern Durchmesser zu fällen. Den Rest besorgt das Feuer. Doch dieser Eingriff in die Natur bleibt nicht ohne Folgen: Nach zehn, höchstens zwanzig Jahren haben die Äcker ihre Fruchtbarkeit verloren, und der Bauer muß ein neues Stück Land roden. Wind und Regen tragen den nur durch schütteren Pflanzenwuchs geschützten, ausgelaugten Boden davon. Der *Verbrauch* von Landschaft beginnt.

Wer eine Axt zum Fällen von Bäumen besitzt, kann sie auch verwenden, um Stämme als Bauholz zuzurichten und *Häuser* zu bauen. Beachtenswert ist, daß diese Häuser einem festen Bauplan folgen, der zwar von Landschaft zu Landschaft etwas abgewandelt sein kann und für größere und kleinere Häuser verschieden ist, der aber bereits eine große Erfahrung im Hausbau widerspiegelt und sogar die Verwendung eines Maßstabes erkennen läßt. Diese Häuser sind recht groß; die größten fassen schätzungsweise 60 Personen, und es finden sich fünf bis zwanzig Häuser in einem Dorf. Die Landwirtschaft ernährt also mehr Personen pro Fläche als die Jagd.

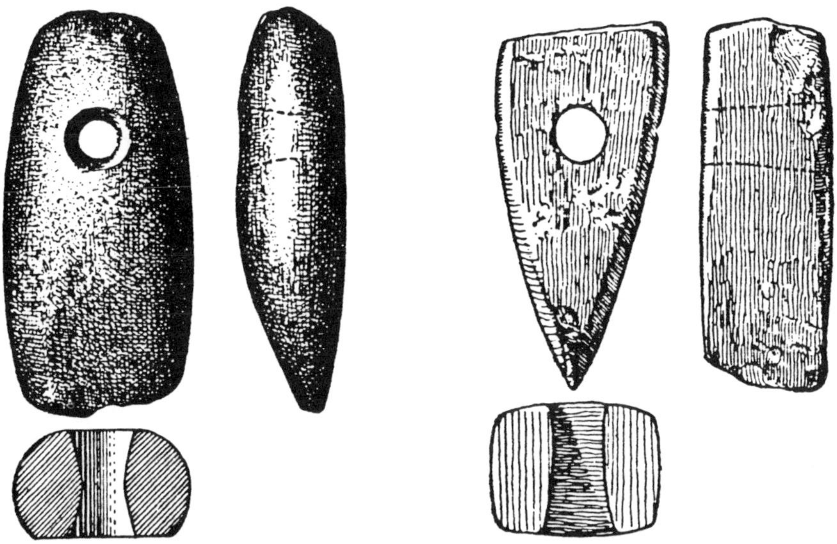

Abb. 15 Beilförmig zugeschliffene Steingeräte bezeichnet der Prähistoriker als Äxte, wenn sie dagegen ein Schäftungsloch haben als Beile. Ob die Äxte zur Holzbearbeitung dienten oder – besonders die größeren Exemplare – als Pflugscharen, läßt sich nur schwer sagen. Jedenfalls sind sie nicht aus Feuerstein, da dieser beim Schlagen leicht splittert.

Zum Inventar dieser Häuser gehören aber nicht nur die erwähnten Bohrmaschinen, sondern wahrscheinlich auch einfache *Webstühle.* Zwar findet man keine besonderen Webgewichte – Steine erfüllen denselben Zweck –, wohl aber Spinnwirtel. So steht fest, daß die Fellkleidung durch vom Menschen gefertigte Stoffkleidung ergänzt, wenn nicht sogar fast verdrängt wurde.

Mit Sicherheit kannte man den *Getreideanbau.* Archäologen fanden angeröstete Körner alter Weizensorten (Speltweizen, Einkorn, Emmer, Dinkel). Angeröstet wurden sie, um sie über den Winter hinweg zu konservieren. Pollen-, Großrest- und Fettanalyse haben gezeigt, daß bereits Lein als Faser- und Ölpflanze genutzt wurde.

Eingangs war gefragt worden, ob dem frühen Menschen vergleichsweise geringe Verstandesfähigkeiten zugerechnet werden müssen. Aus ethnologischen Quellen leiten einige Archäologen ab, mangelnde Einsicht habe zu magischen Praktiken in allen Lebensbereichen und zu grundsätzlich mythischem Denken geführt. Aus materiellen Funden läßt sich diese Sichtweise jedoch nicht herleiten. Hier soll gar nicht bestritten werden, daß es magische Praktiken und mythisches Denken überall dort gab, wo der Wissensstand unzulänglich war; doch so verhält sich ein Großteil der Menschen auch heute noch, trotz »Entmythologisierung«. – Im technischen Bereich sehen wir jedenfalls, wie Wissen Stück für Stück, sozusagen mosaikartig, zusammengefügt wird und wie sich so Kultur und Zivilisation allmählich entfalten.

Mit dem Seßhaftwerden entwickeln sich die *ersten Spezialisten.* Heute müssen wir z. B. auf dem Gebiet der Keramik unser gesamtes technisches Wissen mobilisieren, um den Praktiken der frühen Töpfer auf die Schliche zu kommen. Nicht jeder Ton ist gleichgut zum Töpfern geeignet, meist muß man schlämmen. Aber zuvor muß man den Ton erst einmal haben, und das wiederum ist früher nur über die Kenntnis der sogenannten Weiserpflanzen möglich gewesen, also solcher Pflanzen, die oberhalb eines Tonvorkommens wachsen. Geschlämmte Tone sind in der Regel zu fett; sie müssen gemagert werden. Wieviel Versuche mag es gekostet haben, bis man herausgefunden hatte, daß Knochenkleinschlag ein geeignetes Magerungsmittel ist? Wieviel Probieren muß dahinterstecken, bis man wußte, daß man Ton mauken, das heißt möglichst jahrelang mit Fäkalien einsumpfen muß, damit sich eine dünnwandige Ware erzeugen läßt? Wieviel Erfahrung und deren mündliche Weitergabe ist nötig, bis man aus der helleren oder dunkleren Rottönung der Glut die richtige Brenntemperatur abzulesen gelernt hat, bei der der Ton mit Wasser nicht mehr aufweicht und kaum noch porös ist? Wann hatte man gelernt, daß man gleich nach dem Erkalten Milch einfüllen muß, um das Gefäß abzudichten? Die damaligen Menschen, insbesondere vermutlich die Frauen, besaßen offenbar gute Kenntnisse und Fertigkeiten in dieser Technik, obwohl sie für den eigenen Gebrauch nur selten töpfern mußten.

Wir dürfen wohl annehmen, daß die bäuerliche Tätigkeit zu einer weitergehenden Arbeitsteilung zwischen den Geschlechtern geführt hat, als das bei jägerisch ausgerichteten Kulturgruppen der Fall ist. Als in ausgedehnteren dörflichen und frühen städtischen Gemeinwesen die Arbeitsteilung zum festen Bestandteil geworden war, konnte der jetzt spezialisierte Töpfer auf jenen Fundus zurückgreifen. Seine Aufgabe bestand darin, in möglichst kurzer Zeit möglichst viele gute Töpfe herzustellen. Dazu diente ihm die **Töpferscheibe**, die sich für kleine Stückzahlen, wie sie die einzelne »Hausfrau« braucht, gar nicht lohnen würde.

Am Anfang der Entwicklung stehen langsam drehende Scheiben, oft vom Töpfer selbst mit den Füßen bewegt. Eine neue Anwendung der Drehbewegung! Mit der bald folgenden schnell rotierenden Töpferscheibe kann man ein Gefäß in wenigen Minuten hochziehen, und mit Hilfe einer feststehenden Marke an der Seite der Scheibe, etwa einer Feder, läßt sich eine Serie gleich großer Gefäße erzeugen, die den Ofen weit besser auszunutzen gestatten als ungleiches Geschirr. Hier spielen bereits Kosten-Nutzen-Überlegungen eine wichtige Rolle, zumal in den trockeneren Ländern das Holz knapp ist. Es ist klar, daß eine Normung nur mit der Töpferscheibe leicht durchführbar ist. Mit dieser Normung geht aber bereits die Fertigung nach Maß einher, die wir etwa von Keramiken der Yortan-Kultur der Stufe Troja II kennen.

Schon früher hatten sich die ersten Schrift-Systeme entwickelt, hatte man sich um fortgeschrittenes Rechnen gekümmert, hatte genormte Gewichte aus einem genormten Volumen Wasser hergeleitet und dieses wieder aus einem Würfel von genau einem Fuß Länge. Die erste Verwendung von *Kupfer* wird faßbar; es scheint eine geistig überaus bewegte Zeit mit weiträumigen Handelskontakten gewesen zu sein. Vorratshaltung von verarbeiteten Nahrungsmitteln wie Öl, Schmalz, Wein in großen Gefäßen (Pithoi) wird üblich. Auf der anderen Seite bedeutet das, daß der Mensch nun irreversibel an eine gut funktionierende bäuerliche Nahrungsmittelproduktion gebunden ist, die so viel Überschuß erzeugt, daß auch eine schon teilweise urbanisierte – auf das Stadtleben umgestellte – Bevölkerung leben kann.

Bronzegeräte, der Wagen und fortgeschrittene Metallverarbeitung in der Antike

Welche stofflichen Veränderungen durch hohe Temperaturen auftreten, hatte man am Töpferofen lernen können. Erst die in ihm erzielbaren Temperaturen von über 1000 Grad Celsius erlauben die **Verhüttung von Kupfer**. Das zunächst aus carbonatischen Erzen erzeugte ziemlich reine Kupfer ist relativ weich, weswegen man es hauptsächlich zu Schmuck, selten zu Beilen verarbeitete. Nach einiger Zeit hatte man herausgefunden, daß Arsenbronzen, also Kupferlegierungen mit wenigen Prozenten Arsen (ein metallisches Element), viel härter sind und sich für Beile und Dolche weitaus besser eignen. Daher suchte man solche Erze zu verhütten, die von Natur aus Arsen enthalten. Schließlich hatte man herausgefunden, wie Arsenerze aussehen, und setzte Arsen absichtlich in Mengen um zehn Prozent zu. Bei der Verhüttung unter primitiven Bedingungen macht sich das Arsen durch einen knoblauchähnlichen Geruch bemerkbar, der einige Information über die vorhandene Menge geben kann. Dies wird auch ausgenutzt worden sein; doch mußte man die böse Erfahrung machen, daß die »Hüttenleute« nach einer gewissen Zeit krank wurden und starben. Es war unübersehbar, daß das mit dem Arsen zusammenhing, daß sie also vergiftet waren. Deshalb ließ man vom Arsen ab und suchte nach anderen Stoffen zum Legieren.

Offenbar hat man viel experimentiert. Man lernte nicht nur, statt der carbonatischen Erze sulfidische Erze zu verhütten, was entweder eine andere Prozeßführung oder das Vorschalten einer »Röstreaktion« erzwingt; man entdeckte auch Erze, die schon von Natur aus das ebenfalls härtende Zinn enthielten. Man lernte die Zinnerze erkennen und fand schließlich heraus, daß sich ein Teil des Zinns durch Blei ersetzen läßt. Das führte zur Beschäftigung mit Bleierzen. Spätestens dabei kam es zur Erzeugung von Silber, da es in den Bleierzen in geringen Mengen enthalten ist. Aus zögerlichen Anfängen erreichte die Metallurgie innerhalb weniger Jahrhunderte einen staunenswert hohen Stand.

Die sich ausbreitende Kupferverhüttung und der rasch wachsende Bedarf an diesem neuen Rohstoff hatten aber auch Schattenseiten, wie sich an der Geschichte des *Oman* ablesen läßt. Das Küstenscheichtum Oman, ein weitgehend ödes Land an der Straße von Hormos zwischen dem Persischen Golf und dem Golf von Oman, ist in jüngerer Zeit durch seine Ölförderung und durch die politische Entwicklung wieder ins Blickfeld gerückt. Jedoch hatte das Land vor langer Zeit schon einmal eine große wirtschaftliche Bedeutung besessen. Archäologen haben dort nicht nur sehr ausgedehnte Hügelgräberfelder entdeckt, die eine ehemals dichte Bevölkerung und hohen Wohlstand bezeugen, sondern auch Schlackenhalden, die die Verhüttung von vielen Zehntausenden Tonnen Kupfererz belegen. Nach der beigefundenen Keramik und nach neueren Kohlenstoff-Datierungen zu urteilen, muß der Beginn der Verhüttung sulfidischer Erze noch ins Ende des dritten vorchristlichen Jahrtausends gelegt werden. Die erzeugten Kupfermengen waren so groß, daß sie jeden denkbaren lokalen Bedarf weit überstiegen haben müssen. Archäologische Untersuchungen haben gezeigt, daß die Westküste des persischen Golfs, wohin auch das Kupfer geliefert wurde, damals ein blühendes Handelszentrum gewesen sein muß.

Zur Kupferproduktion ist aber auch Brennstoff nötig: Holzkohle und daher Holz. Soweit wir wissen, kam die Kupferproduktion des Oman schließlich auch nicht durch den Mangel an Erz, sondern durch den Mangel an Holz zum Erliegen. Bis zu den Zeiten des frühen Islam (7. Jahrhundert n. Chr.), also in mehr als 2500 Jahren, hatte sich die Vegetation so weit erholt, daß man wieder eine bescheidene Kupferproduktion aufnehmen konnte, wobei man teilweise die alten Schlackenhalden mit einer verbesserten Technologie noch einmal aufarbeitete. Das gab der Vegetation den Rest; heute hat der Wind den Boden nahezu restlos ausgeblasen, und nur wenige Schirmakazien an geschützten Stellen zeigen, daß statt der nackten Steinhügel dort eine Vegetation vorhanden sein könnte, das heißt, daß die Niederschläge eigentlich ausreichen.

Der Untergang der Hochkultur auf dem Boden des Oman ist so vollständig, daß wir nicht einmal mehr ihren Namen kennen. Einer ihrer Ausgräber, G. Bibby (1977), nimmt an, es handele sich um das in sumerischen Keilschrifttexten häufig erwähnte Makat. Schlackenberge wie im Oman finden sich aber auch am Sinai, in Palästina und im Iran, doch nirgends erreichen sie Ausmaße wie im Oman.

Die Kupferproduktion ist indes nicht auf diese orientalischen Länder beschränkt geblieben. Antike Prospektoren – Leute, die nach Erzen suchen – kamen nach Spanien und Portugal, und auch die Kupfervorkommen der Alpen, des Erzgebirges und des Harzes wurden damals angegangen. Wie weit sich die Verhüttung nicht nur von Kupfer-, sondern auch von Bleierzen auf Silber ausgebreitet hatte, zeigen Analysen menschlicher Knochen aus dem ersten vorchristlichen Jahrtausend: Auf der nördlichen Hemisphäre weisen sie erhöhten Bleigehalt auf, was auf einen damals erhöhten Bleigehalt der Luft in der nördlichen Hemisphäre hinweist.

Mit dem Kupfer und seinen Legierungen stand dem Mensch erstmals in größerem Umfang ein Stoff zur Verfügung, den er selbst – oft mit unsäglichen Mühen – hergestellt hatte. Diese Arbeit war gewissermaßen in den Metallvorräten gespeichert und angesammelt worden (*Thesaurierung*) – was mit Vieh nicht so ohne weiteres möglich ist, da es gefüttert und bei Futtermangel geschlachtet werden muß. Vor allem aber konnte die gespeicherte Arbeit mit einem Mal freigesetzt werden. Das bedeutete *Macht*: Handelsmacht und politische Macht. Ösenhalsringe und Beilrohlinge hatten Standard-Gewichte und funktionierten wie Geld. Die politische Macht wurde dadurch gesteigert, daß man jetzt Bronzebeil und Bronzedolch besaß, die den entsprechenden Werkzeugen aus Stein stark überlegen waren. Das galt besonders, nachdem das Schwert aufgekommen war.

Einerseits war so ein weiteres Stück Naturbeherrschung erreicht, andererseits traten unliebsame Konsequenzen auf, denn Besitz erzeugt Besitzneid, und je größer die aufgehäuften Bronzemengen waren, desto lohnender erschien es, sie mit Gewalt fortzunehmen. Zwar gab es schon in der Jungsteinzeit Schutzwälle, aber erst in der Bronzezeit kam es zum Bau ausgeklügelter Befestigungen, ummauerter Höhensiedlungen und zyklopischer Mauern, wie die von Tiryns und Mykene auf der griechischen Peloponnes. Es zog das Zeitalter der Helden herauf, die sich bewußt von einer sozial tiefer stehenden Masse abhoben.

Mit der *mittleren Bronzezeit* hatten sich die Kenntnisse der Materialverarbeitung weiter entfaltet. Das Kleben von Holz mit Leim, Harz und Pech, das Gießen, Schmieden, Sägen und Feilen von Bronze – das genügte, um aus dem von Ochsen gezogenen Holzkarren mit hölzernen Scheibenrädern auf hölzernen Achsen den **leichten Wagen** zu entwickeln. Diese durch die neuen Metalltechniken möglich gewordenen Gefährte hatten Räder mit Speichen aus Holz oder Metall mit Metallreifen und Metallnaben für Metallachsen; sie liefen gut und wurden von schnellen Pferden gezogen. Mit dem Aufkommen leichter Streitwagen konnten deren Besitzer kriegerische Überlegenheit erlangen.

Dies galt zunächst für Ägypten. Die mit diesen neuen Wagen ausgerüsteten Truppen des Pharao hatten einen durchschlagenden Erfolg. Fast zwei Jahrtausende früher war das Speichenrad Sonnensymbol gewesen (Abb. 16). Wir finden es auf Megalithbauten (Bauten aus Riesensteinen) in Frankreich und Großbritannien. Es ist erwägenswert, ob generell ein religiöses Tabu auf dem Sonnenrad lag, das zu brechen sich nur der Pharao als Sohn der Sonne befugt fühlte, so daß von nun an das heilige Sonnenrad in profanem Gebrauch durch den Staub Ägyptens rollte, während der peruanische Inka, ebenfalls Sohn der Sonne, sich weiterhin an das Tabu hielt. Technisches Unvermögen kann wohl kaum der Grund gewesen sein, daß die Spanier im Inkareich keine Räder vorfanden, wohl aber das runde Sonnensymbol. Der Besitz des Streitwagens wurde jedenfalls im Orient üblich und für die Fürsten Europas sogar zum Statussymbol, denn diese ließen sich um 500 v. Chr. in großen Grabhügeln in ihrem Prunkgefährt bestatten.

Die Spurweite dieser teils zweirädrigen, teils vierrädrigen Wagen war in weiten Gebieten Europas genormt, und zwar über Gebiete, die über den politischen Einflußbereich eines einzelnen Fürsten beträchtlich hinausgingen. Die Schwelle des Löwentors von Mykene dokumentiert übrigens einen Wechsel der Spurweite. Heute sind solche Wagenspuren besonders noch in den Alpen sichtbar, wo sie die alten Übergänge markieren. Natürlich wurden diese »Geleise« auch für den Handelsverkehr genutzt, wodurch sie manchmal sehr tief ausgefahren wurden. Dem mengenmäßig effektive-

Abb. 16 Gott Donar-Thron mit dem Kreuzrad-Symbol, das die Welt oder die Sonne bedeutet und das auch auf dem Schild des Kriegers dargestellt ist. Nordische Felsmalerei.

ren Warentransport zu Schiff war damit eine Konkurrenz zu Lande erwachsen.

Kupfererze sind auf der Erde weit weniger verbreitet als **Eisenerze**, weil Kupfer das bei weitem seltenere Element ist. Bei der Kupferverhüttung gibt man Eisenerz hinzu, falls es nicht ohnehin enthalten ist, damit sich eine Schlacke aus Eisensilikat (Fayalit) bilden kann, die schützend auf dem ausgeschmolzenen Kupfer schwimmt. Läßt man dabei die Temperatur zu hoch steigen, während gleichzeitig noch genügend Kohle vorhanden ist, dann entsteht zugleich metallisches Eisen, und zwar in Form von Luppen (schwammartiges, noch mit Schlacke durchsetztes Eisen), die zu kompaktem Eisen zusammengeschmiedet werden können. Nachdem man spätestens um 800 v. Chr. begriffen hatte, daß Eisen für viele Zwecke geeigneter ist als Kupfer, verarbeitete man Eisenerze für sich allein. Damit setzte eine enorme Eisenproduktion ein, vor allem, als man herausgefunden hatte, wie sich Eisen zu *Stahl* härten läßt. Und da Eisen in fast allen Ländern vorkommt, verbreitete sich die Eisenproduktion noch rascher als die Kupfererzeugung. Die Bibel berichtet, daß sich die Philister die Eisenverarbeitung vorbehalten hatten und die Israeliten zu ihnen gehen mußten, wenn ihr Eisengerät zerbrochen war.

Da die Eisengewinnung Kohle benötigt, setzte eine vermehrte Rodung der Wälder ein, auch in solchen Landstrichen, die bis dahin wegen fehlender Kupfervorkommen verschont geblieben waren. Die »Kultursteppe« griff weiter um sich. Es ist allerdings fraglich, ob der Mensch diese Zusammenhänge damals bereits begriffen hatte, denn es handelt sich ja um sehr langsame Entwicklungen.

Dank der Tatsache, daß fortan Eisen und Bronze in jeder gewünschten Menge beschaffbar waren, erreichte im 4. und 3. vorchristlichen Jahrhundert die Mechanik einen ersten Höhepunkt. Zwar wurden die Ingenieure und Handwerker, die sich mit ihr beschäftigten, von den Philosophen verachtet, aber die Feldherrn wußten solche Künste wohl zu schätzen.

Die antiken Metallhandwerker hatten auch andere erstaunliche Kenntnisse. Wenn man vier Teilen Kupfer, und zwar am besten aus Zypern, noch einen Teil Zinn hinzufügt, um das Kupfer weiter zu »reinigen«, und auch noch einen halben Teil Blei, um das Ganze »nasser» zu machen, dann entsteht beim Erhitzen auf dunkle Rotglut daraus Silber. Dies Silber ist für Spiegel bestens geeignet (unsere heutige *Spiegelbronze*) und läuft nicht schwarz an wie sonstiges Silber. Hier hatte sich doch offensichtlich nicht nur der äußere Schein gewandelt, sondern im Feuer, das Gold und Silber läutert, war bestes Spiegelsilber entstanden. Die »ousia«, das Wesen, war verändert. Diese in recht geheim gehaltenen Vorschriften zur »Umfärbung« mit Zinn, Arsen (Sandarak), Antimon oder Quecksilber geschilderten Verfahren sind die berühmte »Leukosis« der frühen Alchemisten, die diese Vorgänge zugleich auch als innere Reinigung erlebten. In späteren Jahrhunderten befaßten sich die Araber damit; sie haben uns das meiste, was wir heute davon wissen, überliefert.

Ein besonderes Kapitel hierzu ist der »spiritus« der Antike. Ursprünglich ist es der Atem (lat. *spirare*: atmen), dann auch die Seele, die ja entflogen ist, wenn der Atem stillsteht. Im übertragenen Sinne kann er dann auch der Mut, die Begeisterung sein. Immer aber steht das Bild einer unsichtbaren, dennoch körperlichen Kraft dahinter. So machte es der jungen Kirche keine Schwierigkeit, die dritte Person Gottes als »Spiritus sanctus«, als Heiligen Geist, zu bezeichnen. Andererseits paßt es auch ins Bild, wenn der Alchemist eine Umwandlung eines Stoffes in den ihm zugrundeliegenden Geist erlebt zu haben glaubte, wenn eine Flüssigkeit verdampfte und so unsichtbar wurde. Natürlich war sie noch vorhanden, denn nach der Abkühlung in der Vorlage war sie als Kondensat wieder sichtbar. Vorbild für diesen Vorgang war stets der

Geist des Weines, der Alkohol – den man heute auch als Brenn-*spiritus* kaufen kann. Auch die Bezeichnung *Sprit* für Benzin ist in diesem Zusammenhang zu sehen.

Mit diesen Bemerkungen zur Frühgeschichte der Alchemie soll dieser skizzenhafte Abriß der Werkzeugverwendung von der Altsteinzeit bis zur Antike schließen. Vollständigkeit ist hier ohnehin weder möglich noch erstrebenswert. Überblicken wir die Geschichte des tätigen, gestaltenden Menschen, des *Homo faber*, und das können wir vornehmlich nur anhand seiner Werkzeuge tun, da Schriftquellen nur wenige Jahrtausende zurückreichen, dann stellen wir fest, daß er die Werkzeuge zu allen Zeiten mit Scharfsinn und Geschick dem jeweiligen Zweck angepaßt hat. Mythisches Denken ist an *ihnen* nicht abzulesen. Je mehr der Mensch aber mit seinen Werkzeugen die Umwelt beherrschte, desto abhängiger wurde er von seinen selbstgeschaffenen Instrumenten. Ohne sie könnte heute die Menschheit nicht mehr überleben, obwohl sie es anfangs trotz teilweise ungünstiger Klimabedingungen eine runde Million Jahre getan hat. Hat sich der Verstand, der »Geist« des Menschen entwickelt? Was seine ursprüngliche Denkfähigkeit angeht, wohl nicht. Aber der Mensch muß heute von seinen Vorfahren ein immer größer werdendes zivilisatorisches und kulturelles Erbe durch *Lernen* übernehmen und an Jüngere weitergeben. Das macht sein Verhalten zunehmend komplexer, selbst dann, wenn er Fähigkeiten, die früher einmal lebenswichtig waren, vergessen kann und er sich nicht mehr klar darüber ist, auf wessen Schultern er steht.

Literatur

Bibby, G. (1977): Dilmum. Die Entdeckung der vergessenen Hochkultur. Reinbek.
Drachmann, A.G. (1967): Große griechische Erfinder. Zürich.
Grahmann, R., Müller-Beck, H. (1967): Urgeschichte der Menschheit. 3. Aufl. Stuttgart u. a.
Landels, J.G. (1979): Die Technik der antiken Welt. München.
Müller-Beck, H. (1983): Urgeschichte in Baden-Württemberg. Stuttgart.
Piggott, S. (Hrsg.; 1961): Die Welt aus der wir kommen. Berlin, Darmstadt, Wien.
Planck, D. (1988): Archäologie in Württemberg, Stuttgart.
Rottländer, R. (1988): Gebrauchsspuren an Wegen. In: Archäologische Informationen 11/2, S. 183–185.
Weisgerber, G. (1980): »... und Kupfer in Oman«. In: Der Anschnitt 32 (2–3), S. 62–110.

Der Homo oeconomicus – das Menschenbild in den Wirtschaftswissenschaften

Bernd Biervert, Hans A. Frambach, Thomas Lauer

Die Frage nach der Beziehung zwischen Ökonomie und Anthropologie zu stellen bedeutet, sich mit jenem Bild vom Menschen zu beschäftigen, das in den Wirtschaftswissenschaften entwickelt worden ist. Grundlage der »ökonomischen Sichtweise« vom Menschen ist für einen Großteil der Ökonomen die Annahme, daß sich Menschen rational in bezug auf die von ihnen angestrebten Ziele verhalten und dabei – letztlich nach Kosten-Nutzen-Gesichtspunkten – von ihren individuellen Interessen geleitet werden. Diese Annahme hat in der ökonomischen Theorie dazu geführt, den Menschen idealtypisch zu betrachten; diesem idealisierten ökonomischen Menschen haben die Wirtschaftswissenschaftler den Namen »Homo oeconomicus« gegeben. Der folgende Beitrag wird daher von folgenden Fragen geleitet: Wer ist der Homo oeconomicus? Welche Verhaltensweisen werden ihm in den Wirtschaftswissenschaften unterstellt? Wie weit gehen die Anwendungsgebiete dieses Konzepts innerhalb der Wirtschaftswissenschaften? Dabei wird sich zeigen, daß der Homo oeconomicus ein echtes Kunstprodukt darstellt, weil er ein Mensch ist, wie er mit seinen genialen Fähigkeiten der Informationsaufnahme und -verarbeitung und mit der exakten Voraussehbarkeit seines Tuns in der Realität nicht anzutreffen ist.

Wie eben schon angedeutet, wollen wir beleuchten, was »den Menschen« aus der Sicht des *»mainstream«* der Wirtschaftswissenschaften ausmacht:

Unter »mainstream« versteht man die Hauptströmungen in den Wirtschaftswissenschaften, die sich im Anschluß an die ökonomische Klassik (Politische Ökonomik) und Neoklassik ergeben haben. Ausgangspunkt der Analyse im »mainstream« sind einzelne wirtschaftende Individuen. Daneben existieren auch andere, teilweise wechselseitig voneinander abhängige Richtungen: Historische Schule, verstehende Nationalökonomie, Sozioökonomie, Kritik der Politischen Ökonomie, Struktur- und Systemtheorie und andere. Diese Richtungen unterscheiden sich vornehmlich in der Methode ihrer Erkenntnisgewinnung. So suchen z. B. Historische Schule und die verstehende Nationalökonomie – im Gegensatz zum »mainstream« –

nicht nach in der Zeit unveränderlichen Gesetzen der Wirtschaft, sondern bemühen sich vor allem um eine Beschreibung bzw. Deutung wirtschaftlicher Tatbestände. Für die Struktur- und Systemtheorie wiederum sind nicht einzelne Individuen, sondern die Gesellschaft und ihre Teilsysteme Ausgangspunkt der Analyse.

Welche Beziehungen bestehen also zwischen den ökonomischen Wissenschaften und der Wissenschaft vom Menschen? Die meisten Menschen würden wohl sagen, die Ökonomie beschäftige sich mit Größen wie Wirtschaftswachstum, Zinssätzen, Preisniveau, Produktivität, Arbeitslosigkeit und vielem anderen mehr, was mit wirtschaftlicher Entwicklung zu tun hat. Auf die traditionelle *Makroökonomik* (das ist die Teildisziplin, die sich mit der wechselseitigen Beziehung der für eine gesamte Volkswirtschaft relevanten Größen beschäftigt) trifft dies auch zu. Jedoch existiert auch eine *mikroökonomische Theorie*, die sich mit dem zugrundeliegenden Handeln der einzelnen Wirtschaftsakteure, also den wirtschaftenden Menschen und Institutionen (Haushalte, Unternehmen, Staat), beschäftigt: »Sie wurzelt in der geistigen Tradition der ‚Grundgesetze' der Wirtschaftstheorie, von denen angenommen wird, daß sie sämtlichen Volkswirtschaften zu allen Zeiten zugrunde liegen.« (Lancaster 1983, S. 11)

Solche *unveränderlichen »Grundgesetze« der Wirtschaftstheorie* werden zumeist auf die *Natur des Menschen* zurückgeführt, und zwar auf Prozesse und menschliche Verhaltensweisen, die regelhaft ablaufen und sich ständig wiederholen. Die Tatsache beispielsweise, daß der Mensch, um sich am Leben zu erhalten, Nahrung zu sich nehmen muß, beschreibt das »Grundgesetz« von der Notwendigkeit der Befriedigung menschlicher Bedürfnisse, eine Vorstellung, die bereits im 19. Jahrhundert bei Hermann Heinrich Gossen (1987, S. 3) und bei Carl Menger (1968, S. 32) zu finden ist. Die Art und Weise, in der die Bedürfnisse befriedigt werden, führt zu weiteren »Gesetzen«, etwa zu folgendem: Mit zunehmendem Konsum der Menge eines bestimmten Gutes nimmt die Sättigung pro zusätzlich konsumierter Gütereinheit zu (die vierte Brezel bringt mir weniger Nutzenzuwachs als die erste, das sogenannte Erste Gossensche Gesetz, vgl. unten). Ein weiteres derartiges »Gesetz« ist das Gesetz von Angebot und Nachfrage, das besagt, daß mit steigenden Preisen die Nachfrage abnimmt bzw. das Angebot wächst. Wie im einzelnen noch zu zeigen sein wird, gründen diese Aussagen der Wirtschaftswissenschaften auf Annahmen über die menschliche Natur und das Handeln der die Wirtschaft konstituierenden Menschen; dementsprechend *liegt jeder Strömung in den Wirtschaftswissenschaften ein bestimmtes Menschenbild zugrunde.*

Der im folgenden behandelte »mainstream« beispielsweise geht nach der Erkenntnisweise des *»methodologischen Individualismus«* vor: Aussagen über Zustände von Systemen (etwa Arbeitslosigkeit oder Inflation) werden durch die Aufsummierung (Aggregation) des Verhaltens der Systemelemente (der Wirtschaftssubjekte) gewonnen. Das heißt, dem methodologischen Individualismus zufolge sind Aussagen über gesellschaftliche Sachverhalte vollständig auf Aussagen über Individuen reduzierbar. Anders gesagt: Sozioökonomische Situationen bauen auf individuellen Handlungen, Motivationen usw. auf. Demzufolge geht das mit den Individuen in Verbindung stehende Menschenbild auch in die Aussagen über die Zustände von Systemen ein. Für die Gestaltung wirtschaftlicher Prozesse und ihrer Rahmenbedingungen sind diese Annahmen von entscheidender Bedeutung.

Das Konzept des Homo oeconomicus

Wir wollen nun das den Wirtschaftswissenschaften unterlegte Menschenbild genauer betrachten. Innerhalb des »mainstream« der Wirtschaftswissenschaften gilt eine bestimmte Vorstellung vom Menschen als Ausgangs- und Bezugspunkt für alle theoretischen Überlegungen: die schon erwähnte Vorstellung, der Mensch sei ein *Homo oeconomicus*. Viele seiner im folgenden vorgestellten Charaktereigenschaften werden sicherlich befremdlich anmuten, wenn man sie mit dem Alltag oder dem aus anderen Beiträgen dieses Bandes gewonnenen Bild vom Menschen vergleicht. Um so verständlicher werden die angeführten Kritikpunkte erscheinen, welche so oder ähnlich von Vertretern der erfahrungswissenschaftlichen Richtung der Wirtschaftswissenschaften wiederholt vorgetragen wurden.

Erfahrungswissenschaftliche Richtung bedeutet, daß die ökonomische Wissenschaft als eine theoretisch geleitete Beschreibung von realen Phänomenen des Wirtschaftens – als empirische Wissenschaft – aufgefaßt wird. Wir werden weiter unten am Beispiel der Neoklassik zeigen, daß dies bei weitem nicht von allen Ökonomen so gesehen wird. Neben einer Abbildung der Realität können nämlich auch Ziele wie »theoretische Geschlossenheit« oder »logische Stringenz« im Vordergrund stehen. Daneben ist zu diskutieren, ob die Wirtschaftswissenschaften nur empirisch-beschreibende (deskriptive) Aussagen machen, also Aussagen darüber, wie Wirtschaftssubjekte tatsächlich handeln, oder ob sie nicht auch präskriptive (vorschreibende) Aussagen machen, also Aussagen darüber, wie Wirtschaftssubjekte handeln *sollten*.

Die »klassischen« Annahmen über den Homo oeconomicus sehen ihn in einer doppelten Rolle: als *Konsumenten*, der Bedürfnisbefriedigung durch den Konsum von Gütern anstrebt, und als *Produzenten*, der einzig und allein seinen Gewinn im Blick hat. Nutzen und Gewinn sind dabei das einzige und »letzte« Ziel des Homo oeconomicus (Tietzel 1985, S. 39), wobei seine Bedürfnisse als unbegrenzt angenommen werden (Annahme der *Unersättlichkeit*). In der Wirtschaftstheorie wurden lange Zeit ausschließlich materielle Bedürfnisse behandelt: Der Homo oeconomicus, in seiner jeweiligen Rolle als Konsument oder als Produzent, versucht dabei stets, seinen Nutzen bzw. Gewinn zu *maximieren*. Dabei verschwendet er als Konsument keinen Gedanken daran, welche anderen Nachfrager am Markt nicht zum Zuge kommen oder wer die Güter liefert (ob z. B. ein Mafioso oder ein ehrbarer Geschäftsmann). Die Handlungszwecke des Homo oeconomicus werden als vorhanden und gegeben angenommen und bleiben undiskutiert. Denn in seiner Rolle als Produzent ist für den Homo oeconomicus nur der Gewinn und seine Maximierung von Interesse; der Zweck einer Investition steht im Hintergrund, solange sie nur Gewinn verspricht.

Bei den »klassischen« Annahmen gilt es natürlich kritisch zu hinterfragen, ob ein Konsument ausschließlich von seinen materiellen Bedürfnissen geleitet wird, und ob der Produzent oder Unternehmer keine anderen Bedürfnisse kennt außer dem, seinen Gewinn zu maximieren. Diese Maximierungshypothese wird von Kritikern auch eine »ungehemmt optimistische« Annahme genannt (Tietzel 1985, S. 87); sie kann als empirisch falsch bezeichnet werden.

Der Homo oeconomicus setzt die ihm zu seiner Bedürfnisbefriedigung zur Verfügung stehenden *Mittel* immer *optimal* ein. Mit anderen Worten, er trifft stets die richtige Wahl – nämlich so, daß ein Nutzenmaximum erreicht wird. Bei einer Kaufentscheidung wählt er aus allen zur Verfügung stehenden Alternativen immer diejenige aus, die ihm tatsächlich den höchsten Nutzen einbringt (Tietzel 1985, S. 85). Dies setzt voraus, daß der Homo oeconomicus alle für den Erfolg seines Handelns wichtigen Informationen besitzt und die Folgen seiner Handlungen kennt. Er weiß stets genau, was er will und was nicht; jegliche Form der Unsicherheit ist ihm fremd und wird ausgeschlossen. Er kann seine sämtlichen Wünsche in eine eindeutige Reihenfolge (Präferenzordnung) setzen, die zudem noch über die Zeit konstant ist.

Diese Annahmen schließen die Möglichkeit aus, daß ein Mensch Fehler machen kann. Wer aber hat nicht schon mehr als einmal in seinem Leben eine falsche Entscheidung etwa bei der Wahl des

Autos, einer Freundin oder eines Freundes getroffen? Der Homo oeconomicus hingegen ist ein perfekter Mensch – und somit wird man ihm in der Realität wohl kaum begegnen. Das Bild vom Homo oeconomicus gleicht viel eher der »kühlen Rechenweise« und Informationsverarbeitungskapazität eines Computers denn dem eines Menschen. Wirkliche Menschen ändern häufig ihre Wünsche und sind in ihren Kaufentscheidungen häufig unsicher. All dies ist dem Homo oeconomicus fremd.

Die moderne ökonomische Theorie hat die Annahmen über den Homo oeconomicus zu einer »weiten« Annahme ausgebaut und spricht in diesem Zusammenhang von der Maximierung sogenannter *»offener Nutzenfunktionen«*: Ein solcher »offener Nutzenbegriff« schließt den Gewinn ein; der Gewinn ist also der Nutzen des Unternehmers. Durch diese Verallgemeinerung des Nutzenbegriffs ist die Trennung der Wirtschaftssubjekte in Konsumenten und Produzenten aufgehoben. Mit Hilfe der »offenen« Nutzenfunktionen sollen auch nicht-materielle Güter (z. B. Prestige, Macht, Liebe, Respekt, Talent, Freiheit, Wissen, Schönheit usw.) in das Nutzenkalkül integriert werden (Tietzel 1985, S. 87). Der zur Zeit prominenteste Vertreter dieser Richtung, der amerikanische Ökonom und Nobelpreisträger von 1992, Gary S. Becker, unternahm den Versuch, menschliches Verhalten *generell* über einen Nutzenmaximierungsansatz zu erklären (1982, S. 15). In der sogenannten Institutionenökonomie schließlich wird das Konzept des Homo oeconomicus auf die Entstehung von Gruppen, Organisationen und sogar ganzer Staaten angewendet (Olson 1982).

Zunächst einmal scheint es problematisch, das *gesamte* menschliche Verhalten unter den Nutzenbegriff fassen zu wollen, denn »Nutzen« liegt jenseits »objektiver« empirischer Erfahrbarkeit. Besonders schwierig wird es, »Kosten« und »Nutzen« von »Gütern«, wie etwa Liebe und Prestige, in konkreten (Verwendungs-)Zusammenhängen zu ermitteln. Ferner ist der Nutzenbegriff so allgemein gefaßt, daß jede Form menschlichen Handelns mit ihm abgebildet werden kann, was Kritiker veranlaßt, von einem tautologischen (Beispiel: ein »weißer Schimmel«) bzw. leeren Begriff zu sprechen (Albert 1971). Schließlich soll darauf hingewiesen werden, daß prominente Kritiker wie der schwedische Nobelpreisträger Gunnar Myrdal (1963) dem Konzept des Homo oeconomicus vorwerfen, einer bloß ideologischen Absicherung der bestehenden Wirtschaftsordnung zu dienen.

Wer ist der Homo oeconomicus nun? – »Er ist weder groß noch klein, dick noch dünn, verheiratet noch ledig. Man weiß nicht, ob er seinen Hund liebt, seine Frau prügelt oder Spielautomaten der Poesie vorzieht. Wir wissen nicht, was er will. Aber wir wissen, daß er, was das auch sein mag, skrupellos maximieren wird, um es zu erhalten.« (Hollis, Nell 1975, S. 54, zitiert nach Tietzel 1981, S. 117) Ökonomen haben ihn als einen »Typus«, ein in vielerlei Hinsicht vereinfachtes Modell des »wirklichen Menschen« entworfen, um bestimmte soziale Gegebenheiten, menschliche Verhaltensweisen und deren Konsequenzen zu erklären (Machlup 1970, S. 122).

Zur geschichtlichen Entwicklung des Homo oeconomicus

Bei einer derart massiven Kritik am Homo oeconomicus stellt sich natürlich die Frage, aus welchen Gründen die Wirtschaftswissenschaften ein solches Menschenbild erfunden haben und mit einiger Hartnäckigkeit daran festhalten.

Hier soll vor allem auf drei dieser Gründe hingewiesen werden, deren erster – die »invisible hand« – unmittelbar mit der Entstehung des Homo oeconomicus zusammenhängt, wohingegen der zweite – »Exaktheit der Methode« – den Versuch »größerer Wissenschaftlichkeit« und der dritte – unter dem Stichwort »Weiterentwicklungen« – eine verteidigende Antwort auf die gegen dieses Konzept vorgebrachte Kritik darstellt.

Die Entstehung des Homo oeconomicus

Der dem Homo oeconomicus unterstellte, alle seine sonstigen Verhaltensweisen überragende Eigennutz ist nur zu verstehen, wenn man sich klarmacht, daß die historischen Wurzeln dieser Vorstellung in der beginnenden industriellen Revolution liegen. Die je nach Land zwischen Mitte des 18. und etwa Mitte des 19. Jahrhunderts schrittweise und in unterschiedlicher Form einsetzende Industrialisierung brachte eine unübersehbare Vielzahl von Veränderungen gesellschaftlicher und technologischer Art mit sich, die seither die Welt mindestens ebenso nachhaltig geprägt haben, wie die sogenannte neolithische (jungsteinzeitliche) Revolution, die vor etwa 10 000 Jahren den Übergang vom Sammeln zum Ackerbau bzw. von der Jagd zur Viehzucht brachte. Die wichtigsten der Veränderungen während der industriellen Revolution aus sozioökonomischer Sicht dürften sein (vgl. North 1988, S. 163f.):

1. Ein erheblicher *Anstieg der Bevölkerung*; Demographen schätzen, daß die Weltbevölkerung 1750 rund 800 Millionen Menschen betrug; 1992 ist die Fünf-Milliarden-Grenze bereits deutlich überschritten und eine Grenze des weltweiten Bevölkerungswachstums ist kaum absehbar.
2. Im industrialisierten Teil der westlichen Welt wird ein allgemeines *Lebenshaltungsniveau* wie nie zuvor in der Geschichte erreicht. Zudem erhöht sich die durchschnittliche Lebenserwartung fast auf das Doppelte.
3. Der ungeheure Anstieg der landwirtschaftlichen Produktivität erlaubt es in ungeahntem Maße, die *gewerbliche Produktion* und den *Dienstleistungssektor* auszuweiten. Diese Bereiche lösen in den Industriestaaten die Landwirtschaft in ihrer zentralen Rolle ab und werden die vorherrschenden Formen der Wirtschaftstätigkeit.
4. Infolgedessen tritt eine *Verstädterung* der westlichen Welt ein, die sich in all ihren Begleiterscheinungen (wie zunehmender Spezialisierung, Arbeitsteilung usw.) bemerkbar macht. Seit wenigen Jahrzehnten vollzieht sich auch in der Dritten Welt ein noch rasanterer Verstädterungsprozeß.
5. Dieser Wandlungsprozeß ist durch den zunehmenden Einsatz neuer Techniken, die einen hohen Kapitaleinsatz erfordern, durch *Massenproduktion* infolge von Mechanisierung, wachsende Arbeitsteilung und Rationalisierung sowie durch Nutzbarmachung und Einsatz neuer Energien (Kohle, Erdöl, Elektrizität) gekennzeichnet.
6. Begleiterscheinungen dieses Prozesses in wirtschaftlicher Beziehung sind die starke Entwicklung des *Finanzsektors* (der Geld- und Kapitalmärkte), des Dienstleistungssektors sowie des *Verkehrs- und Nachrichtenwesens* (Wirtschaftsploetz 1984, S. 145).
7. Im Bereich der Beschäftigung, beim Ressourcenverbrauch und im ökologischen Bereich wachsen die Probleme und Gefahren ständig.

Diese sich im Laufe des 18. Jahrhunderts immer deutlicher abzeichnenden Tendenzen machten es in zunehmenden Maße notwendig, diese sozioökonomischen Prozesse theoretisch zu durchdringen, um sie für die wirtschaftenden Akteure und den Staat – zumindest in Ansätzen – steuerbar zu machen. Damit bildeten sich allmählich die modernen Wirtschaftswissenschaften heraus.

Mit dem Aufkommen eines immer entwickelteren Handelskapitalismus und Manufakturwesens im 16. und 17. Jahrhundert hielt zunächst der sogenannte **Merkantilismus** Einzug. Der Begriff Merkantilismus hat eine doppelte Bedeutung: Zum einen bezeichnet er die Lenkung und Förderung der Wirtschaft durch staatliche Eingriffe, also durch eine Form des Interventionismus, die das Ziel hat, den Reichtum und damit die Macht des Fürsten zu mehren. Zum anderen meint »Merkantilismus« auch die gesamte Gedankenwelt, die der Wirtschaftspolitik und den staatlichen Eingriffen im Zeitalter des Barock die Richtung wies. Ursprünglich stammt der Begriff Merkantilismus von Adam Smith (1723–1790), dem schottischen Moralphilosophen und Begründer der klassisch-liberalen Nationalökonomie und einem seiner größten Gegner, der darunter eine »Krämerpolitik« (lat. *mercator*: Kaufmann) verstand, eine Wirtschaftspolitik also, die einseitig den Handel begünstigt. In der neuen ökonomischen Ideenwelt wurde die Wirtschaftspolitik des Merkantilismus mit ihrer staatlichen Lenkung Mitte des 18. Jahrhunderts zunächst durch die Physiokratie, wenige Jahrzehnte später dann durch den klassischen Liberalismus abgelöst.

Die **Physiokratie** kann als direkte Gegenreaktion auf den Merkantilismus begriffen werden. Sie stellte das erste theoretisch geschlossene System der Volkswirtschaftslehre auf, indem sie die Wirtschaft als Gegenstand einer eigenen Forschungsmethode definierte, mit deren Hilfe sie die ökonomischen Erscheinungen aus Grundgesetzen zu erklären suchte. Eines dieser Grundgesetze lautet, daß die Natur, die als *das Gute schlechthin* gilt, vernunftgemäß verfahre, da sie mit dem geringsten Aufwand den größten Erfolg erreiche (Hillebrecht 1955, S. 43). Wie es der Physiokrat François Quesnay (1694–1774) formuliert, sei dieses Rationalprinzip (auch als ökonomisches Prinzip bezeichnet) dem Menschen ebenfalls zu eigen, da er mit der größtmöglichen Verringerung der Kosten eine maximale Mehrung seines Genusses anstrebe. Die wichtigste Leistung der Physiokraten besteht jedoch in der Entdeckung des Kreislaufs der Wirtschaftsgüter in Form von Produktion, Distribution (Verteilung) und Konsum. Damit begründeten sie die nationalökonomische Kreislauftheorie. In tabellarischer Form findet sich ein solcher Kreislauf erstmals in Quesnays »Tableau économique« von 1758.

Die wirtschaftspolitischen Forderungen der Physiokraten werden durch die **klassischen Nationalökonomen** – gemeint sind hier die wissenschaftlichen Vertreter des englischen wirtschaftlichen Liberalismus Adam Smith, Thomas Robert Malthus (1766–1834), David Ricardo (1772–1823) und John Stuart Mill (1806–1873) – weitergetragen und ausgebaut (vgl. Schmölders 1964, S. 26–30): Die natürliche Ordnung führt durch die ihr innewohnenden Kräfte notwendig zur Harmonie, allerdings unter der Voraussetzung, daß keine Störung durch äußere Eingriffe (vor allem des Staates) erfolgt. Auf die Wirtschaft übertragen heißt dies, daß der einzelne, indem er seinen wirtschaftlichen Vorteil sucht, gleichzeitig auch den Volksreichtum (den Reichtum der Nationen) fördert, der nichts anderes ist als die Summe der Vermögen der einzelnen Wirtschaftssubjekte. Jean-Baptiste Say (1767–1832) vollendete den »Smithschen Harmoniegedanken«:

> »Es soll vollkommene Harmonie der wirtschaftlichen Interessen aller Klassen und Völker bestehen; die Wirtschaft soll sich über die Naturgesetze von selbst regeln, und zwar unabhängig von der jeweils vorherrschenden politischen Verfassung. Jede politische Wertung muß daher aus der Wirtschaftslehre verbannt werden.« (J.-B. Say, zit. nach Hillebrecht 1955, S. 61)

Diesen Vorstellungen Says liegt die **liberalistische Weltanschauung** zugrunde, die den dirigierenden Staat bekämpft. Sie fußt auf drei Wurzeln (Hillebrecht 1955, S. 41): Erstens dem *Deismus*: Der Schöpfer hat natürliche Ordnungen gesetzt, aus denen sich eine allgemeine Harmonie ergeben muß. Zweitens dem *Individualismus*: Unbeschränkte persönliche Freiheit für den einzelnen, so lautet die Forderung. Drittens dem *Naturrecht*: Dieses erklärt Staat und Gesellschaft aus einem angeborenen sozialen Trieb und entwickelt ein System von Rechten, das aus dem Menschen heraus entsteht und mit dem jeder einzelne von Geburt an ausgestattet ist. Hieraus leitet der Liberalismus für Markt, Tausch und Handel folgende Forderungen ab:

1. Der Staat hat sich nicht in die Wirtschaft einzumischen, sondern nur die Rechtsordnung aufrechtzuerhalten (Freiheit vom Staat).
2. Die Freiheit von Verträgen und die Freiheit der Konkurrenz dürfen nicht eingeschränkt werden. Praktisch folgen daraus
3. Gewerbe- und Verkehrsfreiheit, Freiheit des Eigentums, der Freihandel und schließlich Freiheit der Arbeitsverträge. (Karl Marx wandte dagegen allerdings später ein: Ohne Eigentum der Arbeitenden an den Produktionsmitteln müsse der »freie« Abschluß von Arbeitsverträgen zu Ausbeutung führen. Denn der mittellose Proletarier habe gar nicht die Macht, für ihn vorteilhafte Bedingungen durchzusetzen, sondern bleibe stets der Willkür der Unternehmer ausgeliefert.)

Der Liberalismus verwirft somit die Vorstellung, der Vorteil des einen sei der Schaden des anderen; vielmehr bringe der freie Verkehr zwischen den Volkswirtschaften die größtmögliche Wohlfahrt für alle. Der Ausspruch von D'Argenson und Gournay »laissez faire, laissez passer, le monde va de lui même« (»überlaßt es sich selbst, laßt es geschehen, die Welt funktioniert von alleine«) wird zum Wahlspruch der Epoche (Schmölders 1964, S. 18).

In diese liberalistische Stimmung hinein erblickt der **Homo oeconomicus** das Licht der ökonomischen Theorie. Zum erstenmal stellt Adam Smith, in seinem Hauptwerk »Eine Untersuchung über Natur und Wesen des Volkswohlstandes» (»Wealth of Nations«, 1776) einen *systematischen* Zusammenhang her zwischen dem eigennützlichen Streben des einzelnen und der Verbesserung der individuellen und gesellschaftlichen Wohlfahrt, wobei er staatliche Aktivitäten im Bereich der Wirtschaft explizit ausgeschlossen wissen will. Das heißt, Smith bringt den Homo oeconomicus in Verbindung mit der Vorstellung von der Vorteilhaftigkeit »freier« Marktwirtschaften. Dieser Gedanke bedeutet im wesentlichen, daß sich erstens die gesamtwirtschaftliche Produktion im Rahmen der freien Entscheidungsbildung unabhängig handelnder Individuen vollzieht und daß zweitens die Verteilung der Produktion durch den freiwilligen Austausch der Güter geschieht.

Demnach kann das Zusammenwirken aus Eigeninteresse handelnder Individuen dann zu einem für das Gemeinwohl optimalen Zustand führen, wenn einerseits der freie Austausch der Güter und andererseits zugleich der Wettbewerb zwischen den Produzenten bzw. Anbietern gewährleistet ist. Dem liegen im wesentlichen zwei Vorstellungen zugrunde: Eigennützig handelnde Individuen bilden die für ökonomische Entwicklung notwendige Arbeitsteilung aus; Eigennutz führt über Wettbewerb zu Effizienz.

Für Smith ist die **Arbeitsteilung** der Hauptgrund für ein Anwachsen des allgemeinen materiellen Wohlstands in einer Gesellschaft. Jeder einzelne wird sich – sofern keine Beschränkungen bestehen – derjenigen wirtschaftlichen Tätigkeit widmen, für die er das höchste Talent, die größte Geschicklichkeit usw. besitzt. Über den freiwilligen Tausch kommt diese Konzentration auf die jeweiligen begrenzten Fähigkeiten des einzelnen dem Wohle aller zugute. Eines der zentralen Motive, das die Wirtschaftssubjekte zum Tausch bewegt, ist der Egoismus. Dieser Zusammenhang von Arbeitsteilung, Tausch und Eigennutz wird am besten in Smith' eigenen Worten deutlich (1905, S. 14):

> »Diese Teilung der Arbeit, aus der so viele Vorteile gezogen werden, ist ursprünglich nicht das Werk menschlicher Weisheit, welche die allgemeine Wohlhabenheit, zu der es führt, vorhergesehen und bezweckt hätte. Sie ist die notwendige, obwohl sehr langsame und allmähliche Folge eines gewissen Hanges der menschlichen Natur,

der keinen so ausgebreiteten Nutzen erstrebt: des Hanges zu tauschen, sich gegenseitig auszuhelfen und ein Ding gegen ein anderes zu verhandeln.«

Über die Motive des Tauschs und damit der Arbeitsteilung führt Smith weiter aus (1905, S. 15f.):

»Der Mensch braucht die Hilfe seiner Mitmenschen fast immer und würde diese vergeblich von ihrem Wohlwollen allein erwarten. Er wird viel leichter Erfolg haben, wenn er ihre Eigenliebe zu seinen Gunsten interessieren und ihnen zeigen kann, daß es ihr eigener Vorteil ist, für ihn zu tun, was er von ihnen fordert. Wer einem Anderen einen Handel irgend einer Art anträgt, verfährt auf diese Weise. Gieb mir dies, was ich brauche, und Du sollst haben, was Du brauchst – ist der Sinn jedes solchen Anerbietens; und auf diese Weise erhalten wir von einander den bei weitem größten Teil der guten Dienste, deren wir benötigt sind. Nicht von dem Wohlwollen des Fleischers, Brauers oder Bäckers erwarten wir unsere Mahlzeit, sondern von ihrer Bedachtnahme auf ihr eigenes Interesse. Wir wenden uns nicht an ihre Humanität, sondern an ihre Eigenliebe, und sprechen ihnen nie von unseren Bedürfnissen, sondern stets von ihren Vorteilen.«

Der **Wettbewerb** zwischen den Produzenten um die Gunst der Nachfrager führt dazu, daß niemand die Macht besitzt, dauerhaft Gewinne zu erzielen, die über den »angemessenen« Lohn für die aufgewendeten Produktionsfaktoren (Boden, Kapital, Arbeit einschließlich unternehmerischer Tätigkeit) hinausgehen. Das heißt, im Zustand der vollkommenen oder vollständigen Konkurrenz kann keiner am *Markt* bestehen, der höhere Preise für ein ansonsten gleiches Produkt verlangt als der billigste Konkurrent.

Bei der *vollkommenen Konkurrenz* treffen potentiell unendlich viele Produzenten aufeinander, von denen keiner so viel wirtschaftliche Macht besitzt, als daß er auf die gerade herrschenden Preise durch die Menge seines Angebots Einfluß nehmen könnte. Sie ist also völliger Leistungswettbewerb unter einer sehr großen Zahl von Anbietern. Man spricht auch von Preisnehmern oder Mengenanpassern. – *»Markt«* ist der reale oder heute zumeist fiktive Ort des Aufeinandertreffens von Anbietern und Nachfragern.

In der Sprache heutiger Ökonomen läßt sich Smith' Gedanke wie folgt wiedergeben: Egoismus führt zusammen mit Wettbewerb dazu, daß die kostengünstigsten Produktionsverfahren gewählt werden und dieser

Vorteil über sinkende Preise allen zugute kommt: »Die Ware wird dann genau für das verkauft, was sie wert ist, oder was sie den, der sie zu Markte bringt, wirklich kostet«. (Smith 1905, S. 77)

Dies ist der wesentliche Inhalt von Smith' Konzept der *»invisible hand«*, der Tatsache, daß eine »unsichtbare Hand« dafür sorgen soll, daß aus Eigeninteressen Gemeinwohl entsteht. Dieser Gedanke ist keine Neuerung von Smith. Ihm kommt aber das Verdienst zu, ein System entworfen zu haben, welches diesen Prozeß deutlich aufzeigt. Den Gedanken, daß Gemeinwohl aus dem Egoismus entstehe, vertrat in weitaus radikalerer Form der holländisch-englische Arzt und Schriftsteller Bernard (de) Mandeville (1670–1733). In seiner in Versen verfaßten »Bienenfabel« (Erstdruck 1705) versuchte er zu zeigen, daß selbst die Laster des einzelnen zum Gewinn des Ganzen beitragen (»Private Laster erzeugen öffentliche Wohltaten«): »Der Allerschlechteste sogar / Fürs Allgemeinwohl tätig war.« (Mandeville 1968, S. 84)

Der zeitgenössische amerikanische Ökonom Albert O. Hirschman hat eine eingehende Untersuchung über den Entstehungsprozeß der »invisible hand« und des Homo oeconomicus durchgeführt. Er zeigt auf, daß es vor allem die Idee, »bestimmte menschliche Neigungen und Triebe [zu] unterdrücken«, war, die – gekoppelt mit der durchaus schon »systemischen Betrachtungsweise« sich widerstrebender Kräfte (Leidenschaften) – zu Smith' Konzept der »invisible hand« führte (Hirschman 1980, S. 181). In dieser Entwicklung waren Vorstellungen von der Erschaffung des rationalen Menschen, der seine Triebe (Leidenschaften) im Griff hat, die Philosophie der »prästabilierten Harmonie« von Gottfried Wilhelm Leibniz (1646–1716) sowie die politische Idee der Zerstörung feudaler Machtstrukturen gleichermaßen Antrieb und normatives Fundament dieser Lehre. Entscheidend für den logischen Nachweis des Funktionierens der »invisible hand« war die Konstruktion der Eindimensionalität menschlicher Antriebe, in welche Smith den *Homo sapiens* preßt:

> »In seinem [...] Werk sieht Smith die Menschen ausschließlich durch ‚das Verlangen, (ihren) Zustand zu verbessern', gelenkt, und er führt weiter aus, daß ‚die Vermehrung des Reichtums das Mittel ist, durch das die meisten Menschen ihre Lage zu verbessern suchen'. Hier ist offenbar kein Raum für den umfassenderen Begriff von der menschlichen Natur, der die Menschen von verschiedensten Leidenschaften getrieben, oft sogar zwischen ihnen hin- und hergerissen sah, unter denen die Habgier nur als eine von vielen auftrat.« (Hirschman 1980, S. 116f.)

Exaktheit der Methode

Eine allgemeine sozialphilosophische Begründung für die Kosten-Nutzen-Überlegungen des Homo oeconomicus sowie eine wichtige Voraussetzung für die Einführung exakter Methoden in die ökonomische Theorie war die Philosophie des Utilitarismus. **Utilitarismus** ist in der Ethik die Bezeichnung für eine Denkrichtung, die den Zweck allen menschlichen Handelns in dem Nutzen sieht, der dadurch für den einzelnen oder die Gemeinschaft gestiftet wird. Dabei ist das Gute das für jedermann Nützliche, nämlich dasjenige, durch das der größten Anzahl von Menschen das meiste Lebensglück vermittelt wird. Als Begründer dieser Richtung gilt der Rechtswissenschaftler und Philosoph Jeremy Bentham (1748–1832). Spätere Vertreter sind der bereits erwähnte John Stuart Mill sowie Henry Sidgwick (1838–1900).

Bentham entfaltet in »An Introduction to the Principles of Moral and Legislation« (»Eine Einführung in die Prinzipien der Moral und Gesetzgebung«) von 1789 eine frühe Konzeption dieser Lehre, die sich als gesellschaftsrevolutionäres Konzept mit der Behauptung, Freude und Leid seien die souveränen Gebieter aller Menschen, gegen den Feudalismus wendet (Biervert, Wieland 1987, S. 28). Bentham hat die Wohlfahrt (Glück der Gemeinschaft) im Auge, die er als die Summe der individuellen Glückseligkeiten aller Personen einer Gemeinschaft begreift. *Das größte Glück der größten Zahl* definiert das Glück der Gemeinschaft. Bentham nimmt an, die allgemeinen menschlichen Empfindungen Freude und Leid seien anhand von Kriterien wie Intensität, Dauer, Gewißheit und Ungewißheit, Nähe und Ferne, Folgenträchtigkeit usw. meßbar. Dadurch bereitet er den Boden für die spätere neoklassische Theorie in den Wirtschaftswissenschaften, die diese Annahme teilt und übernimmt (Biervert, Wieland 1987, S. 32). Sie faßt Empfindungsbegriffe wie Freude und Leid im Nutzenbegriff zusammen. Damit sollen diese Begriffe exakten naturwissenschaftlichen und mathematischen Methoden zugeführt werden.

Mit Bentham wurden also die Weichen der ökonomischen Theoriebildung in Richtung Quantifizierung und Mathematisierung gestellt. Später diente dann insbesondere die mechanische Physik als Vorbild. Exakte Berechnungen mit Hilfe physikalischer Gesetze ermöglichten technologische Innovationen, die zu den wesentlichen Auslösern der industriellen Revolution gehörten. Parallel dazu entwickelte sich der Homo oeconomicus fortan zur Zentralfigur einer mathematisch ausgerichteten und der Mechanik angelehnten Theorie des Gütertausches, die dem neuen Ideal der *Exaktheit der Methode* zu entsprechen vermochte (Menger 1968, S. 40f.).

Mit der **Neoklassik** – sie beginnt mit den siebziger Jahren des 19. Jahrhunderts durch die Arbeiten des englischen Ökonomen William Stanley Jevons (1835–1882), des österreichischen Ökonomen Carl Menger (1840–1921) und des Schweizer Wirtschaftswissenschaftlers Léon Walras (1834–1910) – kommt es zudem zu einer weiteren »Subjektivierung« innerhalb der Wirtschaftswissenschaften. Das Subjekt – der wirtschaftende Mensch verstanden als Nutzenmaximierer – ist nun zugleich methodische Ausgangsgröße wie Maßstab zur Untersuchung des Gemeinwohls. Außerdem wird der Nutzenbegriff der Individuen entscheidend für die Bestimmung ökonomischer Werte. Das heißt, Werte werden nicht mehr in direkter Abhängigkeit von der benötigten Arbeitszeit (wie in der *Arbeitswertlehre* der ökonomischen Klassik, der sogenannten »objektiven Wertlehre«) gesehen, sondern entsprechen dem Preis, der für Güter durch Tausch erzielt wird. Dieser Preis ist Ausdruck einer von den Neoklassikern neu eingeführten Größe, des *Grenznutzens* (die sogenannte »subjektive Wertlehre«). Grenznutzen bezeichnet den Nutzen, den ein Wirtschaftssubjekt aus der letzten, der gerade noch hinzugekommenen Einheit eines Gutes zieht, wie nun näher erklärt werden soll.

Die Neoklassik macht bezüglich des Grenznutzens zwei Annahmen, die nach dem deutschen Nationalökonomen Hermann Heinrich Gossen (1810-1858) als *Gossensche Gesetze* bezeichnet werden. Gossen entdeckte die Beziehungen zwischen Nutzen, Wert und Preis noch vor den Neoklassikern Menger, Walras und Jevons. Seine Arbeiten gerieten jedoch in Vergessenheit und wurden erst lange nach der »neoklassischen Wende« der siebziger Jahre des 19. Jahrhunderts wiederentdeckt.

- Das erste dieser bereits erwähnten Gesetze besagt: Der Nutzen eines Gutes wird mit jeder neu hinzukommenden Einheit dieses Gutes geringer – die vierte Brezel hat also einen geringeren Nutzen als die dritte. Man bezeichnet diesen Zusammenhang als *Gesetz des abnehmenden Grenznutzens.*
- Das zweite Gossensche Gesetz macht Aussagen über den Tausch zur Erlangung von Gütern: Demnach tauscht ein Individuum (etwa Brezeln gegen Bier) so lange, bis der Punkt erreicht ist, an dem ein zusätzliches Bier ebensoviel Nutzen stiftet, wie die Menge an Brezeln, die es dafür abgeben müßte. Der Grenznutzen eines Bieres und der entsprechenden Menge Brezeln stimmen hier also überein. Man spricht deshalb vom *Gesetz des Ausgleichs der Grenznutzen.*

Es war Walras, der in einem mathematischen Modell, welches den Homo oeconomicus mit seinen oben geschilderten Eigenschaften unterstellt, für den n-Güter-Fall (das heißt eine Volkswirtschaft mit einer unbestimmten Anzahl n von Gütern) zeigen konnte, daß Smith' »invisible hand« einen stabilen Zustand herzustellen vermag (Ökonomen sprechen vom »Walrasianischen Gleichgewicht«). Dieser Zustand – der mit der realen Welt direkt nichts zu tun hat – ist im *Modell* Ausdruck des »maximalen Gemeinwohls«: Jeder tauscht nur so lange, bis ein weiterer Tausch den Nutzen verringern würde, da der Grenznutzen des erworbenen Gutes geringer wäre als der des dafür hingegebenen.

Nun konnte die neoklassische Tauschtheorie zwar dem von ihr selbst aufgestellten Wissenschaftsideal in Form der mechanischen Physik genügen und ein mathematisch geschlossenes Modell des Tausches aufstellen; ihre wesentliche Annahme, die Existenz des Homo oeconomicus, blieb aber weiterhin problematisch, mißt man die Theorie an der Realität.

Weiterentwicklungen

Trotz dieses Mangels der neoklassischen Theorie wird die Annahme des Homo oeconomicus bis in die heutige Zeit immer wieder als Ausgangs- und Bezugspunkt für neuere wirtschaftswissenschaftliche Ansätze verwendet. Diese Ansätze stellen Versuche dar, Lösungen zu einzelnen Kritikpunkten am Konzept des Homo oeconomicus anzubieten. Jedoch wird dabei der methodische Rahmen der Neoklassik nicht verlassen. Beispiele solcher neueren Ansätze sind die sogenannte Spieltheorie und die der modernen Mikroökonomik zuzurechnenden Theoriestränge der Property-Rights-Theorie (Theorie der Eigentumsrechte), der neueren Institutionenökonomik und des allgemeinen Nutzenmaximierungsansatzes, von denen nun die Rede sein soll.

Die **Spieltheorie** geht bei ihren Forschungen von folgender Konstellation aus: Es geht darum, wie in einem Interessenkonflikt, an dem mehrere Personen beteiligt sind, aus einer Vielzahl möglicher Entscheidungen die optimale Entscheidung gewonnen werden kann. Anders als beim methodologischen Individualismus wird also das Verhalten des einzelnen nicht isoliert, sondern in Verbindung mit dem Verhalten aller Beteiligten (den sogenannten Verhaltensinterdependenzen) betrachtet. Wie die Theorieansätze zum Homo oeconomicus unterstellt jedoch auch die Spieltheorie Nutzenmaximierung auf der Konsumentenseite und Gewinnmaximierung auf der Produzentenseite. Allerdings zeigt sie auf, wie Verhalten jenseits egoistischer Motive (Altruismus, kooperatives Verhalten) zustande kommen kann. Dies ist jedoch nicht alleiniges Verdienst der Spieltheorie, sondern Ausdruck einer allgemeinen Entwicklung innerhalb der Theorie rationalen Verhaltens. Die Spieltheorie bietet die Möglichkeit, alle Arten von Interessenkonflikten zu betrachten, also nicht nur solche Konflikte, wie sie in ökonomischen Zusammenhängen auftreten. Sie ist somit nahezu universell einsetzbar.

Auch im Rahmen der **modernen Mikroökonomik** ist das Einsatzfeld ökonomischer Analysen denkbar breit gefächert. Beispielsweise versucht der allgemeine Nutzenmaximierungsansatz das gesamte menschliche Handeln (auch in Bereichen wie z. B. Ehe, Sexualität oder Kriminalität) zu erklären – allerdings mit umstrittenem Erfolg. Dieser Ansatz geht davon aus, daß diejenige Handlungsalternative gewählt wird, die die geringsten Opportunitätskosten besitzt. Opportunitätskosten betreffen den mit der Handlungswahl einhergehenden Nutzenverzicht, dessen Umfang in Höhe der besten verworfenen Handlungsalternative liegt.

Beispiel: Angenommen, Sie benötigen für die Lektüre eines Buches vier Stunden, und Sie können in diesen vier Stunden durch Taxifahren alternativ 100 Mark verdienen oder durch Nachhilfeunterricht alternativ 80 Mark. Wenn Sie alle drei Tätigkeiten als gleich anstrengend empfinden, dann belaufen sich die Opportunitätskosten der Lektüre dieses Buches auf 100 Mark.

Theoretische Weiterentwicklungen der klassischen Theorie im Rahmen der modernen Mikroökonomik sind auch die neuere Institutionenökonomik und die Property-Rights-Theorie. Das Ziel der Property-Rights-Theorie besteht in der Erklärung des Einflusses, den institutionelle Handlungsbeschränkungen (das sind z. B. Gesetze oder moralische Normen) auf wirtschaftliche Phänomene haben.

Die neuere Institutionenökonomik und die Property-Rights-Theorie bemühen sich, Mängel der neoklassischen ökonomischen Theorie zu beseitigen, indem sie auch Institutionen wie Gewerkschaften oder Verwaltungen und Probleme wie den Umweltschutz in die ökonomische Analyse einbeziehen. So ist die Property-Rights-Theorie auf vielen Gebieten einsetzbar. Ob es jedoch darum geht, historische Wirtschaftsformen, öffentliche Verwaltungen, Gewerkschaften oder andere Verbände oder die politische Willensbildung zu untersuchen, stets erklärt sie soziales Verhalten auf individualistischer Grundlage. Das heißt, auch in der Property-Rights-Theorie ist der Homo oeconomicus allgegenwärtig. Weiter vermag diese Theorie zu zeigen, wie es trotz vielfältiger und oft entgegengesetzter individueller Ziele nicht zu einem »Krieg aller gegen alle«, sondern zu relativ stabilen sozialen Ordnungsformen kommt, die gleichwohl nicht geplant sind (Tietzel 1981, S. 125f.). Interessant ist hier, wie Adam Smith' Konzept der »invisible hand« durchscheint: Trotz der individualistischen Grundlage – jeder sucht nur seinen persönlichen Vorteil – ergeben sich dennoch stabile gesellschaftliche Zustände. Auf die Frage aber, warum dies so ist, gibt auch die Property-Rights-Theorie letztlich ebensowenig eine Antwort wie Smith zweihundert Jahre zuvor.

Auch diese neueren Ansätze des »mainstream« unterstellen also das Menschenbild des Homo oeconomicus und sind daher – genau wie die klassischen Ansätze – von der bereits vorgetragenen Kritik betroffen, dieses Menschenbild sei realitätsfern. Sie müssen dieses Menschenbild aber nicht zuletzt deshalb unterstellen, weil es für die Gültigkeit der zentralen Lehrsätze der Ökonomie unentbehrlich scheint, etwa für die Lösung der Frage, wie höherer Wohlstand in Marktwirtschaften entstehen kann. Das in den fünfziger Jahren von dem amerikanischen Ökonomen Milton Friedman geschaffene **Konzept des »Als-ob«** (englisch: *as if*) sucht einen Ausweg aus diesem Dilemma. Diese Hypothese verwirft die Vorstellung, der Homo oeconomicus existiere real, versucht die Gültigkeit der bisherigen »mainstream«-Ökonomik aber über einen Gedanken zu verteidigen, der als Analogie zur Argumentation der biologischen Evolutionstheorie aufgefaßt werden kann: Demnach maximieren nicht die einzelnen Wirtschaftssubjekte ihren Nutzen. Wesentlich ist vielmehr der Wettbewerbsprozeß, der selektierend darauf hinwirkt, daß letztlich nur diejenigen »überleben« (also am Markt existieren können), die so gehandelt haben, *als ob* sie ihren Nutzen *maximiert hätten*. Im nachhinein erweist sich also die Person bzw. die institutionelle Lösung, die ökonomisch überlebt hat, als effizient (Friedman 1953).

Diese Hypothese ist jedoch nicht unproblematisch. Denn erstens ist zum »Überleben« lediglich ein *gewisses* Maß an Erfolg, keineswegs aber ein (im vorhinein ohnehin nicht zu definierendes) *Maximum* notwendig (Winter 1978). Zweitens handelt es sich um eine Tautologie: Individuen, die ihren Nutzen maximieren, setzen sich langfristig durch; dabei wird aber das, was Nutzenmaximierung ist, gleichzeitig über dieses Sich-Durchsetzen definiert. Anders gesagt: Wer sich durchsetzt, maximiert seinen Nutzen, ist gleichbedeutend mit: Wer seinen Nutzen maximiert, setzt sich durch.

Wirtschaftsgeschichte »als ob«

Milton Friedmans eben behandelte »Als-ob«-Hypothese eröffnet die Möglichkeit, die gesamte Geschichte des wirtschaftenden Menschen aus der Sicht des Homo oeconomicus zu beleuchten, obwohl die Kunstfigur des Homo oeconomicus erst rund 200 Jahre alt ist und sie – wie wohl deutlich geworden ist – auch dem wirklichen Menschen in seiner Vielfalt nicht gerecht wird. Dieser »Als-ob«-Gedanke ermöglicht die Interpretation auch desjenigen Teils der Wirtschaftsgeschichte, der zeitlich *vor* dem Punkt liegt, an dem der Homo oeconomicus und das mit ihm verbundene Konzept der »invisible hand« gedacht wurden.

Einen bedeutenden Beitrag zur Erklärung der Wirtschaftsgeschichte hat insbesondere die **Theorie des institutionellen Wandels** von Douglass C. North (1988) geliefert. North bedient sich als Ausgangspunkt eines erweiterten einfachen neoklassischen Modells:

> »Diese Betrachtungsweise geht davon aus, daß angesichts allseitiger Knappheit Wirtschaftssubjekte Entscheidungen treffen, die eine bestimmte Konstellation von Bedürfnissen, Bedarfen oder Präferenzen zum Ausdruck bringen. Diese Entscheidungen werden im Hinblick auf die durch sie ausgeschlossenen Möglichkeiten (englisch: *opportunities*) getroffen. So bestehen die Opportunitätskosten einer zusätzlichen Arbeitsstunde (und des entsprechenden Einkommens) in der entgangenen Freizeit. Die Annahme eines nutzen- oder wohlstandmaximierenden Verhaltens setzt voraus, daß die Wirtschaftssubjekte ihre Präferenzen für Einkommen, Freizeit usw. in stabiler Weise geordnet haben und daß die Marginalentscheidung (z. B. eben die Entscheidung eines Wirtschafters, eine zusätzliche Stunde zu arbeiten) einen Abtausch zwischen dem, was man bekommt (nämlich mehr Einkommen), und dem, was einem dadurch entgeht (hier Freizeit), vorstellt. Diese Verhaltensannahme ist auf alle Arten von Wirtschaftsordnungen anwendbar: kapitalistische, sozialistische, was auch immer.
> Da das Maximierungskalkül voraussetzt, daß Wirtschaftssubjekte mehr Güter (und Leistungen) weniger Gütern vorziehen, und da durch Vergrößerung des Produktionspotentials (auf Kosten der Produktion für laufenden Konsum) mehr Güter erzeugt werden können, werden Wirtschaftssubjekte dementsprechend einen Teil ihrer Anstrengungen auf die Vergrößerung des Kapitalbestandes richten, denn dessen Größe bestimmt den Güter- und Leistungs-

strom, der den Ausstoß der in Frage stehenden Wirtschaft ausmacht. Die Größe des Kapitalbestandes wird von der Menge des Humankapitals (Arbeit), des Sachkapitals (Maschinen, Fabriken, agrartechnische Verbesserungen usw.) und der Bestände an Naturschätzen bestimmt. Diese hängen ihrerseits von der verfügbaren Technologie (d. h. von Art und Ausmaß der Beherrschung der Naturkräfte durch den Menschen) ab, welche die Leistungsfähigkeit der Arbeit (des Humankapitals) und die Qualität des Sachkapitals bestimmt und zugleich festlegt, was als Naturschätze zu gelten habe. Der technische Wandel wird als endogen angenommen und als Ergebnis einer Investition einzelner Mitglieder der Gesellschaft in Erfindungen und Neuerungen betrachtet. Das ‚Erfindungspotential' ist jedoch seinerseits durch den gegebenen Wissensstand (das Verständnis der natürlichen Umwelt) bestimmt.
Der für die Größe des Ausstoßes entscheidende Kapitalbestand ist also eine Funktion der Bestände an Sachkapital, Humankapital, Naturschätzen, Technologie und Wissen. Maximierungsverhalten bewirkt eine Investition in denjenigen Teil des Kapitalbestandes, der jeweils die höchste Verzinsung erbringt; dieser Bestand wird daher relativ zu den anderen Beständen größer, was für einen Ausgleich der verschiedenen Zinssätze sorgt. Neue Arten von Sach- und Humankapital werden dann erfunden und neue Arten von Naturschätzen entdeckt werden, wenn die Verzinsung von Mitteln, die man dem Konsum entzieht (also von Ersparnissen) und in Erfindungen oder in die Entdeckung besonderer technischer Verfahren und Naturschätze investiert, den Ertrag aus einer Vermehrung der schon bestehenden Arten von Maschinen und Fertigkeiten übersteigt. Nimmt das Arbeitskräfteangebot relativ zum Kapitalbestand zu, so wird es gewinnbringend, die Erscheinungsformen von Human- und Sachkapital so zu verändern, daß dadurch Veränderungen der Kapitalintensität entsprochen wird. Ähnliche Anpassungen können im Hinblick auf den Bestand an Naturschätzen vorgenommen werden.
Unter diesen Voraussetzungen werden das Wachstum des Ausstoßes insgesamt und das Wachstum des Pro-Kopf-Ausstoßes durch die Höhe der Ersparnisse (bzw. der Investitionen) relativ zum Einkommen und durch die Bevölkerungswachstumsrate bestimmt. Bewirkt der gesparte (und investierte) Bruchteil des Einkommens ein Wachstum des Ausstoßes genau im Ausmaß des Bevölkerungswachstums, so ist das Einkommenswachstum pro Kopf gleich null. Andererseits wird eine Sparrate, die höher als die Rate des Bevöl-

kerungswachstums ist, eine positive Rate des Einkommenswachstums pro Kopf zur Folge haben.« (North 1988, S. 3–5)

North' Ziel ist es, mit Hilfe der erweiterten neoklassischen Analyse im Sinne des »Als-ob«-Konzeptes den Wandel der Wirtschaftsordnungen in der Zeit zu erklären. Ein nutzenorientiertes Handeln des Menschen findet nicht nur bei der Produktion und Konsumtion von Gütern statt, es erstreckt sich auch auf die Herausbildung sozialer Regeln und Normen. Damit bringt es letztlich nicht nur unterschiedliche Wirtschaftsweisen hervor, sondern bewirkt auch die Herausbildung gesellschaftlicher Institutionen wie Wissenschaft und Religion sowie die Entstehung von Staaten (North 1988, S. 45). Im groben ergibt sich nach North folgende Erklärungsskizze:

Angenommen wird ein Staat, dessen Ziel es jeweils ist, das Vermögen des Herrschers oder der ihm zugehörigen Gruppe zu maximieren. Wie ein Staat entstanden ist – vertragstheoretisch (also durch freiwilligen Zusammenschluß seiner Mitglieder) oder räuberisch (durch Unterdrückung und Ausnutzung der Untertanen) –, ist dabei ohne Belang. Die Effektivität einer Wirtschafts- und Gesellschaftsform hängt davon ab, ob sie geringere Transaktionskosten aufweist als ihre potentiellen Alternativen. *Transaktionskosten* sind die Kosten, die zum Messen der Dimensionen des getauschten Gutes – etwa seines Gewichts oder seiner Qualität – und zur Durchsetzung der Austauschbedingungen – dies ist vor allem ein funktionierendes Rechtssystem – notwendig sind. Transaktionskosten sind z. B. Informationskosten, Kontrollkosten, Kosten, die bei Vertragsabschlüssen entstehen, usw. Die Transaktionskosten hängen von geographischen, kulturellen, technologischen, demographischen und vielen weiteren Faktoren ab. So kann beispielsweise Bevölkerungswachstum die Transaktionskosten bisheriger Wirtschaftsformen erhöhen. Oder eine Ideologie kann die Transaktionskosten senken, wenn sie in wirksamer und überzeugender Weise Regeln zu formulieren vermag, die von der Mehrzahl der Gesellschaftsmitglieder eingehalten werden, wodurch sich der Aufwand für die Kontrolle über sie vermindern läßt. Veränderungen dieser Rahmenbedingungen können die Effizienz bestehender Wirtschaftsordnungen verändern. Es kann zu einer Ablösung bisheriger durch eine effizientere Form der Rechts- und Wirtschaftsordnung bzw. effizienterer Eigentumsrechtsstrukturen im Sinne der »Property Rights-Theorie« kommen. Diese neue Rechts- und Wirtschaftsordnung stellt ihre Effizienz dadurch unter Beweis, daß sie die Transaktionskosten senkt. Sie tritt aber nur dann in Kraft, wenn dadurch gleichzeitig auch das Vermögen des Herrschers oder seiner Gruppe vergrößert wird.

Beispielhaft zeigen sich diese Prozesse an der Wirtschaftsgeschichte das Alten Orients, die sich zeitlich vom 4. Jahrtausend bis zum 4. Jahrhundert v. Chr. erstreckt und geographisch den vorderasiatischen Raum umfaßt. Diese Epoche ist durch eine Ausweitung des technischen Fortschritts und eine zunehmende Komplexität der Tauschbeziehungen gekennzeichnet ist. Wichtigster Antriebsfaktor der Wirtschaft ist jedoch das Bevölkerungswachstum (North 1988, S. 113). Damit gehen zwei Entwicklungen einher: Zum einen machen Effizienzgründe und die Komplexität der Wirtschaftsbeziehungen den Übergang von Formen des Gemeineigentums zum Privateigentum notwendig; zum anderen erfordern insbesondere großangelegte technische Projekte (z. B. in der Bewässerungswirtschaft) eine zentrale Lenkung und begünstigen damit die Bildung von Staaten.

Einhergehend mit diesen Entwicklungen entsteht der Berufszweig der Kaufleute. Sie organisieren Marktbeziehungen, das heißt Tauschvorgänge. Dies bedeutet, daß die Produktion für den Markt, als Gegensatz zur Produktion für den Eigenbedarf, in eine abstrakt-theoretische Beziehungswelt (die bewußte Wahrnehmung der Marktprozesse) überführt wird. Mit dieser Erkenntnis wird der Boden für den Beruf des »Organisierens« geschaffen. Mit anderen Worten: Die oben herausgearbeiteten Charakteristika des *Homo oeconomicus* treten immer deutlicher hervor.

Insgesamt läßt sich festhalten: Kategorien wie z. B. Tausch, Handel und Geld gab es in ihren uns heute bekannten abstrakten Ausprägungen in den frühen Wirtschaftsformen noch nicht. Andererseits differenzierten sich Phänomene wie das Streben nach eigenem Vorteil, nach Fortkommen oder der Existenzsicherung des eigenen Lebens, der Familie, des Stammes, des Hofes oder gar des Staates bereits frühzeitig aus. Die Figur des Homo oeconomicus, die erst Jahrhunderte und Jahrtausende später erfunden werden sollte, ist somit seit jeher untrennbar mit dem wirtschaftenden Menschen verbunden. Dies wird um so deutlicher, wenn man sich vor Augen führt, daß der Homo oeconomicus nur eine Umschreibung einer der wesentlichsten menschlichen Eigenschaften ist, nämlich des Selbsterhaltungstriebes bzw. des Eigennutzes. Auch *ohne* das konkrete Bewußtsein, ein Homo oeconomicus zu sein, entwickelten sich die wirtschaftlichen Umgangsformen, Begriffe und Institutionen des Menschen.

Nachdem aber der Homo oeconomicus erstmals – bei Adam Smith im 18. Jahrhundert – gedacht worden war, hat sich – und zwar nicht zuletzt aufgrund seiner Existenz in der Wirtschaftstheorie – die Welt in einer Weise verändert, daß die Annahmen, die diesem Konzept zugrunde liegen, im Laufe der Zeit immer wirklichkeitsnäher und realitätsgerechter geworden sind.

Ähnliches gilt für das Konzept der auf Wettbewerb beruhenden »invisible hand«. Mit anderen Worten: Die Konzepte Homo oeconomicus und »invisible hand« einerseits und die wirtschaftliche Realität andererseits haben sich einander immer stärker angenähert. Dies liegt nicht zuletzt an dem großen Einfluß, den die politische Strömung des Liberalismus im Gefolge der Industrialisierung ausübte. Der Liberalismus sorgte dafür, daß die Gedanken der ökonomischen Klassiker (Smith, Ricardo usw.) in bedeutendem Umfang in politische und wirtschaftliche Realität umgesetzt wurden. Insgesamt haben sich die westlichen Gesellschaften in einer Weise entwickelt, daß Tausch und Wettbewerb zu unabdingbaren Notwendigkeiten für den Fortbestand ihrer Wirtschaftsordnungen geworden sind, und so hat das Menschenbild vom Homo oeconomicus mehr und mehr an Plausibilität gewonnen, weil das Streben nach individuellem Nutzen in allen Bereichen von Wirtschaft und Gesellschaft zum konstituierenden Merkmal geworden ist.

Literatur

Albert, H. (1971): Modell-Platonismus. Der neoklassische Stil des ökonomischen Denkens in kritischer Beleuchtung. In: Topitsch, E. (Hrsg.): Logik der Sozialwissenschaften. 7. Aufl. Köln, Berlin, S. 406–434.

Becker, G.S. (1982): Der ökonomische Ansatz zur Erklärung menschlichen Verhaltens. Tübingen.

Biervert, B., Wieland, J. (1987): Der ethische Gehalt ökonomischer Kategorien – Beispiel: Der Nutzen. In: B. Biervert, B., Held, M. (Hrsg.), Ökonomische Theorie und Ethik. Frankfurt/M., S. 23–50.

Friedman, M. (1953): The Methodology of Positive Economics. In: Ders.: Essays in Positive Economics. Chicago, London.

Gossen, H.H. (1987): Entwicklung der Gesetze des menschlichen Verkehrs und der daraus fließenden Regeln für menschliches Handeln. Faksimile der erste Ausgabe von 1854. In: Klassiker der Nationalökonomie. Amsterdam.

Hillebrecht, A. (1955): Geschichte der volkswirtschaftlichen Lehrmeinungen. Stuttgart, Düsseldorf.

Hirschman, A.O. (1980): Leidenschaften und Interessen. Politische Begründungen des Kapitalismus vor seinem Sieg. Frankfurt/M.

Hollis, M., Nell, E. (1975): Rational Economic Man. London.

Lancaster, K. (1983): Moderne Mikroökonomie. Zweite durchgesehene Auflage. Übersetzt von G. von Rabenau unter Mitarbeit von C.-M. Ridder-Aab. Frankfurt/M., New York.

Machlup, F. (1970): Homo oeconomicus and His Classmates. In: Natanson, M. (Hrsg.): Phenomenology and Social Reality. Den Haag.

Mandeville, B. (1980): Die Bienenfabel oder Private Laster, öffentliche Vorteile. Frankfurt/M. Erste englische Ausgabe 1705.

Menger, C. (1968): Grundsätze der Volkswirtschaftslehre. In: Gesammelte Werke, Band I. Tübingen. Erste Ausgabe 1871.

Myrdal, G. (1963): Das politische Element in der nationalökonomischen Doktrinbildung. Hannover.

North, D.C. (1988): Theorie des institutionellen Wandels. Eine neue Sicht der Wirtschaftsgeschichte. Tübingen.

Olson, M. (1982): The Rise and Decline of Nations: Economic Growth, Stagflation, and Social Rigidities. New Haven u. a.

Schmölders, G. (1964): Geschichte der Volkswirtschaftslehre. Erweiterte Neuausgabe. Reinbek bei Hamburg.

Smith, A. (1905): Untersuchungen über das Wesen und die Ursachen des Volkswohlstandes. Übersetzung von F. Stöpel. Erster Band. Prager, Berlin. Erste englische Ausgabe unter dem Titel: An Inquiry into the Nature and Causes of the Wealth of Nations. London 1776.

Tietzel, M. (1981): Die Rationalitätsannahme in den Wirtschaftswissenschaften oder Der Homo oeconomicus und seine Verwandten. In: Jahrbuch für Sozialwissenschaft. Band 32. Göttingen, S. 115–138.

Tietzel, M. (1985): Wirtschaftstheorie und Unwissen. Überlegungen zur Wirtschaftstheorie jenseits von Risiko und Unsicherheit. Tübingen.

Winter, S.G. (1978): Optimization and Evolution in the Theory of the Firm. In: Day, R., Goves, T. (Hrsg.): Adaptive Economic Models. New York, S. 73–118.

Wirtschaftsploetz (1984): Die Wirtschaftsgeschichte zum Nachschlagen. Hrsg. von H. Ott und H. Schäfer. Freiburg, Würzburg.

Der Mensch in der neuzeitlichen Philosophie

Franz Josef Wetz

Die Frage nach dem Menschen ist so alt wie die Geschichte der europäischen Philosophie. Gleichwohl ist diese Frage in der Geschichte des abendländischen Denkens nicht immer mit derselben Intensität gestellt worden. In der philosophischen Tradition war die Bestimmung dessen, was der Mensch sei (die anthropologische Perspektive), stets zugleich eingebunden in Versuche, das Ganze der Wirklichkeit bzw. der Welt gedanklich zu erfassen (die kosmologische Perspektive). Dabei wurde der Mensch zumeist als eine Einheit aus Leib, Seele und Geist gedacht. Jedoch ist es nicht so, daß *»leiblich-seelisch-geistige Einheit«* in der philosophischen Tradition immer dasselbe bedeutet hätte: Bei einigen Denkern wird die Seele mit dem Geist identifiziert; bei anderen hingegen wird sie als eigenständige Vermittlungsgröße zwischen Geist und Körper gedacht; bei wiederum anderen Philosophen wird die Seele als Lebenskraft des Körpers dem Geist gegenübergestellt; bei einer vierten Gruppe von Denkern schließlich werden Seele und Geist dem Körper entgegengesetzt.

Darüber hinaus veränderte sich im Laufe der europäischen Geschichte auch die Bedeutung der Begriffe »Körper«, »Seele« und »Geist«, und zwar in dem Maße, wie sich das Gesamtverständnis der Wirklichkeit wandelte. In jenen Epochen der Antike, des Mittelalters und der frühen Neuzeit, in denen die Philosophie noch zu wissen glaubte, wie sich die Wirklichkeit insgesamt bzw. die »Welt« verstehen lasse, glaubte sie sich auch im Besitz der Antwort auf die Frage, was der Mensch eigentlich oder seinem Wesen nach sei. Das heißt, die Frage: Was ist der Mensch? wurde in dieser direkten Weise gar nicht gestellt, weil die Antwort auf sie ohnehin klar zu sein schien. Die Philosophie meinte die Wahrheit darüber zu kennen, »was die Welt im Innersten zusammenhält«.

Diese Situation hat sich seit spätestens Mitte des 19. Jahrhunderts grundlegend geändert. Seither ist die Zeit der philosophischen Totaldeutungen der Wirklichkeit bzw. der Welt vorüber, und die philosophischen Systeme, innerhalb deren dem Menschen ein fester Platz zukam, sind unwiederbringlich dahin. Erst im Gefolge des Zusammenbruchs der philosophischen Totaldeutungen der Wirklichkeit entstand eine Irritation darüber, was der Mensch denn eigentlich sei. Erst jetzt wird die Frage: Was ist der Mensch?

in dieser expliziten Form gestellt. Mit der Auflösung der umfassenden philosophischen Systeme ist also eine Verunsicherung über das Wesen des Menschen aufgetreten. Mehr noch, es sind Zweifel darüber aufgekommen, ob es so etwas wie »das Wesen« des Menschen überhaupt gibt.

In diesem Beitrag sollen einige grundlegende philosophische Menschenbilder des Abendlandes zur Darstellung kommen. Aus der Fülle der überlieferten philosophischen Entwürfe, die den Menschen zum Gegenstand haben, wird hier aus Raumgründen jedoch nur eine *kleine Auswahl von neuzeitlichen Positionen* vorgestellt; diese Entwürfe können zudem nicht in ihrer ganzen Breite, sondern nur in ihren Grundzügen entfaltet werden.

Neuzeitlicher Rationalismus versus neuzeitlicher Materialismus

In der wechselvollen Geschichte der Selbstcharakterisierungen des Menschen kommt es in abgewandelter Form immer wieder zur Herausbildung ähnlicher Menschenbilder. René Descartes (1596–1650) und Gottfried Wilhelm Leibniz (1646–1716) gehören zwar einerseits dem neuzeitlichen Rationalismus an; unübersehbar ist ihr Menschenbild in seinen Grundzügen aber noch dem mittelalterlichen Menschenbild verhaftet, das jedoch schon zur damaligen Zeit umstritten war. Parallel zur Entwicklung des neuzeitlichen Rationalismus verläuft die Entwicklung des neuzeitlichen Materialismus, in der die im Mittelalter unbekannt gebliebene bzw. unterdrückte Weltauffassung des antiken Materialismus zu neuen Ehren kommt. Als materialistische Gegenspieler zu Descartes und Leibniz sollen hier Julien Offray de Lamettrie (1709–1751) und Paul Thiry d'Holbach (1723–1789) vorgestellt werden.

Descartes tritt nicht von außen, in der Perspektive des Beobachters, an den Menschen heran, sondern im eigenen Reflexionsvollzug von innen: »mit mir allein will ich reden, tiefer in mich hineinblicken, und so versuchen, mir mein Selbst nach und nach bekannter und vertrauter zu machen« (1959, S. 61). In der weltabgewandten Reflexion auf mich selbst erkenne ich mich in meiner Innerlichkeit als leibunabhängigen Geist. Descartes entwickelt eine *dichotomische Anthropologie*, nach der der Mensch »aus Körper und Geist zusammengesetzt ist« (1959, S. 147). Den Körper bezeichnet er als ein ausgedehntes Etwas (lat. *res extensa*) und den Geist als ein denkendes Etwas (lat. *res cogitans*). Beide sind zwei wesensverschiedene Substanzen, denn der Geist kann »keineswegs aus den bewegenden

Kräften der Materie abgeleitet werden« (1960, S. 97). Descartes kennzeichnet die geistige Substanz als immateriell, unsterblich und ungezeugt: Bei ihm – wie bei den Denkern des Mittelalters – verdankt der vom Körper unabhängige Geist seine Existenz direkt dem Wirken Gottes, und deshalb sind bei ihm Gott und Mensch enger verbunden als Welt und Mensch. Das eigentliche Wesen des Menschen ist sein denkender Geist. Es ist gewiß, »daß ich von meinem Körper wahrhaft verschieden bin und ohne ihn existieren kann« (1959, S. 141). Gleichwohl ist der Geist aber »so eng mit ihm [dem Körper] verbunden, daß er mit ihm eine Art von Einheit bildet« (1959, S. 29). Das Verhältnis von Geist und Körper denkt er nicht wie das Mittelalter entsprechend dem Verhältnis von Form und Materie: Der Geist ist für ihn nicht die Form des Körpers. Davon ausgehend, daß gewisse Veränderungen des Geistes Veränderungen im Körper verursachen und umgekehrt, postuliert er vielmehr die Existenz eines bestimmten Gehirnorgans, durch das die Wechselwirkungen zwischen Geistigem und Körperlichem bewerkstelligt werden. Dieses Gehirnorgan identifiziert er mit der damals entdeckten Zirbeldrüse (Epiphyse).

Leibniz liefert für die Beziehung zwischen Geist und Körper eine andere Erklärung. Für ihn ist die geistige Substanz eine einfache Größe, die er Monade (griech. *monas*, Einheit, Eins) nennt. Monaden sind immaterielle Einheiten, die ihre Existenz unmittelbar dem Wirken Gottes verdanken. Damit stehen sie auch Gott näher als der Welt. Sie sind in sich geschlossene Größen (»fensterlos«), die ihre inneren Zustände und Tätigkeiten – wie Erleben, Denken, Wollen – aus sich heraus produzieren: Dies »gibt in ihnen eine Selbstgenügsamkeit, die sie zu Quellen ihrer inneren Handlungen und sozusagen zu unkörperlichen Automaten macht« (1965, S. 447). Die menschliche Geistmonade ist zwar von allem Körperhaften wesensverschieden, gleichwohl aber an einen Körper gebunden. Es gibt keine reinen Geister ohne Körper. »Allein Gott ist vom Körper gänzlich befreit« (1965, S. 473). »Der Körper, der zu einer Monade gehört [...], bildet [mit dem Geist] zusammen« den Menschen (1965, S. 469). Was das Verhältnis zwischen Körper und Geist anbelangt, so bestreitet er im Gegensatz zu Descartes, daß sie beide aufeinander Einfluß nehmen können: »Die Seele folgt ihren eigenen Gesetzen und ebenso der Körper den seinen« (1965, S. 475). Die Körper wirken so, »als ob sie (was unmöglich ist) keine Seelen hätten; und [...] die Seelen handeln so, als ob sie keinen Körper hätten; und [...] alle beide zusammen handeln, als ob sie sich gegenseitig beeinflußten.« (1965, S. 477) Wenn aber zwischen Körper und Seele keinerlei Beziehung besteht, wie kommt es dann zur Verbindung etwa meines Wunsches den Arm zu heben und dem Heben des Armes selbst? Die Antwort von Leibniz hierauf ist das

Prinzip der »prästabilierten Harmonie« (1965, S. 477), das an die Stelle von Descartes' Zirbeldrüse tritt. Prästabilierte Harmonie meint in diesem Zusammenhang: Gott hat von Anbeginn Körper und Seele so geschaffen, daß sie (während sie nur ihren eigenen Gesetzen folgen) doch mit dem jeweils anderen zusammenstimmen, *als ob* ein gegenseitiger Einfluß stattfände. Nach Leibniz darf man sich die Übereinstimmung von Körper und Geist nach der Analogie von zwei Uhren vorstellen, die mit solcher Präzision hergestellt sind, daß sie – ohne in irgendeiner Wechselwirkung miteinander zu stehen – dennoch ohne die geringste Abweichung unablässig parallel zueinander laufen.

Daß Leibniz zur Veranschaulichung das Beispiel von zwei Uhren wählt, ist kein Zufall: Wir befinden uns im Zeitalter des mechanistischen Weltbildes, nach dem alle Dinge den Gesetzen der Mechanik unterliegen. Deswegen vergleicht man in dieser Epoche die Wirklichkeit gerne mit einer Uhr oder Maschine. Schon für Descartes sind alle materiellen Dinge mechanisch arbeitende »Maschinen« (1960, S. 91). Davon bildet auch der menschliche Körper keine Ausnahme. Allein der von allem Körperhaften unabhängige menschliche Geist ist den Gesetzen des mechanistischen Weltzusammenhangs nicht unterworfen. Selbst die Tiere sind für Descartes nichts weiter als mechanisch arbeitende Automaten. Hiergegen erhebt Leibniz jedoch entschieden Einspruch. Zwar ist auch nach ihm »jeder organische Körper [...] eine Art [...] Maschine« (1965, S. 469) und die Wirklichkeit insgesamt eine Weltmaschine (»Maschine des Universums«, 1965, S. 479), zugleich ist dies aber nicht die eigentliche Bestimmung der Dinge. Die Pflanzen und die Tiere besitzen zwar nicht – wie die Menschen – Vernunft und Geist und sind auch nicht der Selbst-, Welt- und Gotteserkenntnis fähig, dennoch sind sie keine seelenlosen Maschinen, sondern ihrerseits Monaden besonderer Art. So verfügen etwa die Tiere durchaus über innere Zustände und Tätigkeiten, etwa Erleben, Wahrnehmung, Gedächtnis.

In ihrem Weltverständnis bleiben Descartes und Leibniz in einigen wesentlichen Punkten der Tradition des christlichen Mittelalters verhaftet. Dies wird insbesondere darin deutlich, daß beide die Welt für das Werk eines überweltlichen Schöpfers halten. Sie ist eine erschaffene Maschine mit einer harmonischen Ordnung, innerhalb derer der Mensch die Krone und den Mittelpunkt darstellt. Der mit einem unsterblichen Geist begabte Mensch gehört aber selbst als Krone und Mitte der Schöpfung nicht so sehr zur Schöpfung als vielmehr zu seinem Schöpfer. Denn gerade als Geist ist er weder ein Wesen *der* Natur noch ein Wesen *aus der* Natur, sondern vielmehr ein Wesen, das seine Existenz unmittelbar dem Wirken Gottes verdankt und sich hierbei als sein Ebenbild begreift. Dies sehen Lamettrie und Holbach als die materialistischen Gegenspieler von Descartes und Leibniz ganz anders.

Lamettrie und **Holbach** treiben die mechanistische Weltauffassung ins Extrem, indem sie nicht nur die Eigenständigkeit des Geistes, sondern auch die Existenz Gottes und mithin das Geschaffensein der Welt bestreiten. In ihrem Menschen- und Weltbild bricht sich ein Materialismus Bahn, in dem zwar neue Motive und Gesichtspunkte gewonnen werden, dessen Kernaussagen sich aber mit denen des antiken Materialismus dekken: Beide vertreten die Auffassung, daß sich alles Geistige auf Körperliches zurückführen lasse. Durch nichts erhebt sich der Mensch über die Welt, denn er ist nichts weiter als ein Stück Natur. Lamettrie und Holbach widersprechen Descartes und Leibniz ausdrücklich. Sie halten die Annahme einer vom Körper wesensverschiedenen geistigen Substanz für eine »Hypothese [...], die schlicht unverständlich ist« (Lamettrie 1985, S. 17). Die immaterielle Seele ist »ein Hirngespinst [...,] eine Gedankenbildung« (Holbach 1984, S. 87). Im Titel seiner Schrift »Der Mensch eine Maschine« von 1748 spielt Lamettrie auf die von Descartes vertretene mechanistische Theorie an, nach der Tiere Maschinen oder Automaten sind. Was wir Geist oder Seele nennen, ist »nur der Körper selbst [...], betrachtet im Hinblick auf einige seiner Funktionen oder Fähigkeiten, die er seiner besonderen Natur und Gestaltung verdankt.« (1985, S. 67) Alle »Funktionen der Seele« hängen von der »Organisation des Gehirns und des gesamten Körpers ab« (1985, S. 67). Die Seele ist »überhaupt nicht vom Körper unterschieden«, sondern »Seele und Körper [sind] ein und dasselbe [...], betrachtet unter verschiedenen Gesichtspunkten« (Holbach 1984, S. 89 und 289). Als Gehirnfunktion ist der Geist ein unselbständiger Teil des Körpers, der so vergänglich ist wie der Körper selbst. Die Unsterblichkeitsidee ist eine »Illusion«, und der Mensch ist »wie alle anderen Dinge ein Produkt der Natur« (Holbach 1984, S. 213 und 75).

In diesem Zusammenhang äußern Lamettrie und Holbach bereits die Vermutung, daß der Mensch das Produkt eines *natürlichen Entwicklungsprozesses* sein könnte (wie dies rund ein Jahrhundert später dann Darwin in seiner Evolutionstheorie darzustellen vermochte). Lamettrie mutmaßt, daß der Mensch irgendwann »per Zufall an irgendeinem Punkt der Erdoberfläche erschienen ist, ohne daß man sagen könnte, wie und warum« (1984, S. 60). Ähnlich stellt Holbach die Hypothese auf, »daß der Mensch ein im Laufe der Zeit entstandenes Produkt ist, daß er etwas Besonderes auf dem Erdball ist, den wir bewohnen, daß er folglich nicht älter sein kann als dieser Erdball selbst und daß er ein Ergebnis der besonderen Gesetze ist, die den Erdball leiten« (1984, S. 76). Mit der Unterordnung des

Geistes unter den Körper geht bei beiden materialistischen Denkern eine Aufwertung des sinnlichen Trieblebens gegenüber einem an der Vernunft orientierten, sinnenfeindlichen Leben einher.

Im Gegensatz zu Descartes und Leibniz ordnen Lamettrie und Holbach den Menschen radikal in die Natur ein. Für sie hat die Welt weder ein Ziel noch einen Grund. Sie besitzt keine zweckmäßige Ordnung, der Attribute wie Schönheit und Vollkommenheit (die antike Kosmosvorstellung) zukommen. Das Ganze des mechanistischen Kausalzusammenhangs führt Holbach auf Materie und Bewegung zurück: »Das Universum, diese große Vereinigung alles Existierenden, zeigt uns überall nur Materie und Bewegung«. Dieses Universum ist »das große Ganze [...], außerhalb dessen nichts existieren kann« (1984, S. 28, 32). Und der Mensch ist ein verschwindender und vergänglicher Teil dieses Ganzen und denselben Gesetzen unterworfen wie alle übrigen Dinge.

Der Deutsche Idealismus

Mit einem Standpunkt, wie ihn Lamettrie und Holbach vertreten, können sich die sogenannten Deutschen Idealisten Immanuel Kant (1724–1804), Johann Gottlieb Fichte (1762–1814), Georg Wilhelm Friedrich Hegel (1770–1831) und Friedrich Wilhelm Joseph Schelling (1775–1854) nicht anfreunden. Im Gegenteil. Sie heben das menschliche Ich nicht nur radikal aus der Sphäre der Natur heraus und definieren es als weltüberlegene Vernunft, sondern steigern es – wenn man die Entwicklung von Kant hin zu Hegel insgesamt überschaut – zu einer solchen Mächtigkeit, daß es allmählich seine menschlichen Züge verliert und selbst göttliche Qualitäten annimmt. Pointiert gesprochen: Im Deutschen Idealismus sind Mensch und Gott einander nicht nur wesensverwandter als Mensch und Welt; vielmehr scheint der Mensch sogar Gott zum Verwechseln ähnlich zu werden. Überdies verbindet alle vier Philosophen miteinander, daß für sie der eigentliche Rang des Menschen in einem vernünftigen und moralischen, nicht aber in einem triebbestimmten und sinnlichen Leben liegt. Exemplarisch soll dies hier anhand der Gedankenwelt von Kant und Hegel beleuchtet werden.

Im Gegensatz zu Lamettrie und Holbach betont **Kant**, daß sich der Mensch nicht vollständig in die Natur einordnen läßt. Mit Entschiedenheit widersetzt er sich den »freche[n] und das Feld der Vernunft verengende[n] Behauptungen des Materialismus, Naturalismus und Fatalismus« (1968, Bd. IV, S. 363). Zwar leugnet er nicht, daß der Mensch *auch* ein Naturwesen ist und als ein solches das Schicksal aller Lebewesen teilt: Der Mensch ist ein

Teil der »äußeren Sinnenwelt« und hat als solcher den Charakter eines »thierischen Geschöpfs, das die Materie, daraus es ward, dem Planeten (einem bloßen Punkt im Weltall) wieder zurückgeben muß, nachdem es eine kurze Zeit [...] mit Lebenskraft versehen gewesen« (1968, Bd. V, S. 162). Doch damit ist nicht das letzte Wort über den Menschen gesprochen. Denn wäre dies das letzte Wort, so würden die Menschen »durch die Natur [...] gleich den übrigen Thieren der Erde unterworfen sein und es auch immer bleiben, ein weites Grab sie insgesammt [...] verschlingt und sie, die da glauben konnten, Endzweck der Schöpfung zu sein, in den Schlund des zwecklosen Chaos der Materie zurück wirft, aus dem sie gezogen waren.« (1968, Bd. V, S. 452) Nun gibt es aber etwas im Menschen, das ihn von allen übrigen Dingen unterscheidet und ihn aus der äußeren Sinnenwelt heraushebt: »Daß der Mensch in seiner Vorstellung das Ich haben kann, erhebt ihn unendlich über alle andere auf Erden lebende Wesen.« (1968, Bd. VII, S. 127) Jedoch ist es nicht das Ich oder Selbstbewußtsein allein, das den Menschen radikal von der Natur ablöst. Es ist vor allem »das moralische Gesetz in mir« (1968, Bd. V, S. 161), das mich aus dem Naturzusammenhang herausnimmt. Es ist hier nicht der Ort, Kants scharfsinnige Ausführungen zum moralischen Gesetz nachzuzeichnen. Von Wichtigkeit ist hier allein, daß das *moralische Ich* kein Teil der äußeren Naturwelt ist, sondern Angehöriger einer übersinnlichen Vernunftwelt. Für das naturentrückte moralische Ich ist charakteristisch, daß es sich frei der Pflicht unterwirft, dem von der praktischen Vernunft erlassenen Sittengesetz zu folgen. Bedeutsam ist dabei vor allem, daß Kant den Menschen als ein Doppelwesen (»Bürger zweier Welten«) begreift, das zwar einerseits zur natürlichen Sinnenwelt gehört und ihr – als moralisches Ich – dennoch nicht angehört. Er bringt diesen Doppelaspekt auch mit anderen Worten zum Ausdruck: Der Mensch ist zwar ein »Teil der Erdgeschöpfe«, aber ein »mit Vernunft begabtes Erdwesen« (1968, Bd. VII, S. 119). Ähnlich wie bei Descartes die geistige Substanz und bei Leibniz die Geistmonade besitzt bei Kant das vernünftige und moralische Ich eine von der äußeren Natur unabhängige Existenz und führt »ein von der Thierheit und selbst von der ganzen Sinnenwelt unabhängiges Leben« (1968, Bd. V, S. 162). Von diesem naturunabhängigen moralischen Ich sagt auch Kant (wie viele seiner Vorgänger), daß es unsterblich sei. Allerdings hält er die Unsterblichkeit nicht für eine im strengen Sinne beweisbare Behauptung.

Welche Stellung und Bedeutung hat nun der teils der Natur unterworfene, teils der Natur entrückte Mensch in der Welt? Für *Kants Weltverständnis* sind vor allem drei Punkte wesentlich: *Erstens* ist für ihn – ähnlich wie für Descartes, Lamettrie und Holbach – die äußere Sinnenwelt ein kausaler Naturmechanismus. *Zweitens* jedoch stellt für ihn dieser kausale Naturmechanismus, anders als für Descartes und die Materialisten, *nicht* die von der menschlichen Erkenntnis unabhängige Welt an sich dar. Kant unterscheidet hier zwischen »Erscheinungen« und »Dingen an sich«: Wie die von unserem Erkenntnisapparat unabhängigen Dinge an sich (als solche) beschaffen sind, können wir seiner Auffassung nach nicht wissen. Denn wir erkennen die Dinge immer und mit Notwendigkeit nur so, wie sie uns erscheinen, und das heißt: bedingt durch unseren Erkenntnisapparat, also unsere Wahrnehmungs- und Denkfähigkeit. In diesem Sinne ist auch das mechanistische Weltgebäude, der kausale Naturmechanismus, eine Konstruktion des menschlichen Erkenntnisapparats. Dieses Weltgebäude entspricht also nicht einer von unserer Erkenntnisfähigkeit unabhängigen Welt bzw. Realität als solcher. Denn die Realität, so wie sie an sich und unabhängig von unserem Erkenntnisvermögen beschaffen ist (die Welt der »Dinge an sich«), muß uns Menschen für immer unerkennbar bleiben. *Drittens* aber darf das mechanische Weltgebäude zugleich auch als ein zweckmäßiger Systemzusammenhang gedacht werden, der sich der weisen Absicht eines göttlichen Urhebers verdankt und in dem der Mensch die Krone der Schöpfung darstellt.

Kant vertritt die Vorstellung von der Welt als einem zweckmäßigen Zusammenhang in einer gewissen Anlehnung an die christliche Tradition. Jedoch betont er auch hier wieder, daß diese Auffassung von der Welt nicht in einem strengen Sinne beweisbar ist. Die Sonderstellung des Menschen im Naturganzen verdankt sich seinem moralischen Ich. Als bloßes Naturwesen erscheint der Mensch im riesigen Weltall als nichtig, unerheblich und entbehrlich. Dabei kann von ihm nicht gesagt werden, »daß die Natur ihn zu einem besondern Liebling aufgenommen und vor allen Thieren mit Wohltun begünstigt habe«, im Gegenteil, er wird von Unheil und Tod »eben so wenig verschont, wie jedes andere Thier« (1968, Bd. V, S. 430). Als moralisches Ich aber ist der Mensch wichtig und bedeutsam. Kant geht sogar so weit zu sagen, daß die ganze Welt »zu nichts da sein würde, wenn es [...] nicht Menschen [...] gäbe; d.i. daß ohne den Menschen die ganze Schöpfung eine bloße Wüste, umsonst und ohne Endzweck sein würde« (1968, Bd. V, S. 442). Das, was dem Menschen »absoluten Werth« (1968, Bd. V, S. 442; 411) verleiht, ist seine moralische Vernunft. Vom moralischen Ich sagt Kant, daß es »Endzweck [...] der Schöpfung« (1968, Bd. V, S. 434; 396) sei, und zwar insofern, als es im Unterschied zu allen übrigen Dingen als einziges seinen Zweck in sich selbst trägt. Dieser besteht eben darin, um der Sittlichkeit willen moralisch handeln zu wollen. Damit dürfte deutlich sein, daß für Kant der Mensch gleichermaßen ein entbehrliches *Werk der Natur* ist wie auch eine die Welt überragende *Sonderstellung* besitzt.

Ähnlich vehement wie Kant wendet sich auch **Hegel** gegen den Materialismus, »welcher das Denken als ein Resultat des Materiellen darstellt«, denn seiner Auffassung nach gibt es »nichts Ungenügenderes« als eine solche Position (1970, S. 49). Er interpretiert den Menschen von der Vernunft her. Zugleich durchbricht er aber die extreme Form der Innerlichkeit, wie sie bei seinem Vorgänger Fichte vorherrscht. Für ihn ist die Welt zwar auch ein Produkt des Geistes und ein Vernunftzusammenhang, jedoch ist die weltschöpferische Vernunft, die er »absoluten Weltgeist« oder »absoluten Geist« nennt, nicht identisch mit der menschlichen Vernunft. Auch wenn der Mensch als Träger der Vernunft der Gipfelpunkt im Vernunftzusammenhang der Wirklichkeit ist, so ist er doch nur ein Teil des Ganzen. Der in den Vernunftzusammenhang eingeordnete Mensch ist seinem Wesen nach »subjektiver Geist« (1970, S. 38). Der subjektive Geist ist das endliche Ich, als das jeder von uns sich selbst kennt und weiß.

Hegel läßt verschiedene Stufen des subjektiven Geistes auseinander hervorgehen: Die elementarste Stufe des subjektiven Geistes ist ein verworrenes Empfinden, das allmählich und über mehrere Stufen aufsteigt und sich fortentwickelt hin zum sich selbst durchsichtigen Selbstbewußtsein, in dem der subjektive Geist weiß, daß er *reines Denken* ist. Denn es ist allein das Denken, wodurch sich der Mensch vom Tier unterscheidet. Der menschliche Geist besitzt zwar gegenüber dem Körper eine gewisse Selbständigkeit, kann aber in dieser Welt nicht ohne Körper existieren. So gibt es durchaus eine Verbindung »des Körpers« mit dem Geiste (1970, S. 44). Allerdings liegt das Schwergewicht der Ausführungen Hegels nicht so sehr auf der Herausarbeitung der Gemeinschaft von Körper und Geist als vielmehr auf der Darstellung der Verwandtschaft des endlichen subjektiven Geistes mit dem absoluten Weltgeist.

Wie gesagt ist nach Hegel die Welt ein Vernunftzusammenhang, in dem sich der absolute Weltgeist entfaltet. Dieser ist zwar etwas Göttliches, darf aber nicht mit dem außerweltlichen Schöpfer des Christentums verwechselt werden, denn er gehört in die Welt hinein und ist gewissermaßen diese selbst. Die Welt beschreibt Hegel (anders als Descartes, Leibniz oder die französischen Materialisten) nicht als ein Uhrwerk, als einen mechanischen Kausalzusammenhang, sondern als einen auf ein Ziel ausgerichteten Entwicklungsprozeß, bei dem jede frühere Stufe als notwendiger Durchgang zu der nächsthöheren Stufe zu verstehen ist. Der Prozeß verläuft von der bloßen Materie über die anorganische und organische Natur hinauf zum menschlichen Geist. Diese Entwicklung interpretiert Hegel als die allmähliche Selbstverwirklichung und Selbstbewußtwerdung des absoluten Weltgeistes. Das in der bloßen Materie beginnende Weltgeschehen hat seinen Ziel- und Fluchtpunkt im menschlichen Geist. In ihm kommt der absolute Weltgeist zum Bewußtsein seiner selbst, und zwar genau dann, wenn der Mensch ihn als Weltgeist begreift und ihn sich in der Vielfalt seiner Gestalten und Prozesse, in denen der Vernunftzusammenhang der Welt verkörpert ist, vorstellt und denkt. Wohlgemerkt: Der Mensch als das Ziel der Weltentwicklung ist nicht selbst der absolute Weltgeist; er ist nur das Bewußtsein des absoluten Weltgeistes, insofern er um diesen Geist und um die Welt weiß. Dies meint aber nicht weniger, als daß das Wissen, mit dem der absolute Weltgeist um sich und um die Welt weiß, *unser eigenes menschliches Wissen* ist, und zwar immer dann, wenn es sich zu der Erkenntnis erhebt, daß die *Welt ihrem Wesen nach ein Vernunftzusammenhang* ist. Somit wäre es zu wenig zu sagen, daß der absolute Weltgeist in uns ist, und zu viel zu sagen, daß wir der absolute Weltgeist selbst sind. Hegels Position treffend auf den Punkt bringt die Formulierung, daß wir Menschen das Selbstbewußtsein des absoluten Weltgeistes sind.

Die nachidealistische Willensphilosophie

Schelling, der letzte der großen Denker des Deutschen Idealismus, begann seine Laufbahn als Vernunftphilosoph, hat jedoch – anders als Hegel – diese Position im Laufe seines Lebens allmählich überwunden. In seiner nur schwer zugänglichen Spätphilosophie überschreitet er die Grundpositionen des Deutschen Idealismus in mehrerlei Hinsichten. Ihn überkommen nämlich Zweifel nicht nur an der Macht der Vernunft, sondern auch an der Vernünftigkeit der Welt. Seine Zweifel an der Macht der Vernunft äußern sich darin, daß er ihr nicht mehr zutraut, die Welt wirklich verstehen zu können. Daher greift er einerseits wieder auf traditionelle religiöse Vorstellungen zurück: Die Welt ist das frei gewirkte Werk eines allmächtigen Schöpfers, und der Mensch ist das Endziel der Schöpfung. Der Mensch gilt ihm also als Krone und Mitte der von Gott geschaffenen Welt. Zugleich mit diesem traditionellen Standpunkt vertritt der späte Schelling aber auch eine ganz andere Position und entdeckt in der Welt, die der Deutsche Idealismus (und also auch er in seiner Jugend) als von Vernunft durchwaltet beschrieben hatte, sehr viel Unvernunft. Er beobachtet in der gesamten Wirklichkeit Chaos, Unordnung, Drang und Begierde. Dabei sieht er im menschlichen Geist nicht mehr so sehr die Vernunft am Werke: »Das tiefste Wesen des Geistes ist [...] Sucht, Begierde, Lust.« (Schelling 1985, S. 78) Die vernunftlose Welt und die sie beherrschenden Kräfte bringt Schelling nun auf den Begriff des *Willens* und zeichnet damit den Weg für die Philosophie von Schopenhauer vor: »Es gibt in der letzten und höchsten

Instanz gar kein anderes Sein als Wollen. Wollen ist Ursein.« (Schelling 1975, S. 46) Entsprechend gilt für den Menschen: »Wille ist daher das eigentlich Innerste des Geistes.« (Schelling 1985, S. 79)

Was sich im Spätwerk Schellings erst ankündigt, kommt in der Willensphilosophie von Arthur Schopenhauer (1788–1860) direkt zum Durchbruch: Im Gegensatz zu den Philosophen des Deutschen Idealismus, die den Menschen radikal vom Geist und von der Vernunft her verstehen, bestimmt sie den Menschen radikal von seinem Leib und vom »Willen« her. Dabei verbindet sie mit Wissenschaftlern wie Karl Marx (1818–1883), Charles Darwin (1809–1882) und Sigmund Freud (1856–1939), daß auch sie den Geist und die Vernunft im Menschen nicht mehr als das Höchste und Wirkungsmächtigste ansehen.

Ähnlich wie die neuzeitlichen Materialisten – Lamettrie und Holbach – ordnet **Schopenhauers** nachidealistische Willensphilosophie den Leib dem Intellekt vor und führt den Intellekt auf Funktionen eines Organs, des Gehirns zurück. In diesem Sinne schreibt Schopenhauer, daß das menschliche Bewußtsein »eine Funktion des Gehirns [ist], welches [...] ein Produkt [...] des Organismus ist.« (1973, S. 259) Jedoch bleibt er an diesem Punkt nicht stehen. Im Gegensatz zu den neuzeitlichen Materialisten vertritt er die Ansicht, daß das innerste Wesen alles Wirklichen nicht die Materie, sondern ein *blinder, dranghafter Wille* sei. Dieser Wille ist mir in einer Erfahrung meiner selbst als Leib zugänglich. Nach Schopenhauer bin ich mir selbst auf zwei ganz verschiedene Weisen gegeben: einmal sozusagen von außen als Objekt meiner *Vorstellung*. Hier erkenne ich meinen Leib als Gegenstand unter Gegenständen. Sodann aber bin ich mir auch von innen gegeben als dranghafter, rastloser *Wille*. Bei einer Einkehr in sich selbst erfährt sich nach Schopenhauer der Mensch nicht (wie in der christlichen Tradition) als Geschöpf Gottes, nicht (wie bei Descartes) als denkende Substanz, nicht (wie bei Hegel) als absolute Vernunft, sondern im Gegenteil als vernunftloser, triebhafter Wille. *Der Mensch ist seinem innersten Wesen nach Wille*. Daher sind auch das Gehirn und der ganze Organismus, dessen Funktion der Intellekt ist, nichts weiter als Erscheinungsweisen dieses vernunftlosen Willens: »Ist doch in der Tat der *Intellekt* die bloße Funktion des Gehirns, der *Wille* hingegen das, dessen Funktion der ganze Mensch seinem Sein und Wesen nach ist.« (Schopenhauer 1973, S. 302) Indem das Gehirn seine Erscheinungsweise ist, ist der vernunftlose Wille aber nicht nur der Hervorbringer des Geistes; er ist auch die bestimmende Macht für dessen Funktionsweise. Der Wille ist sonach nicht nur die letzte »Wurzel« des Geistes, sondern auch sein »Beherrscher« (1973, S. 180). Der Wille ist »das Primäre und Substantiale [...], der *Intellekt* hingegen ein Sekundäres, Hinzugekommenes, ja ein bloßes Werkzeug zum Dienste des ersteren« (1973, S. 264).

Nach Schopenhauer liegt in meiner Selbsterkenntnis als vernunftloser Wille zugleich der Schlüssel zur Erkenntnis des innersten Wesens der *gesamten Natur*. Er überträgt den Begriff des Willens auf alle Naturerscheinungen. So ist der vernunftlose Wille »das Innerste, der Kern jedes Einzelnen und ebenso des Ganzen« (1974, S. 170). Auffällig ist, daß Schopenhauer den Menschen zwar restlos in das Naturgeschehen hineinnimmt, dieses aber, anders als die Deutschen Idealisten, nicht als Entwicklungsprozeß beschreibt. Der Wille, das innerste Wesen des Menschen wie auch der Welt, ist ein rastloser Drang des Habenwollens, der nie befriedigt ist. Daher auch beurteilt Schopenhauer den Willen als etwas existentiell Negatives. Der vernunftlose, triebhafte Wille verspürt stets Mangel und verursacht somit andauerndes Leiden, beim Menschen wie bei allen anderen Lebewesen. Leben ist also Leiden. Der einzige Ausweg aus dem Leiden und Zustand des Mangels besteht im Verzicht und in der Verneinung alles Wollens und triebhaften Strebens, also auch in einer Verweigerung des Geschlechtsaktes und der Fortpflanzung, denn diese schaffen nur neues Leben und damit neues Leid. Zu einer solchen Abkehr von allem Wollen ist allein der Mensch in der Lage, während die Tiere dem Drang des Willens unaufhebbar unterworfen bleiben. Der Mensch allein kann in Gleichgültigkeit gegen alle Dinge ein ebenso willenloses wie leidloses asketisches Leben führen.

Schopenhauer entwertet nicht nur den Geist und die Vernunft zugunsten des Leibes und des Willens, er gehört zugleich auch zu den führenden Denkern des 19. Jahrhunderts, die den Menschen aus (seiner eigenen Verfügungsmacht entzogenen) realen Faktoren zu erklären suchen. Neben Schopenhauer sind in diesem Zusammenhang Darwin, Marx und Freud zu nennen. Für ihre Sichtweise des Menschen ist ein Rückgriff auf naturgeschichtliche, gesellschaftliche bzw. tiefenpsychologische Faktoren charakteristisch.

Darwin ordnet den Menschen radikal in den Naturprozeß ein. Das heißt, der Mensch wird in den Stammbaum der Tiere und letztlich aller anderen Lebewesen einbezogen: Er ist das Produkt einer natürlichen Evolution, die zwar durchaus Weiterentwicklungen von einfachen zu komplexen Lebensformen kennt (etwa von einzelligen zu mehrzelligen Lebewesen), nicht aber einen auf ein Ziel zustrebenden Prozeß darstellt, in dem sich etwa ein göttlicher Wille oder die Vernunft realisieren würde. Der Mensch, wie er heute existiert, ist vielmehr das nur *vorläufige Ergebnis einer Naturgeschichte*, in der die Lebewesen untereinander in ständigem Wettbewerb um günstige Lebensbedingungen stehen und nur die am besten an ihre Umwelt angepaßten Individuen überleben, weil ständig Individuen einer Art in größerer Zahl erzeugt werden als zur Bestandserhaltung dieser Art notwendig sind. So wie der Mensch in diesem Prozeß entstanden ist, so wird er höchstwahrscheinlich eines Tages auch wieder von der Erdoberfläche verschwinden. Was diesen Naturprozeß an- und vorwärtstreibt, ist weder ein übernatürlicher Lenker noch eine höhere Vernunft; wie Darwins Nachfolger im 20. Jahrhundert dann präzisieren sollten, heißen zwei der wichtigsten Konstrukteure der Evolution vielmehr *Mutation* – weitgehend unvorhersehbare und richtungslose Änderung im Erbmaterial – und *Selektion* – natürliche Auslese der am besten an die Umwelt angepaßten Individuen. Das heißt: Der Mensch ist von seinem Ursprung her, wie alle anderen Lebeweisen auch, ein reines Naturwesen, und er ist gänzlich aus natürlichen Faktoren zu erklären.

Marx fügt dieser naturgeschichtlichen Erklärung des Menschen eine gesellschaftliche Erklärung hinzu. Er stellt den Menschen in den Kontext ökonomischer Prozesse und macht von diesen her die Ohnmacht des Geistes verständlich. Der Mensch ist das »Ensemble der gesellschaftlichen Verhältnisse« (1974, S. 371). Sein Denken ist ein Reflex sozioökonomischer Produktionszusammenhänge. Zum besseren Verständnis dieser These sei kurz auf das von Marx entwickelte sogenannte »Basis-Überbau-Schema« eingegangen. Marx unterscheidet zwischen gesellschaftlicher Basis und dem Überbau einer Gesellschaft, den er – wie die Vorsilbe »Über« schon verrät – oberhalb der Basis ansiedelt. Unter »Basis« versteht er die ökonomische Struktur einer Gesellschaft, also die Eigentumsverhältnisse an Produktionsmitteln, die Formen der Güterverteilung, den technischen Stand der Produktion, die Arbeitsverhältnisse usw. Darüber erhebt sich der Überbau, der aus den Bereichen Staat und Recht sowie Religion, Kunst und Philosophie besteht. Von diesen Bereichen sagt Marx, daß sie in die sozioökonomischen Verhältnisse verflochten seien, ja, daß sie von diesen sogar abhängen und sich in dem Maße verändern, wie dies die sozioökonomischen Verhältnisse tun. Hängt aber der Überbau von der Basis ab, so muß auch das menschliche Denken mit all seinen Ideen und Vorstellungen als ein *Reflex* sozioökonomischer Produktionszusammenhänge angesehen werden: »Es ist nicht das Bewußtsein der Menschen, das ihr Sein, sondern umgekehrt ihr gesellschaftliches Sein, das ihr Bewußtsein bestimmt.« (1971, S. 9)

Wenn Marx den Menschen aus gesellschaftlichen Faktoren erklärt, so versteht **Freud** den Menschen tiefenpsychologisch, von seinem Unbewußten und seiner Triebschicht her (Freud läßt sich zwar weder von seinem Bildungsgang als Arzt, noch von seinem Selbstverständnis her, aber doch aus der Rückschau des Philosophiehistorikers in die von Schopenhauer herreichende Traditionslinie einordnen). Dabei betont Freud die Ohnmacht und Unvernünftigkeit des Menschen. Die Fähigkeit zu voll bewußter und kontrollierter Selbststeuerung und Vernünftigkeit ist für ihn eher ein außergewöhnliches denn ein regelmäßiges Kennzeichen psychischer Prozesse. Daher teilt er die menschliche Psyche in drei Instanzen auf: »Über-Ich, Ich und Es sind die drei Reiche, Gebiete, Provinzen, in die wir den Seelenapparat zerlegen« (1969, S. 510). Unter »Über-Ich« versteht er die im Laufe der Kindheitsgeschichte verinnerlichten moralischen Vorschriften und gesellschaftlichen Normen, deren Nichtbefolgung zumeist ein schlechtes Gewissen nach sich zieht; »Es« bezeichnet hingegen die menschliche Triebschicht; »Ich« schließlich meint diejenige Instanz, die zwischen den Drohungen und Gewissensbissen der Über-Ich, den Trieben und Wünschen des Es und den Anforderungen der Außenwelt (also auch anderer Menschen) vermittelt. Zwar soll der Mensch über sich selbst Herr werden, soll das Ich die unterschiedlichen Ansprüche und Anforderungen von Es, Über-Ich und Außenwelt aufeinander abstimmen und möglichst souverän steuern und sich nicht blind vom eigenen Triebleben und unbewußten Wünschen steuern lassen. Doch gelingt ihm dies keineswegs immer. Im Gegenteil, der Mensch ist zumeist »nicht [...] Herr [...] im eigenen Haus« (1969, S. 284).

Was Darwin, Marx und Freud mit Schopenhauer verbindet, ist die Tatsache, daß sie den Menschen nicht mehr »von oben« (Gott, Vernunft, Geist), sondern »von unten« (Natur, Leib, Trieb, Gesellschaft) her auslegen und dabei deutlich machen, wie wenig der Mensch die Bedingungen seiner eigenen Existenz in der Hand hält.

Die Philosophische Anthropologie

Die Philosophischen Anthropologen Helmuth Plessner (1892–1985) und Arnold Gehlen (1904–1976) betonen insbesondere, der Mensch sei leibhaftes Selbst in einer natürlichen Welt. Allerdings sind die Ansätze der Philosophischen Anthropologen zweideutig. Einerseits betonen sie die Naturgebundenheit der menschlichen Existenz; andererseits jedoch heben sie die menschliche Existenz aus der Natur heraus: Der Mensch sei zwar einerseits ein Teil der Natur, andererseits lasse er sich aber nicht auf ein Naturwesen reduzieren.

Plessner beschreibt das Lebendige als eine gestufte Ordnung von der anorganischen Natur über die Pflanzen und Tiere hin zum Menschen. Sein Leitbegriff ist »Positionalität« (1981, S. 181). Dieser Begriff bedeutet bei ihm die Art und Weise, wie die Lebewesen zu sich selbst und zu ihrer Umwelt in Beziehung stehen:

Anorganische Körper nehmen einfach nur einen Raum ein. *Pflanzen* als organische Gebilde dagegen haben einen Ort in der Natur, den sie behaupten und mit dem sie über die äußeren Grenzen ihres Körpers hinaus in Wechselbeziehung stehen: Sie leben sowohl auf ihr Umfeld hin als auch im Gegensinne zu sich zurück. Im Unterschied zu Pflanzen leben *Tiere* aus einer *Mitte* heraus auf ihre Umwelt hin und im Gegensinne von ihrer Umwelt her in diese Mitte hinein. Diese Mitte bezeichnet die Innenseite der Tiere; sie steht für das, was wir gewöhnlich mit Erleben, Vorstellen, Empfinden, Erinnern usw. der Tiere umschreiben: »Das Tier lebt aus seiner Mitte heraus, in seine Mitte hinein, aber es lebt nicht als Mitte.« (Plessner 1981, S. 360) Das heißt: Das Tier lebt *zentrisch positional.*

Als Mitte lebt der *Mensch*, insofern er sich als Mitte *weiß*. Das Tier ruht in sich selbst, ohne um sich selbst zu wissen. Es lebt und erlebt, aber es erlebt nicht sein Erleben. Dies vermag nur, wer aus seiner Mitte herausgesetzt ist, zu seiner Mitte so Distanz hat, daß er die Mitte als Mitte erfahren kann. Dies ist beim Menschen der Fall, insofern er als Ich außerhalb seiner selbst steht. Das heißt: Der Mensch lebt *exzentrisch positional.*

Diese Exzentrizität ist für Plessner die Grundbestimmung des Menschen, der Punkt, von dem aus er die Sonderstellung des Menschen darlegt. Der Mensch, der als Ich außerhalb seiner selbst steht, ist sich in zweifacher Weise gegeben: als Körper und als Leib. Obwohl beide in materialer Hinsicht keine voneinander verschiedenen Natursysteme sind, so fallen sie von dem außerhalb ihrer gelegenen Blickpunkt des Ich betrachtet doch nicht zusammen: Der Mensch *ist* Leib, *hat* aber einen Körper: Als *Körper* ist er ein Ding unter Dingen der realen Welt – eine *objektive Tatsache.* Als *Leib* ist er die Innendimension des Körpers, eine absolute Erlebnis- und Handlungsmitte mit ihrem je eigenen Umfeld, mit ihrem je eigenen Leibempfinden usw. – ein *subjektiver Befund.* Folglich ist jeder einzelne Mensch gleichzeitig ein Dreifaches: Er ist Körper, er ist *im* Körper als Leib, und er ist *außer* dem Körper »als Blickpunkt, von dem aus er beides ist.« (1981, S. 365)

Der Mensch als Dreiheit aus Körper, Leib und Ich *ist* nur, wenn er sich aus sich heraus vollzieht: »Der Mensch lebt nur, indem er ein Leben führt« (1981, S. 384). Als außerhalb seines Körpers und seines Leibes gelegenes Ich ist er nicht – wie die Pflanzen und Tiere – in eine natürliche Umwelt eingepaßt, sondern muß sich die ihm gemäße Welt überhaupt erst aufbauen. Diese ist die Kulturwelt. Der Mensch ist von Natur aus gezwungen, sich eine Kultur zu schaffen. Dabei hat der Mensch die künstliche Welt der Kultur, die von der Erfindung lebenserhaltender Werkzeuge bis zur Erschaffung von Kunstwerken reicht, nicht nur nötig, um sein Dasein zu fristen, sondern auch, um sich in der Welt heimisch zu fühlen. Von Natur aus heimatlos, versucht sich der Mensch durch Kultur Geborgenheit und Sinn zu geben. Plessner spricht in diesem Zusammenhang von der »konstitutiven Heimatlosigkeit des menschlichen Wesens« (1981, S. 383). Diese ergibt sich aus seiner Exzentrizität, nach der er als körper- und leibentrücktes Ich von Natur aus außerhalb der Natur steht und von Natur aus nirgendwo zu Hause ist. Der an das Hier und Jetzt seines Körpers und Leibes gebundene Mensch ist als exzentrisch positionales Ich zugleich »ortlos, zeitlos, ins Nichts gestellt« (1981, S. 391).

Anders als etwa Descartes ist Plessner nicht der Ansicht, daß der Mensch in zwei wesensverschiedene Teile zerfällt, von denen der eine zur Sphäre der Natur und der andere zur Sphäre des Göttlichen gehört. Vielmehr ordnet er den Menschen radikal in die Natur ein, indem er immer wieder betont, daß der Mensch von Natur aus so ist, wie er ist, und daß nichts am Menschen von einem außerweltlichen Gott oder von einer absoluten Vernunft herstammt. Auch wenn Plessner kaum auf die Evolutionstheorie Darwinscher Prägung eingeht, so steht für ihn doch die »Entstehungsgeschichte des Lebens« außer Zweifel (1981, S. 429). Gleichwohl durchzieht Plessners Ansatz eine gewisse Zweideutigkeit: Der Mensch ist zwar ein Naturwesen, als exzentrisch positionales Ich zugleich aber der Natur »von Natur aus« entrückt. In dem Maße, wie er aus der Sphäre der Natur herausgesetzt ist, ragt er jedoch in eine Sphäre hinein, die in der philosophischen Tradition als »Göttliches« oder als »Vernunft« bezeichnet wurde. Fällt diese Sphäre weg, so hinterläßt dies offenkundig ein Nichts. Daß das exzentrisch positionale Ich »ins Nichts gestellt« ist, heißt: es ist von Natur aus naturentrückt, heimatlos und völlig sich selbst überlassen. Genau dies sind aber die Leerstellen, die zurückbleiben, wenn man die unmittelbare Abhängigkeit des menschlichen Ich von Gott oder von der Vernunft aufhebt. So wird bei Plessner zwar das Ich von der Natur her verstanden, aber im Hinblick auf Gott bestimmt. Denn an der Stelle, wo bei Plessner das heimatlose Nichts steht, in welches das naturentrückte Ich hineinragt, steht im Christentum Gott. Plessner läßt also die Stelle Gottes einfach leer. Anders gesagt: Eine Systemstelle, die im christlichen Denken Gott ausfüllt, bleibt bei ihm unbesetzt, besteht jedoch im System seiner Welterfahrung fort. Dagegen läßt ein konsequent naturalistisches Denken, dem sich Plessner jedoch verschließt, die Systemstelle Gottes nicht nur leer, sondern beseitigt darüber auch noch die Leerstelle, die das Fehlen Gottes hinterläßt. Wer diese Leerstelle beseitigt, bemerkt das Fehlen Gottes nicht einmal mehr.

Ähnlich wie Plessner möchte **Gehlen** dem Menschen eine Sonderstellung gegenüber den Tieren sichern. Diese läßt sich nach Gehlens Ansicht jedoch nicht durch einen Begriff wie den des exzentrisch positionalen Ichs sichern. Gehlen läßt das Problem des Zusammenhangs von Leib und Seele, Körper und Geist vielmehr auf sich beruhen und wählt einen Ansatz, der gegenüber Fragen nach der leibseelischen Struktur des Menschen neutral ist. Der Schlüsselbegriff, von dem her er den Mensch interpretiert, ist die Handlung. Gehlens anthropologische Grundthese lautet: Der Mensch ist ein *»handelndes Wesen«* (1978, S. 23), und zwar insofern, als er in sich die Aufgabe vorfindet, sein Leben zu führen und sein Dasein zu meistern. Gehlen interpretiert alles menschliche Verhalten unter dem Gesichtspunkt der Selbsterhaltung und Daseinsmeisterung, denn der Mensch handelt nicht aus Spaß oder zum bloßen Zeitvertreib, sondern aus ernster Not. Genau dies unterscheidet nach Gehlen den Menschen vom Tier. Der Mensch muß sich handelnd um sein Leben kümmern, weil er ein »Mängelwesen« ist (1978, S. 20):

> Der Mensch ist »im Gegensatz zu allen höheren Säugern hauptsächlich durch *Mängel* bestimmt, die jeweils im exakt biologischen Sinne als Unangepaßtheiten, Unspezialisiertheiten, als Primitivismen, d. h. als Unentwickeltes zu bezeichnen sind: also wesentlich negativ. Es fehlt das Haarkleid und damit der natürliche Witterungsschutz; es fehlen natürliche Angriffsorgane, aber auch eine zur Flucht geeignete Körperbildung; der Mensch wird von den meisten Tieren an Schärfe der Sinne übertroffen, er hat einen geradezu lebensgefährlichen Mangel an echten Instinkten und er unterliegt während der ganzen Säuglings- und Kinderzeit einer ganz unvergleichlich langfristigen Schutzbedürftigkeit.« (1978, S. 33)

Nach Gehlen entspricht dem menschlichen Mangel an Instinkten und organischer Ausstattung die »Weltoffenheit« des Menschen (1978, S. 35). Weltoffenheit meint, daß dem Menschen die Welt eine unbestimmte und offene Sphäre ist, die ihm von sich aus weder Orientierung noch Vertrautheit gibt. Aufgrund seiner Instinktarmut, Unspezialisiertheit und Weltoffenheit ist der Mensch nicht wie die Tiere in die Umwelt eingepaßt, sondern muß seinen Bezug zur Welt immer neu herstellen und sichern. Unter Berufung auf Friedrich Nietzsche (1844–1900) bestimmt Gehlen in diesem Zusammenhang den Menschen als das »noch nicht festgestellte Tier« (1978, S. 10): Er ist als durch Instinktarmut, Unspezialisiertheit und Weltoffenheit geprägtes Mängelwesen noch irgendwie unfertig. Deshalb stellt sich ihm die Frage nach seinem bloßen Überleben. Der Mensch kann sein Dasein nur erhalten, wenn er in die Lage versetzt ist, seine Mängel auszugleichen. Dies ist ihm als handelndem Wesen in der Tat möglich. Aus dem Gesagten wird deutlich, daß sich die Begriffe »handelndes Wesen« und »Mängelwesen« wechselseitig ergänzen. Der Mensch muß »*die Mängelbedingungen seiner Existenz eigentätig in Chancen seiner Lebensfristung umarbeiten*« (1978, S. 36). Dies meint: Er steht als handelndes Wesen vor der Aufgabe, »den Ausfall der ihm organisch versagten Mittel selbst einzuholen [...] Er muß die ihm organisch versagten Schutz- und Angriffswaffen ebenso wie seine in keiner Weise natürlich zu Gebote stehende Nahrung sich selbst ›präparieren‹, muß zu diesem Zweck Sacherfahrungen machen und Techniken [...] entwickeln.« (1978, S. 37) Der Inbegriff dieser Handlungsweisen, die einen Ausgleich für die fehlende Angepaßtheit an die Natur und eine Bewältigung der Mängelbelastung, die also *Entlastung* schaffen, heißt Kultur: »Die Kultur ist [...] die ›zweite Natur‹ – will sagen: die menschliche, die selbsttätig bearbeitete, innerhalb deren er allein leben kann« (1978, S. 38).

Gehlen begreift den Menschen eindeutig von der Natur her. Wiederholt erklärt er, daß die Natur den Menschen im Gegensatz zum Tier so eingerichtet habe, daß er sich durch sich selbst am Leben erhalten müsse. Außerdem findet bei ihm auch die »Abstammungsfrage« (Gehlen 1978, S. 123) eine größere Beachtung als bei Plessner. Der Gedanke von der Entstehung des Menschen im Verlauf eines naturgeschichtlichen, evolutionären Prozesses findet seine Anerkennung. Allerdings zieht er die natürliche Auslese – Selektion – als Evolutionsfaktor in Zweifel. Nach Darwin wirkt die Selektion in der Weise, daß die in ständiger Konkurrenz am besten an die Umweltbedingungen angepaßten Lebewesen überleben. Träfe dies aber zu, so hätte nach Gehlens Ansicht der Mensch weder entstehen noch überleben können. Denn als Mängelwesen sei der Mensch gerade das unangepaßte Lebewesen, das als solches nicht über, sondern unter den Tieren steht. Nach Gehlen schließen der Evolutionsfaktor Selektion und die mangelhafte organische Ausstattung des Menschen einander aus.

Nun sind aber Gehlens Ausführungen nicht unwidersprochen geblieben, und gerade der Begriff »Mängelwesen« ist von seiten der Biologie heftiger Kritik unterzogen worden. Der Verhaltensforscher Konrad Lorenz teilt zwar Gehlens Ansicht, daß der Mensch Spezialanpassungen entbehre, leitet daraus aber nicht die These ab, daß der Mensch ein Mängelwesen ist. Im Gegenteil, er beschreibt den Menschen als durch »Vielseitigkeit« (1981, S. 177) bestimmt. Der Mensch als das nicht speziell angepaßte Lebewesen versteht sich auf vielerlei. Vielseitigkeit, die Lorenz positiv wertet, ist also sein Gegenbegriff zu Mängelhaftigkeit. Ähnlich wie Lorenz wendet sich auch sein Schüler Norbert Bischof gegen Gehlens Versuch, die Natur des Menschen »nur negativ zu bestimmen« (1989, S. 512). Entschieden weist er den »Mythos« vom Mängelwesen zurück. Sein zentraler Einwand lautet: »Gehlen verwechselt Unspezialisiertheit mit Unangepaßtheit.« (1989, S. 512) Das heißt, die von Gehlen durchaus richtig beobachtete Unspezialisiertheit des Menschen darf nicht mit seiner evolutionären Unangepaßtheit gleichgesetzt werden, und sie ist nach Bischof geradezu Inbegriff der menschlichen Möglichkeit, sich unter ganz unterschiedlichen Umweltbedingungen zurechtzufinden und somit auf bestmögliche Weise das eigene Überleben sicherzustellen.

Auch die von Gehlen als organischen Mangel bezeichnete Nacktheit (fehlendes Haarkleid) des Menschen muß aus wissenschaftlicher Sicht positiv gewertet werden. Daß der Mensch von Natur aus nackt ist, hat – so etwa der Zoologe Josef Reichholf – nichts mit einem biologischen Defekt zu tun. Im Laufe der Evolution des Menschen aus tierlichen Vorfahren geht mit der Verminderung des Haarkleids die Entwicklung von Schweißdrüsen am ganzen Körper einher. Durch die Nackheit wird der etwa bei anstrengender Tätigkeit überhitzte menschliche Körper in die Lage versetzt, Wärme rasch abzugeben. Dies aber ist die Voraussetzung für unsere Fähigkeit, körperliche Arbeit leisten zu können (Reichholf 1990, S. 145). Auch Gehlens Vorstellung, der Mensch verfüge gegenüber den Tieren über eine nur mangelhafte Ausstattung mit Instinkten, ist von biologischer Seite unter Beschuß geraten. Der Verhaltensbiologe Bernhard Hassenstein schreibt dazu (1972, S. 74):

> Es ist »das Wesen von *Lernprozessen*, angeborenes Verhalten in seinem Erscheinungsbild in weiten Grenzen abzuwandeln. Hierzu ist keine phylogenetische [während der Stammesgeschichte stattgefunden habende] Instinktreduktion notwendig. Die ungeheure Entfaltung des menschlichen Intellektes und dessen möglicher Einfluß auf so gut wie alles menschliche Verhalten bedeutet nicht, daß die Instinktausstattung des Menschen gegenüber seinen nächsten Verwandten im Tierreich verarmt sein müsse.«

Fassen wir die genannten Aspekte zusammen, so ergibt sich folgendes Bild: Aus biologischer Sicht erweist sich Gehlens Verständnis des Menschen als eines unangepaßten Mängelwesens als höchst problematisch, wenn nicht sogar als unhaltbar. Denn Unspezialisiertheit und Unangepaßtheit stehen in keinem notwendigen Zusammenhang. Ist aber erst einmal diese Verknüpfung gelöst, verliert nicht nur Gehlens These von unserer organischen Mangelhaftigkeit ihre Überzeugungskraft, sondern es wird überdies sein Einwand gegen die Evolutionstheorie hinfällig. Die menschliche Unspezialisiertheit widerspricht nicht nur *nicht* dem Evolutionsgedanken, sondern ist durchaus mit ihm vereinbar, da sie selbst als eine besondere Form der Umweltanpassung angesehen werden kann. Wäre der Mensch tatsächlich mit derartigen körperlichen Mängeln behaftet, wie sie Gehlen ihm zuschreibt, hätte er im Laufe seiner Evolution gar nicht überleben können. Er hat aber überlebt, und zwar höchst erfolgreich, vielleicht zu erfolgreich. – Trotz aller berechtigten Kritik bleibt jedoch die Tatsache bestehen, daß Gehlen von allen in diesem Beitrag vorgestellten Philosophen der einzige ist, dessen Thesen einer naturwissenschaftlich-empirischen Überprüfung überhaupt zugänglich sind.

Wenn man die Entwicklung der Philosophischen Anthropologie von Plessner zu Gehlen überblickt, so muß man feststellen, daß hier eine wachsende Loslösung von der philosophischen Tradition erfolgt, die den Menschen vom Geist und den Geist von einem göttlichen Absoluten oder einer göttlichen Vernunft her begriffen hatte. Statt dessen wird der Mensch immer stärker in den Naturzusammenhang eingebunden, behauptet sich darin allerdings als ein nur in der Innerlichkeit seiner selbst zugängliches Wesen, das ein Selbstverhältnis besitzt und sein Dasein aus sich zu führen hat.

Die Verwissenschaftlichung des Menschenbildes – eine Kränkung unseres Selbstwertgefühls?

Dieser Durchgang durch die neuzeitliche Geschichte der Selbstcharakterisierungen des Menschen hat deutlich gemacht, daß in der philosophischen Tradition die anthropologische Thematik zumeist nicht getrennt für sich, sondern fast immer im Rahmen einer philosophischen Gesamtdeutung der Wirklichkeit abgehandelt wird. Was der Mensch ist, sagt ihm sein Verständnis von der Welt. Je nachdem, ob die Welt neuzeitlich-rationalistisch als sich Gottes Wirken verdankende mechanische Maschine, neuzeitlich-materialistisch als mechanische Maschine, die schlicht und einfach aus vorhandener Materie besteht, neuzeitlich-idealistisch als sich zielstrebig entwickelnder Vernunftzusammenhang oder nachidealistisch als blind drängender Wille verstanden wird, wandelt sich das Verständnis vom Menschen. Dabei wechseln unablässig die Standpunkte, von denen man letzte Auskünfte über sich selbst und seine Bestimmung glaubt finden zu können. Während ein Teil der Philosophen den Menschen mehr von seiner Innerlichkeit aus zu erfassen sucht, bestimmen andere Denker den Menschen mehr vom Ganzen der Natur her. Entsprechend lösen die ersteren den Menschen häufig aus dem Naturganzen heraus und begreifen ihn, insofern er Geist, Seele, Ich ist, gerade nicht als ein Naturwesen, wogegen die letzteren ihn radikal in den Naturzusammenhang einreihen und in jeder Hinsicht als ein Naturwesen betrachten.

Nun sind seit dem 19. Jahrhundert immer stärkere Zweifel an der Möglichkeit einer philosophischen Totaldeutung der Wirklichkeit aufgekommen. Es herrscht zunehmende Skepsis gegenüber jeder geschlossenen Gesamtauslegung der Welt. Dies hat viele Gründe. Einer davon ist die wachsende Vorherrschaft der Wissenschaft. Denn sie wischt den Anspruch einer philosophischen Totaldeutung der Welt als haltlos und unfruchtbar zur Seite und ersetzt ihn durch wissenschaftliche Forschung innerhalb einzelner, spezialisierter Disziplinen. Die Philosophische Anthropologie versuchte bereits, dieser veränderten Situation Rechnung zu tragen, indem sie den Menschen in weit weniger ausgeprägter Weise als die philosophische Tradition im Rahmen einer philosophischen Totaldeutung der Wirklichkeit thematisiert. Dennoch bleibt sie von Resten einer überkommenen philosophischen Tradition geprägt und sperrt sich gegen einen radikalen wissenschaftlichen Zugriff auf den Menschen.

Kritisch ist dagegen aber nicht nur auf die Naturgebundenheit des Menschen und die Bedeutung, welche die Natur für ihn hat, zu verweisen; es ist überdies zu betonen, daß das, was die Naturwissenschaften ans Licht fördern, für das Selbstverständnis des Menschen durchaus relevant ist. Die Philosophische Anthropologie kommt diesen Anforderungen schon relativ nahe. Sie greift in ihren Darlegungen auf Entdeckungen der Biologie zurück, stellt Vergleiche zwischen Mensch und Tier an und sieht im Menschen ein Stück Natur, das als Organismus die Seinsweise alles Lebendigen teilt. Dabei wird gezeigt, daß das menschliche Selbst, der menschliche Geist und das menschliche Fühlen notwendig an die spezifisch biologischen Qualitäten des menschlichen Organismus gebunden sind. Allerdings wird selbst bei Plessner und Gehlen das menschliche Selbst von »innen« heraus noch als ein um sich selbst Sorge tragendes Verhalten verstanden.

Nun läßt sich schwerlich bestreiten, daß der Mensch ein sich um sich selbst sorgendes und sich zu sich selbst verhaltendes Wesen ist, ein Wesen also, das der Selbstreflexion, der Stellungnahme zu sich und zur Welt mächtig ist. Jedoch sind Zweifel daran angebracht, ob der Mensch als ein solches Selbstverhältnis sich jeglichem wissenschaftlichen Zugriff entzieht und allein Gegenstand philosophischer Betrachtung sein kann.

Dagegen wird gegenwärtig die Tendenz nachgerade vorherrschend, die Fragen, die den Menschen betreffen, nicht mehr so sehr als philosophische Probleme zu betrachten, sondern in immer stärkerem Maße als Probleme der empirischen Wissenschaften anzusehen. Die Definitionsgewalt über das, was der Mensch ist, geht immer mehr an die empirischen Wissenschaften über.

Diesem unaufhaltsamen Wandel in der Anthropologie folgt nicht nur die Philosophie zögerlich. Auch viele Nicht-Philosophen tun sich damit schwer, ihr Selbstverständnis über die Befunde der modernen Wissenschaften zu definieren. Daß diese Schwierigkeiten überhaupt auftauchen, hängt mit dem modernen Mißtrauen gegenüber der Vereinbarkeit von Wissen und Glück zusammen: Das heutige wissenschaftliche Wissen über die Bedeutung und Stellung des Menschen in der Welt ist zu einer Quelle eines vielerorts verspürten Unbehagens geworden.

Nur als eine knappe Skizze: Zu den ebenso erstaunlichen wie beunruhigenden Befunden der modernen Wissenschaft gehört die Erkenntnis, daß unserem Planeten Erde innerhalb des sich in nahezu unermeßliche Weiten erstreckenden Universums eine Randstellung zukommt. Wir sind am Rande einer Milliarden von Sonnen umfassenden Spiralgalaxie zu Hause, die ihrerseits nur eine unter von Milliarden von Milchstraßen ist. In diesem riesigen Weltall, das sich seit 15 bis 30 Milliarden Jahren entwickelt, gibt es den anatomisch modernen Menschen – gemessen an den kosmischen Zeiträumen – erst seit einer winzigen Spanne Zeit, seit wenigen hunderttausend Jahren. Innerhalb der Geschichte des Universums bildet die Menschheitsgeschichte nur eine vorübergehende Episode von ungeheurer Kürze. Vielen gilt als ausgemacht, daß im Ganzen des komischen Geschehens das Auftreten von bewußtem Leben höchst unwahrscheinlich war. Und selbst dieses hat sich erst im Laufe eines Hunderte Millionen von Jahren umfassenden Evolutionsprozesses entwickelt, und es ist das Resultat eines Zusammenspiels rein biologischer Mechanismen wie Mutation und Selektion.

Das bewußte Leben, das sich im Menschen (und wahrscheinlich auch in höheren Tieren) entwickelt hat, ist nicht etwa das Werk eines der Natur enthobenen, selbstbestimmten und seiner selbst mächtigen Geistes, sondern ist an materielle Prozesse rückgebunden, die ihm selbst entzogen sind: Das menschliche bewußte Erleben beruht auf der Funktionsfähigkeit eines Organs, des Gehirns, und kann ohne neurophysiologische Prozesse, die sich heute sogar messen und sichtbar machen lassen, nicht ablaufen. Dies und darüber hinaus die wissenschaftlichen Erkenntnisse über die Mechanismen der Vererbung, über die Naturgeschichte des menschlichen Verhaltens, die Entstehung des moralischen Bewußtseins und so fort lassen nicht nur das Selbstverständnis des Menschen, sondern auch das *Selbstwertgefühl* des Menschen nicht unberührt: Der Mensch erfährt sich als nichtig, als ohnmächtig, entbehrlich, unerheblich. So scheint durch die moderne Wissenschaft tatsächlich das seit jeher problematische Verhältnis zwischen Wissen und Glück endgültig auseinanderzubrechen. Im Anschluß an Freud wird in diesem Zusammenhang häufig von der Kränkung und Demütigung des Menschen durch das wissenschaftliche Wissen gesprochen. Freud schreibt (1969, S. 283f.):

> »Zwei große Kränkungen ihrer naiven Eigenliebe hat die Menschheit im Laufe der Zeiten von der Wissenschaft erdulden müssen. Die erste, als sie erfuhr, daß unsere Erde nicht der Mittelpunkt des Weltalls ist, sondern ein winziges Teilchen eines in seiner Größe kaum vorstellbaren Weltsystems. Sie knüpft sich für uns an den Namen Kopernikus [...] Die zweite dann, als die biologische Forschung das angebliche Schöpfungsvorrecht des Menschen zunichte machte, ihn auf die Abstammung aus dem Tierreich und die Unvertilgbarkeit seiner animalischen Natur verwies. Diese Umwertung hat sich in unseren Tagen unter dem Einfluß von Ch. Darwin, Wallace und ihren Vorgängern nicht ohne das heftige Sträuben der Zeitgenossen vollzogen. Die dritte und empfindlichste Kränkung aber soll die menschliche Größensucht durch die heutige psychologische Forschung erfahren, welche dem Ich nachweisen will, daß es nicht einmal Herr ist im eigenen Hause, sondern auf kärgliche Nachrichten angewiesen bleibt von dem, was unbewußt in seinem Seelenleben vorgeht.«

Der Katalog der Kränkungen des Menschen durch das Wissen läßt sich mittlerweile um viele neue Kränkungen erweitern. Eine solche Erweiterung erübrigt sich hier, weil alle Kränkungen des Menschen durch das Wissen in einem Punkt übereinstimmen: Sie zeigen einen ungeheuren Wertverlust der Menschen an, der nach Verarbeitung und Bewältigung verlangt (dazu Wetz 1994a; 1994b).

Hierzu ist allgemein zu bemerken: Eine Aussöhnung mit dem Wertverlust des Menschen durch die wissenschaftlichen Entdeckungen ist für diejenigen, für die religiöse Wege ungangbar geworden sind, nur möglich, wenn sie überzogene Vorstellungen über den besonderen Wert, der dem Menschen im Kosmos angeblich zukommt, abbauen. Dabei gilt es einzusehen, daß es zum schmerzhaften Gefühl der Kränkung durch das Wissen

Abb. 17 Sigmund Freud im Kreise seiner engsten Mitarbeiter, Berlin 1922. Hintere Reihe von links nach rechts: Otto Rank, Karl Abraham, Max Eitingon und Ernest Jones; vordere Reihe, sitzend: Freud, Sándor Ferenczi und Hanns Sachs.

nicht so sehr kommt, weil uns das Wissen als einen ohnmächtigen und unerheblichen Teil der Natur ausweist, sondern eher deshalb, weil wir uns vormals als Krone der Schöpfung und Mitte der Welt fühlten und meinten, wir würden als Geist- und Vernunftwesen aus der Natur herausragen und einer Sphäre des Göttlichen oder der Vernunft zugehören. Es ist für sich betrachtet nicht demütigend, ein bloßer Teil der Natur zu sein. Als kränkend und demütigend erscheint dies nur vor dem Hintergrund der früheren Selbsterhebung des Menschen zum Mittelpunkt des gesamten Welttheaters. Über die Jahrhunderte an seine herausragende Rolle in diesem Theater gewöhnt, hat der Mensch allmählich die Vorstellung entwickelt, ihm komme ein besonderer Wert im Kosmos zu. Diese Vorstellung bleibt auch dann erhalten und läßt sich nicht ohne weiteres beseitigen, wenn ihm die Wissenschaft sagt, daß es aus ihrer Perspektive mit seinem besonderen Wert nicht eben weit her sei. Daher gerät die Erwartung, der Mensch habe eine Sonderstellung im Kosmos, in Konflikt mit der Verweigerung ihrer Erfüllung durch die Wissenschaft. Eine Folge dieses Zusammenpralls ist ein tiefes Gefühl der Enttäuschung. Dieser Erfahrung liegt auch Freuds Gedanken von der Kränkung der menschlichen Eigenliebe durch die Wissenschaft zugrunde.

Bei näherem Zusehen zeigt sich somit, daß die Kränkung des Menschen durch das Wissen Ausdruck einer Entzugs- und Verlusterfahrung ist, die den Schmerz dessen artikuliert, dem etwas abhanden gekommen ist, was er ehedem besaß und nun vermißt. Das Wissen, das den Menschen radikal in die Natur einordnet, erscheint als kränkend, weil sich der Mensch einst eine kosmische Sonderstellung zugedachte, deren er nun ermangelt und die er entbehrt. Wenn dies zutrifft, dann ist das Gefühl der Kränkung und Demütigung in Wahrheit nichts, was mit Notwendigkeit aus dem modernen Wissen über den Menschen folgt, sondern es ist in erster Linie der Reflex auf eine verlorene Vergangenheit, in der der Mensch noch glaubte, eine Sonderstellung im Kosmos zu haben, die ihm nun von der angeblich »profanen« oder gar »grausamen« Wissenschaft vorenthalten wird.

Mit der Einsicht in diese Zusammenhänge rückt aber auch eine existentielle Versöhnung des Menschen mit sich selbst greifbar nahe, indem er sich nämlich als eine wissenschaftlich erschließbare Naturtatsache versteht. Denn zum einen muß das moderne wissenschaftliche Wissen als solches von dem Verdacht freigesprochen werden, es wolle kränkend für den Menschen sein. Dies entspricht nämlich keineswegs den Intentionen der Wissenschaft. Zum anderen müssen wir lernen, das Gefühl der Kränkung durch die moderne Wissenschaft von dieser abzukoppeln. Denn ein Ignorieren ihrer Erkenntnisse über den Menschen ist heute, da fast alle Lebensbereiche von Wissenschaft durchdrungen sind, ohnehin kaum mehr möglich. Im Zeitalter universeller Verwissenschaftlichung kann uns eine Überwindung der Kränkung unserer Eigenliebe nur dann gelingen, wenn wir uns aus der Verlust- und Entzugserfahrung lösen, die uns der Untergang der uns früher von Philosophie und Religion zugedachten Sonderstellung im Weltganzen bereitet. Diese Überwindung ist daran gebunden, daß wir unsere überzogenen Erwartungen bezüglich unserer Stellung und Bedeutung in der Welt mäßigen und reduzieren. Wir müssen in diesem Sinne die emotionale Bereitschaft aufbringen, Verzichte zu leisten, wenn das Gefühl der Kränkung und Enttäuschung weichen und eine vorbehaltlose Zustimmung zur wissenschaftlichen Weltauffassung möglich werden soll. Die Ungeheuerlichkeit dieser Zumutung liegt darin, die Welt nicht deshalb zu verurteilen, weil sie nicht so ist, wie wir Menschen sie uns wünschen, sondern vielmehr unsere Wünsche an die Realitäten anzupassen, mit all den Belohnungen (etwa Wissensgewinn), aber auch den Versagungen (etwa Ohnmachtsgefühle), die daraus folgen. Was auch immer dem Menschen durch das moderne Wissen angetan wird – seine berechtigten Ansprüche werden durch es nicht verletzt; allenfalls werden seine unangemessenen Erwartungen enttäuscht. Erst dort, wo die überdehnten Erwartungen abgebaut werden, können wir uns mit dem Faktum, in vielerlei Hinsicht bedingt und ohnmächtig und in kosmischer Hinsicht entbehrlich und unerheblich zu sein, abfinden.

Diese Haltung bleibt jedoch stets zwiespältig und zerbrechlich. Denn mag auch jeder und jede einzelne *an sich* nicht bedeutsam sein, so ist doch *für* jeden einzelnen und jede einzelne nichts bedeutsamer als er oder sie selbst. Daher kann es für jeden Menschen immer wieder Wunschbild und Verlockung sein, der subjektiven Erfahrung seiner Eigenbedeutung möge doch eine objektive Erfahrung seiner Sonderstellung im Kosmos entsprechen, auch wenn diese Hoffnung von den Wissenschaften stets – und vermutlich mit jeder neuen Entdeckung durchgreifender – enttäuscht wird.

Literatur

Bischof, N. (1989): Das Rätsel Ödipus. Die biologischen Wurzeln des Urkonfliktes von Intimität und Autonomie. Neuausgabe. München, Zürich.

Descartes, R. (1959): Meditationes de prima philosophia / Meditationen über die Grundlagen der Philosophie. Aufgrund der Ausgaben von A. Buchenau neu hrsg. von L. Gäbe. Hamburg. Erstausgabe 1641.

Descartes, R.(1960): Discours de la Méthode / Von der Methode des richtigen Vernunftgebrauchs und der wissenschaftlichen Forschung. Übers. und hrsg. von L. Gäbe. Hamburg. Erstausgabe 1637.

Freud, S. (1969): Vorlesungen zur Einführung in die Psychoanalyse. In: Studienausgabe Bd. 1. Frankfurt/M.

Gehlen, A. (1978): Der Mensch. Seine Natur und seine Stellung in der Welt. 12. Auflage. Wiesbaden.

Hassenstein, B. (1972): Das spezifisch Menschliche nach den Resultaten der Verhaltensforschung. In: Gadamer, H.-G., Vogler, P. (Hrsg.): Neue Anthropologie. Band 2. Biologische Anthropologie. Zweiter Teil. München, Stuttgart 1972, S. 60–97.

Hegel, G.W.F. (1970): Enzyklopädie der philosophischen Wissenschaften III. In: Theorie Werkausgabe, Bd. 10. Frankfurt/M.

d'Holbach, P.T. (1984): System der Natur oder von den Gesetzen der physischen und der moralischen Welt. Übers. von F.G. Voigt. Frankfurt/M.

Kant, I. (1968, Bd. IV): Prolegomena zu einer jeden künftigen Metaphysik, die als Wissenschaft wird auftreten können. In: Kants Werke. Akademie-Textausgabe, Bd. IV. Fotomech. Nachdruck. Berlin.

Kant, I. (1968, Bd. V): Kritik der praktischen Vernunft. Kritik der Urtheilskraft. In: Kants Werke. Akademie-Textausgabe, Bd. V. Fotomech. Nachdruck. Berlin.

Kant, I. (1968, Bd. VII): Anthropologie in pragmatischer Hinsicht. In: Kants Werke. Akademie-Textausgabe, Bd. VII. Fotomech. Nachdruck. Berlin.

Kant, I. (1968, Bd. IX): Logik. In: Kants Werke. Akademie-Textausgabe, Bd. IX. Fotomech. Nachdruck. Berlin.

Lamettrie, J.O. de (1985): Der Mensch als Maschine. Hrsg. und übers. von B.A. Laska. Nürnberg.

Leibniz, G.W. (1965): Die Prinzipien der Philosophie oder die Monadologie. In: Philosophische Schriften, Band I. Hrsg. und übers. von H.H. Holz. Darmstadt, S. 439–483.

Lorenz, K. (1965): Ganzheit und Teil in der tierischen und menschlichen Gemeinschaft. In: ders.: Über tierisches und menschliches Verhalten. Aus dem Werdegang der Verhaltenslehre. Gesammelte Abhandlungen. Band II. München, Zürich, S. 114–200.

Marx, K. (1971): Zur Kritik der Politischen Ökonomie. In: ders., Engels, F.: Werke, Bd. 13. Berlin 1971, S. 7–160.

Marx, K. (1974): Thesen über Feuerbach. In: ders., Engels, F.: Ausgewählte Schriften in zwei Bänden, Bd. 2. Berlin 1974, S. 370–372.

Plessner, H. (1981): Die Stufen des Organischen und der Mensch. In: Gesammelte Schriften, Bd. IV. Frankfurt/M.

Reichholf, J.H. (1990): Das Rätsel der Menschwerdung. Die Entstehung des Menschen im Wechselspiel mit der Natur. Stuttgart.

Schelling, F.W.J. (1975): Über das Wesen der menschlichen Freiheit. Frankfurt/M.

Schelling, F.W.J. (1985): Schriften 1807–1834. In: Ausgewählte Schriften, Bd. 4. Frankfurt/M.

Schopenhauer, A. (1973): Die Welt als Wille und Vorstellung II. In: Sämtliche Werke, Bd. II, hrsg. von W. Frhr. von Löhneysen. Darmstadt.

Schopenhauer, A. (1974): Die Welt als Wille und Vorstellung I. In: Sämtliche Werke, Bd. I, hrsg. von W. Frhr. von Löhneysen. Darmstadt.

Wetz, F.J. (1994a): Lebenswelt und Weltall. Hermeneutik der unabweislichen Fragen. Stuttgart.

Wetz, F.J. (1994b): Die Gleichgültigkeit der Welt. Frankfurt/M.

Zu den Autoren und Herausgebern

Volker *Beeh* (1941), Studium der Germanistik, Geschichte und evangelischen Theologie, 1969 Promotion im Fach germanistische Linguistik, 1979 Habilitation in demselben Fach, von 1979 bis 1983 Gastprofessor an der Universität Kyoto und von 1987 bis 1989 ordentlicher Professor an der Kyoto Kogei Sen-I Universität in Japan, seither Universitätsprofessor für germanistische Linguistik an der Heinrich-Heine-Universität Düsseldorf.

Bernd *Biervert* (1941), Studium der Volkswirtschaftslehre und Soziologie, 1969 Promotion zum Dr. rer. pol., 1973 Habilitation im Fach Volkswirtschaftslehre, seit 1974 Universitätsprofessor für Volkswirtschaftslehre und Direktor des Instituts für wirtschaftlich-technischen Wandel an der Bergischen Universität, Gesamthochschule Wuppertal.

Anne Katrin *Flohr* (1962), Studium der Politischen Wissenschaft, Psychologie und Soziologie, Magister artium, Doktorandin.

Heiner *Flohr* (1933), Studium der Wirtschafts- und Sozialwissenschaften, 1958 Diplom-Kaufmann, 1964 Promotion zum Dr. rer. pol., 1964 Habilitation für Sozialpolitik, Ordentlicher Professor, Inhaber des Lehrstuhls Politikwissenschaft I an der Heinrich-Heine-Universität Düsseldorf.

Hans A. *Frambach* (1961), Studium der Volkswirtschaftslehre, Diplom-Volkswirt, seit 1988 Wissenschaftlicher Mitarbeiter im Fachgebiet Volkswirtschaftslehre an der Bergischen Universität, Gesamthochschule Wuppertal, 1992 Promotion zum Dr. rer. oec.

Günter *Kehrer* (1939), Studium der Soziologie, Psychologie und Sozialgeschichte, Promotion 1965, Habilitation 1970, seit 1980 Professor für Religionssoziologie an der Universität Tübingen.

Ernst-Joachim *Lampe* (1933), Studium der Rechtswissenschaften und der Musik, Promotion 1957, Habilitation 1966 für die Fächer Strafrecht, Strafprozeßrecht und Rechtsphilosophie, seit 1971 ordentlicher Professor für diese Fächer an der Universität Bielefeld.

Thomas *Lauer* (1966), Studium der Ökonomie an der Universität Augsburg, Abschluß als Dipl. oec. univ., seit 1990 Wissenschaftlicher Mitarbeiter im Fachgebiet Volkswirtschaftslehre an der Bergischen Universität, Gesamthochschule Wuppertal.

Uwe *Opolka* (1950), Studium der Philosophie, Germanistik, Politik- und Musikwissenschaft, Staatsexamen, freiberufliche publizistische Tätigkeit, Fachhochschuldozent und Wissenschaftlicher Mitarbeiter am Deutschen Institut für Fernstudienforschung (DIFF) an der Universität Tübingen.

Ernst *Pöppel* (1940), Studium der Psychologie und Biologie, 1968 Promotion zum Dr. phil., 1974 Habilitation für Sinnesphysiologie, 1976 Habilitation für Psychologie, 1973 bis 1976 Wissenschaftlicher Assistent am Max-Planck-Institut für Psychiatrie in München, seit 1976 Ordinarius für Medizinische Psychologie an der Universität München, seit 1992 Mitglied des Vorstands im Forschungszentrum Jülich GmbH.

Rolf C.A. *Rottländer* (1932), Studium der Fächer Chemie, Physik, Physikalische Chemie, Mineralogie, Kristallographie, Bodenkunde, Ur- und Frühgeschichte, Promotion in Chemie 1964, in Ur- und Frühgeschichte 1976, Habilitation im Fach Archäometrie 1987, Privatdozent am Institut für Urgeschichte der Universität Tübingen und Laborleiter des Archäochemischen Labors.

Wulf *Schiefenhövel* (1943), Studium der Medizin, 1970 Promotion zum Dr. med., 1984 Habilitation in den Fächern Ethnomedizin und Medizinische Psychologie, Wissenschaftlicher Mitarbeiter an der Forschungsstelle für Humanethologie in der Max-Planck-Gesellschaft in Andechs, außerplanmäßiger Professor an der Universität München, Lehrbeauftragter für Humanethologie an der Universität Innsbruck, seit 1965 Felduntersuchungen in Neuguinea und Indonesien.

Christa *Sütterlin* (1946), Studium der Kunstgeschichte und Germanistik, 1977 Promotion in Kunstgeschichte, deutscher und französischer Literatur, seit 1983 wissenschaftliche Mitarbeiterin an der Forschungsstelle für Humanethologie in der Max-Planck-Gesellschaft in Andechs, 1980 bis 1983 Mitglied der Studiengruppe Biologische Aspekte der Aesthetik (Reimers Stiftung, Bad Homburg).

Christian *Vogel* (1933), Studium der Zoologie, Botanik und Geologie, Promotion 1960 in Zoologie, 1964 Habilitation für das Fach Anthropologie, seit 1972 Direktor des Instituts für Anthropologie der Georg-August-Universität Göttingen, Mitglied der Deutschen Akademie der Naturforscher »Leopoldina« (1978) und der Akademie der Wissenschaften zu Göttingen (1981), seit 1967 ausgedehnte anthropologische und primatologische Feldstudien in Indien und Nepal.

Gerhard *Vollmer* (1943), Studium der Mathematik, Physik und Chemie sowie der Philosophie und der Allgemeinen Sprachwissenschaft, Promotion 1971 in Physik, Wissenschaftlicher Assistent für Theoretische Physik in Freiburg, Promotion 1974 in Philosophie, ab 1975 Akademischer Rat für Philosophie in Hannover, ab 1981 Professor für Philosophie in Gießen, seit 1991 in Braunschweig.

Franz Josef *Wetz* (1958), Studium der Philosophie, Germanistik und katholischen Theologie, Promotion in Philosophie im Jahre 1989, Habilitation in diesem Fach 1992, seither Privatdozent, derzeit als Lehrstuhlvertreter in Erfurt tätig.

Abbildungsnachweise

Tab. 1: G. Vollmer., Abb. 1 modifiziert nach: Fromkin, V., Rodman, R. (1974): An Introduction to Language. Vierte Auflage. Holt, Rinehart & Winston, Fort Worth, Chicago, San Francisco, S. 323., Tab. 2 nach: Berlin, B., Kay, P. (1969): Basic Color Terms. Their Universality and Evolution. University of California Press, Berkeley, Los Angeles, Oxford, S. 22., Abb. 2 und 3 aus: Linden, E. (1974): Apes, Men, and Language. Penguin Books, New York, Baltimore, Middlesex, S. 5 und 13., Abb. 4 aus: von Frisch, K. (1977): Aus dem Leben der Bienen. Neunte, neu bearbeitete und ergänzte Auflage. Springer Verlag, Berlin, Heidelberg, New York, S. 133., Abb. 5 und 6: E. Pöppel., Abb. 7: *links:* Porada, E. (1962): Alt Iran. Baden-Baden, Holle, S. 35., *rechts:* Ephesos-Museum der Antikensammlung, Kunsthistorisches Museum, Wien., Abb. 8: Foto C. Sütterlin., Abb. 9: E. Pöppel., Abb. 10: Fotos I. Eibl-Eibesfeldt., Abb. 11: Museum für Völkerkunde, Wien., Abb. 12: Museo Civico, Bologna., Abb. 13: Vorlage die Originalgraphik., Abb. 14 aus: Grahmann, R., Müller-Beck, H. (1967): Urgeschichte der Menschheit. 3. Aufl. Kohlhammer, Stuttgart u. a., S. 77., Abb. 15 aus: Jacob-Friesen, K.-H. (1959): Einführung in Niedersachsens Urgeschichte. Bd. I, Steinzeit. A. Lax Verlagsbuchhandlung, Hildesheim, S. 159., Abb. 16 aus: Kühn, H. (1966): Wenn Steine reden. Brockhaus, Wiesbaden, S. 129., Abb. 17 nach: Jones, E. (1962): Das Leben und Werk von Sigmund Freud. Hans Huber, Bern/Stuttgart/Wien, Band III, nach S. 100.

Personen- und Sachregister